新版
新しい触媒化学

菊地英一　射水雄三　瀬川幸一　多田旭男　服部 英　共著

三共出版

新版刊行にあたって

　初版が刊行されてから25年，第2版から16年が経過し，好評のうちに総計35刷を印刷してきた．初版刊行以降はもちろん，第2版刊行後も継続的に触媒化学の発展がみられた．今回は，2版以降の触媒化学の発展も含めるとともに，章の構成を大幅に変えて，新版として刊行することとなった．
主な改訂点は以下のとおりである．

　1. 第2章にグリーンケミストリーの節を設け，環境問題の解決を考慮した新しい触媒技術の考え方をここにまとめた．

　2. 第4章を新たに設け，化学原料から最終製品に至る石油化学工業の全体像をつかんでもらい，続く第5，第6章の各触媒反応プロセスの相互関係を理解してもらうようにした．

　3. 第7章の環境関連触媒では，2版刊行以後に開発・実用化されたディーゼルエンジン用の排ガス浄化触媒を記述した．

　4. 旧版の固体触媒の最近の進歩は，10章の固体触媒のキャラクタリゼーションの中に取り込んだ．

　5. 本文のレイアウトを変え，広い余白を持つようにした．ここに注）として，語句の説明を載せた．

　6. 理解を深めるために，巻末に合計25の課題を掲載した．なお，解答は三共出版のホームページ http://www.sankyoshuppan.co.jp/ で閲覧できるようにした．

　新版を刊行するにあたって，教科書として使用していただいている先生方から有益な助言をいただいた．また，多くの方々から資料の提供をいただいた．ここに感謝の意を表す．新版の刊行にあたっての助言をいただいた三共出版（株）秀島　功氏に感謝する．

　　2013年5月

著者一同

まえがき

　触媒は化学工業に欠くことのできないものであり，新しい化学工業が登場する陰には，必ず新触媒の発見があるといってよいほど重要なものである．最近では，化学工場だけでなく，例えば大気汚染防止や各種民生機器などにも使用され，触媒の重要性はますます高くなってきている．

　大学あるいは高専で触媒化学に関連の深い講義を行なっているところは多い．著者らは大学においてそれらの講義を担当しているが，講義資料を作成するために数多くの専門書を読まなければならなかった．触媒化学のカバーする分野が広範囲にわたっているためである．触媒化学の専門的な良書は数多く刊行されているが，講義のテキストとして用いるのに適した本は少ないことを痛感してきた．そこで，三共出版から話があったのを機会に，今までの講義経験を生かし，テキストとして適当な内容の本，すなわち広い分野にわたって基礎と応用をバランスよく適度な分量で解説し，しかも最近の進歩についても解説する本をつくることを目標に本書の執筆をはじめた．

　本書では次の点に特色をもたせた．

　1．化学工業における触媒の位置を明確にするため，化学品生産プロセスと触媒の関係，触媒開発のニーズ，実用触媒の考え方および必須条件について説明した．

　2．化学原料から化学製品への一連の工程を，化学原料製造と化学品製造に分け，その中で触媒がどのように使われているかを述べ，触媒の機能，特性の説明はプロセス，化学反応との関連性を重視して行った．

　3．化学品生産プロセスだけでなく，エネルギー変換，有害物質の除去などの非生産プロセスのための触媒の応用についてもできるだけ詳述した．

　4．均一系触媒反応の最近の工業プロセスにおける比重，学問的進歩を考慮して説明を充実させた．

　5．これまでは学術研究の対象になりにくいと考えられてきた触媒の調製，触媒の劣化を触媒化学の視点でとらえた．

　6．触媒のキャラクタリゼーション，触媒化学の最近の進歩にそれぞれ1章をあて，さらに巻末に参考文献リストを掲載し，より高度な学習の便宜を図った．

　本書の利用の仕方はいろいろ考えられるが，まず触媒の全体像を把握するために第1章を読み，続いて第2章へと読み進んでいただきたい．触媒反応プロセス全体の総合的理解を重視した著者らの意図をくみとっていただければ幸いである．次に，第3章へと順次進むのもよいし，第8章を先に読むこともよいであろう．第9章はそれぞれのトピックスと関連させて適宜参照することも考えられる．必要な章だけを読む読者のとこも考え，あえて重複部分を残し，各章の自己完結性を保った．

　本書は，十分に所期の目標に達していない部分もあるかも知れないが，通読後，触媒に興味をもち，触媒の利用，研究に意欲を燃やす人が1人でも多くなれば，著者らにとってこれ以上の喜びはない．

執筆にあたっては，多くの方々から資料の提供などのご協力をいただいた．ここに感謝の意を表したい．終りに，本書の企画，構成，レイアウトなどについて，いろいろご助言をいただいた三共出版㈱の西尾文一，石山慎二の両氏に感謝する．

　1988年2月　　　　　　　　　　　　　　　　　　　　　　　　　　　　　　　　　著者一同

目　次

1章　触媒化学の概要

- 1.1　序　論 …………………………………………………………………… 1
  - 1.1.1　触媒とは何か …………………………………………………… 1
  - 1.1.2　熱力学平衡と反応速度 ………………………………………… 2
  - 1.1.3　触媒の種類 ……………………………………………………… 4
  - 1.1.4　触媒発展の歴史 ………………………………………………… 7
- 1.2　分子の活性化と触媒機能の発現 ……………………………………… 8
  - 1.2.1　分子の活性化 …………………………………………………… 8
  - 1.2.2　触媒機能の発現 ………………………………………………… 11
- 1.3　触媒の利用 ……………………………………………………………… 14
  - 1.3.1　石油ベースの化学工業 ………………………………………… 14
  - 1.3.2　広がる触媒の応用分野 ………………………………………… 15
- 1.4　触媒の研究と設計 ……………………………………………………… 15
  - 1.4.1　触媒の研究法 …………………………………………………… 15
  - 1.4.2　触媒化学と関連分野 …………………………………………… 16
  - コラム　ブレンステッド酸とルイス酸　11
  - 　　　　カルボニウムイオンとカルベニウムイオン　11
  - 　　　　二元機能触媒　12
  - 　　　　ゼオライトおよびメソ多孔体の合成　14

2章　触媒反応プロセス

- 2.1　プロセス開発と触媒 …………………………………………………… 18
- 2.2　プロセス開発のニーズ ………………………………………………… 20
- 2.3　グリーンケミストリーと触媒プロセス ……………………………… 22
- 2.4　生産コストと触媒の寿命 ……………………………………………… 27
- 2.5　反応器の分類と選定 …………………………………………………… 30
  - コラム　グリーンケミストリーの評価指標　24

3章　エネルギーと化学原料製造のための触媒プロセス

- 3.1　石油の利用と触媒化学 ………………………………………………… 33

3.2　石油脱硫のプロセス ……………………………………………………… 35
3.3　炭化水素のクラッキング …………………………………………………… 37
　3.3.1　クラッキング反応の概要 ……………………………………………… 39
　3.3.2　触媒と反応機構 ………………………………………………………… 39
　3.3.3　工業プロセス …………………………………………………………… 44
3.4　ナフサの接触改質 …………………………………………………………… 44
　3.4.1　反応の概要 ……………………………………………………………… 45
　3.4.2　触媒と反応機構 ………………………………………………………… 47
　3.4.3　工業プロセス …………………………………………………………… 48
3.5　水素および合成ガスの製造（炭化水素の水蒸気改質） ………………… 49
　3.5.1　反応の概要（熱力学的考察） ………………………………………… 49
　3.5.2　触媒と反応機構 ………………………………………………………… 51
　3.5.3　工業プロセス …………………………………………………………… 52
3.6　無機化学品の製造 …………………………………………………………… 53
　3.6.1　アンモニアの製造 ……………………………………………………… 53
　3.6.2　硝酸の製造 ……………………………………………………………… 56
　3.6.3　硫酸の製造 ……………………………………………………………… 58
3.7　天然ガスの利用 ……………………………………………………………… 60
　3.7.1　フィッシャー・トロプシュ合成 ……………………………………… 62
　3.7.2　MTG および MTO 反応 ……………………………………………… 64
　3.7.3　ケミカルズの合成 ……………………………………………………… 65
　コラム　オクタン価　35
　　　　　アンモニア合成用の新しい触媒　57
　　　　　シェールガスとメタンハイドレート　61
　　　　　バイオマス　61

4 章　石油化学工業の概要 …………………………………………………… 67

　コラム　ナフサ　67
　　　　　エチレン製造は熱分解　67

5 章　化学品製造のための触媒プロセス─不均一系固体触媒反応─

5.1　水　素　化 …………………………………………………………………… 71
　5.1.1　ベンゼンの水素化によるシクロヘキサンの製造 …………………… 71
　5.1.2　ベンゼンの部分水素化によるシクロヘキセンの合成 ……………… 72
　5.1.3　油脂の選択的水素化 …………………………………………………… 73
　5.1.4　オレフィンの水素化精製 ……………………………………………… 74

5.1.5　水素化脱アルキル …………………………………………………… 75
5.2　酸化反応 ………………………………………………………………………… 76
　　5.2.1　酸化反応プロセスの種類と触媒の機能 …………………………… 76
　　5.2.2　エチレンオキシドやプロピレンオキシドの製造 ………………… 77
　　5.2.3　プロピレンのアリル酸化とアンモ酸化 …………………………… 79
　　5.2.4　無水マレイン酸および無水フタル酸の製造 ……………………… 82
　　5.2.5　メタノールからのホルムアルデヒド製造 ………………………… 85
　　5.2.6　塩化ビニルの製造（オキシ塩素化法） …………………………… 86
　　5.2.7　塩化水素の酸化による塩素製造プロセス ………………………… 87
5.3　脱水素触媒 ……………………………………………………………………… 87
　　5.3.1　エチルベンゼンの脱水素によるスチレンの製造 ………………… 87
　　5.3.2　アルコールの脱水素 ………………………………………………… 88
　　5.3.3　n-ヘキサンの脱水素環化によるベンゼンの製造 ………………… 88
5.4　酸触媒反応 ……………………………………………………………………… 89
　　5.4.1　炭化水素の変換 ……………………………………………………… 89
　　5.4.2　オレフィンの水和 …………………………………………………… 91
5.5　固体塩基触媒反応 ……………………………………………………………… 94
　　5.5.1　2,6-キシレノールの合成（フェノールのメタノールによるアルキル化） ……… 94
　　5.5.2　5-エチリデンビシクロ［2.2.1］ヘプト-2-エンの合成
　　　　　（5-ビニルシクロ［2.2.1］ヘプト-2-エンの二重結合移行） ……… 94
　　5.5.3　o-トリルペンテンの合成（o-キシレンのブタジエンによる側鎖
　　　　　アルキル化）-Amocoプロセスの第1段階 ………………………… 95
　　5.5.4　ビニルシクロヘキサンの合成（シクロヘキシルエタノールの脱水） ……… 95
　　5.5.5　ジイソプロピルケトンの合成 ……………………………………… 96
5.6　オレフィンのメタセシス ……………………………………………………… 96
　　コラム　ε-カプロラクタムの製法　73
　　　　　　プロピレンのアリル酸化とアンモ酸化の触媒化学　83
　　　　　　クメン法　90
　　　　　　アルコールの脱水反応機構　95

6章　化学品製造のための触媒プロセス—均一系触媒反応—

6.1　均一系触媒プロセスの歴史 …………………………………………………… 99
6.2　有機金属化合物の基本反応 …………………………………………………… 102
6.3　均一系触媒反応プロセス ……………………………………………………… 104
　　6.3.1　一酸化炭素を用いるプロセス ……………………………………… 104
　　6.3.2　オレフィンの重合プロセス ………………………………………… 107

6.3.3　オレフィンのメタセシス　…………………………　115
　　6.3.4　クロスカップリング反応　……………………………　116
　　6.3.5　オレフィンとジエンへの付加反応　…………………　117
　　6.3.6　均一系酸化反応プロセス　……………………………　118
　　6.3.7　ポリマーの製造プロセス　……………………………　122
　　6.3.8　均一系不斉触媒反応　…………………………………　125
　　コラム　ポリプロピレン製造用触媒の改良　　111

7章　環境関連触媒

　7.1　脱硝触媒　……………………………………………………　127
　　7.1.1　NO_x の低減法　……………………………………　127
　　7.1.2　アンモニアによる NO_x の接触還元　………………　128
　　7.1.3　炭化水素または含酸素有機化合物を還元剤とする NO_x 選択接触還元　………　129
　7.2　自動車用触媒　………………………………………………　130
　　7.2.1　ガソリンエンジン車の触媒　…………………………　130
　　7.2.2　ディーゼルエンジン車の触媒　………………………　133
　7.3　燃料電池システム　…………………………………………　137
　　7.3.1　燃料電池の種類と電極触媒　…………………………　137
　　7.3.2　燃料改質システムと触媒　……………………………　139
　7.4　光　触　媒　…………………………………………………　141
　　7.4.1　半導体光触媒の原理と機能　…………………………　141
　　7.4.2　水の光分解　……………………………………………　142
　　7.4.3　光触媒による環境浄化　………………………………　144
　　7.4.4　超親水性の活用　………………………………………　145
　7.5　触媒燃焼と関連分野　………………………………………　145
　　7.5.1　触媒燃焼の温度域と応用　……………………………　146
　　7.5.2　触媒燃焼用触媒　………………………………………　146
　　7.5.3　ガスタービンへの応用　………………………………　147
　　7.5.4　悪臭成分や揮発性有機化合物の触媒燃焼処理　……　147
　　7.5.5　家電製品，自動車用部品などへの応用　……………　148
　7.6　その他の環境触媒　…………………………………………　150
　　7.6.1　触媒湿式酸化分解　……………………………………　150
　　7.6.2　常温型 CO 酸化触媒　…………………………………　150
　　7.6.3　医療用 N_2O の触媒分解　……………………………　150
　　コラム　日本の自動車排出ガス規制（新車）の変遷　　130
　　　　　　ハニカムセルの断面形状　　131

　　　　冷間始動時の排ガス浄化　132
　　　　オゾン層における触媒反応　151

8章　固体触媒の材料と調製法

- 8.1　固体触媒の構成，材料，機能 ……………………………………………… 152
  - 8.1.1　主な固体触媒の材料，機能 ……………………………………… 152
  - 8.1.2　触媒担体 ………………………………………………………… 156
  - 8.1.3　触媒調製例のフローチャートと主要工程 ……………………… 158
- 8.2　触媒調製法の種類と特徴 …………………………………………………… 159
  - 8.2.1　沈　殿　法 ……………………………………………………… 159
  - 8.2.2　ゲル化法，ゾル-ゲル法 ………………………………………… 160
  - 8.2.3　含　浸　法 ……………………………………………………… 160
  - 8.2.4　イオン交換法 …………………………………………………… 161
  - 8.2.5　水熱合成法 ……………………………………………………… 162
  - 8.2.6　メソポーラス材料の合成法 …………………………………… 162
  - 8.2.7　その他の方法 …………………………………………………… 162
- 8.3　触媒調製法の単位操作と制御因子 ………………………………………… 163
  - 8.3.1　沈殿生成 ………………………………………………………… 163
  - 8.3.2　ろ過，水洗 ……………………………………………………… 164
  - 8.3.3　含浸，イオン交換 ……………………………………………… 164
  - 8.3.4　乾　　　燥 ……………………………………………………… 165
  - 8.3.5　熱処理，焼成 …………………………………………………… 166
  - 8.3.6　還　　　元 ……………………………………………………… 167
  - 8.3.7　その他の活性化処理法 ………………………………………… 168
- 8.4　固体触媒のミクロ構造，活性成分の分布，分散度の制御 ……………… 168
  - 8.4.1　非担持触媒のミクロ構造の制御 ……………………………… 168
  - 8.4.2　担持触媒における活性成分の分布制御 ……………………… 170
- 8.5　固体触媒の使用環境と最適物理的因子 …………………………………… 171
  - 8.5.1　固体触媒の物理的因子の最適化 ……………………………… 171
  - 8.5.2　固体触媒の形状と特徴 ………………………………………… 172
  - **コラム**　擬液相　156
  　　　　　光析出法　163

9章　吸着と不均一触媒反応速度式

- 9.1　吸　　着 ……………………………………………………………………… 175
  - 9.1.1　物理吸着と化学吸着 …………………………………………… 175

9.1.2	吸着熱	178
9.1.3	吸着量の関数	179
9.1.4	吸着等温線	180

9.2 不均一系触媒反応のメカニズムと速度式 ……………………… 187
 9.2.1 不均一系触媒反応の速度 ……………………………………… 187
 9.2.2 Langmuir-Hinshelwood 機構と Rideal-Eley 機構 ……… 189
 9.2.3 Langmuir-Hinshelwood 機構の速度式 ……………………… 189
 9.2.4 触媒の活性試験 ………………………………………………… 192
 9.2.5 同位体を用いる反応機構の推定 ……………………………… 195

10章 固体触媒のキャラクタリゼーション

10.1 吸着を利用するキャラクタリゼーション ……………………… 198
 10.1.1 細孔分布 ………………………………………………………… 198
 10.1.2 金属の露出表面積の測定 ……………………………………… 199
 10.1.3 表面酸性・塩基性の測定 ……………………………………… 200

10.2 触媒の表面とバルクの分光学的なキャラクタリゼーション … 202
 10.2.1 XRD ……………………………………………………………… 205
 10.2.2 電子顕微鏡 ……………………………………………………… 206
 10.2.3 XPS ……………………………………………………………… 208
 10.2.4 AES ……………………………………………………………… 210
 10.2.5 LEED …………………………………………………………… 210
 10.2.6 EXAFS：広域X線吸収微細構造 …………………………… 217
 10.2.7 XANES：X線吸収端近傍微細構造 ………………………… 219
 10.2.8 ESR ……………………………………………………………… 220
 10.2.9 IR ………………………………………………………………… 222
 10.2.10 NMR …………………………………………………………… 224
 10.2.11 STM …………………………………………………………… 225

10.3 表面吸着種の状態 ………………………………………………… 226
 10.3.1 昇温脱離法 ……………………………………………………… 226
 10.3.2 IR ………………………………………………………………… 227
 10.3.3 EELS …………………………………………………………… 229

巻末課題 …………………………………………………………………… 231
参考書 ……………………………………………………………………… 233
索引 ………………………………………………………………………… 235

1章 触媒化学の概要

1.1 序論

1.1.1 触媒とは何か

水素と酸素から水が生成する反応 $H_2 + 1/2\ O_2 \rightarrow H_2O$ を考えてみよう。水素と酸素の混合ガスを200℃に加熱しても何の反応も起こらない。しかし、混合ガスに少量の銅を入れて加熱すると、水素と酸素はすみやかに反応して水を生成する。反応後、加えた銅には何の変化も起こっていない。この場合の銅のように、少量で反応速度を著しく増加させ、自身は反応の前後で変わらない物質を触媒という。

水素と酸素の反応で、銅が果たしている役割を図1-1に示す。Cu → CuO → Cu のサイクルが1回転するたびに水が生成することになる。この場合、触媒は Cu であるといってもいいし、また、CuO であるといってもいい。重要なのは Cu → CuO → Cu のサイクルを形成することによって触媒作用をしていることである。

化学量論式が

$$A + B \longrightarrow C + D$$

で表わされる反応を考えてみよう。この反応は熱力学的には起こりうるが、単に混合しただけでは反応が起こらないものとしよう。この系に、少量の物質 S_1 を加えると、次の一連の反応が速く起こり C と D が生成する。

$$A + S_1 \longrightarrow C + S_2$$
$$B + S_2 \longrightarrow D + S_1$$

S_1 は A と反応し自身は S_2 となるが、S_2 は B と反応し元の S_1 に戻る。このサイクルが1回転するたびに C と D が生成する。すなわち S_1 は消費・再生を繰り返し、そのたびに反応が進む。このような形式で進行する反応

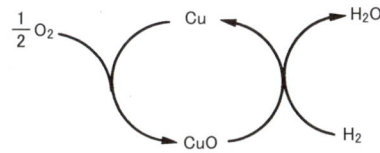

Cu は O_2 によって酸化され CuO になり、CuO は H_2 によって還元され、H_2O を生成し、自身は元の Cu に戻る

図1-1　$H_2 + \dfrac{1}{2} O_2 \rightarrow H_2O$ の反応に対する銅の触媒作用

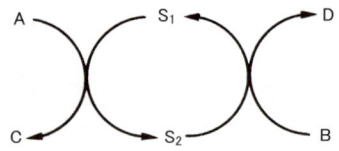

$S_1 \to S_2 \to S_1$ のサイクルは触媒サイクルと呼ばれ，サイクルごとに生成物が生ずる

図 1-2　反応 A ＋ B → C ＋ D に対する触媒 S_1, S_2 の役割

を触媒反応といい，その中で消費・再生を繰り返している物質 S_1 あるいは S_2 を触媒という．S_1, S_2 の役割を図 1-2 に示す．

　触媒反応がスムーズに進行するためには，上記 2 つの反応がともに速く進行することが必要となる．S_1 や S_2 が安定すぎると S_1 と S_2 を生成する反応は速くなるが，S_1 と S_2 を消費する反応は遅くなる．逆に，S_1 や S_2 が不安定すぎると S_1 と S_2 を消費する反応は速くなるが，S_1 と S_2 を生成する反応は遅くなる．S_1 と S_2 がともに安定すぎることもなく，また，不安定すぎることもないときに触媒サイクルはスムーズに回る．

　触媒（catalyst）は，次のような特徴をもつ．

① 反応物質よりも相対的に少量で反応を促進させ，それ自身は反応中に消費されない物質．

② 一定温度における化学反応の速度を増大し，かつ，化学量論式に現われない物質．

③ 活性化エネルギーを低くする作用をもつ物質．それが存在することによって，エネルギーの峠を低め，新しい原子の組替えの経路をつくりだす物質．

　ある反応系に光を照射すると，反応速度が著しく増加することがある．また，多くの反応では熱を加えると反応速度が増大する．しかし，光や熱は物質ではないので触媒とはいわない．

1.1.2　熱力学平衡と反応速度

　触媒は，反応中消費されないので化学量論式には示されない．化学反応の平衡は，反応の前と後の状態だけで決まり，反応がどの経路を通るかには依存しない．反応が触媒反応であっても，無触媒反応であっても，生成物が同じであれば平衡の位置は変わらない．平衡の位置は化学量論式だけで決まるものである．したがって，触媒は平衡の位置を変えることができず，単に平衡に近づく速度を大きくするだけである．

　反応物 A が生成物 B に変化する反応を考えてみよう．化学量論式は

$$A \longrightarrow B \tag{1-1}$$

である．この反応が触媒 S の存在で，次の逐次反応を経由して起こると

> **word 空間速度（space velocity）**
> 反応器の有効容積を V，単位時間に反応器に導入される原料の，標準状態における体積を F^0 とすると，通常 F^0/V を空間速度という．常温で液体の原料を用いるときは，F^0 に液体の体積を用い，そのとき LHSV（liquid hourly space velocity）という．触媒反応のとき反応器容積 V の代りに，触媒単位量（質量，容積，表面積）を用いることもある．

する．Ⅰは中間体を表す．

$$A + S \longrightarrow I \tag{1-2}$$

$$I \longrightarrow B + S \tag{1-3}$$

ここで，式（1-3）の反応が式（1-2）の反応に比べてずっと遅い．すなわち式（1-3）が律速段階とすると，全体の反応速度は，式（1-3）の活性化自由エネルギー $\Delta G^{*\ *}$ の大きさで左右される．ΔG^{*} は触媒成分Sを含むⅠの状態の関数である．一方，式（1-1）の平衡は，Gibbs標準自由エネルギー変化 ΔG^{0} で決まってくる．平衡定数 $K_p = P_B/P_A$ と ΔG^{0} との間には，次の関係式が成り立つ．P_A, P_B はA，Bの分圧を表す．

$$\Delta G^{0} = -RT\ln K_p \tag{1-4}$$

ΔG^{0} の値が小さいほど（負の大きな値ほど），平衡は生成系に傾いている．

平衡定数 K_p の温度変化はエンタルピー変化 ΔH を用いて，van't Hoff の式で次のように表わせる．

$$\frac{d\ln K_p}{dT} = \frac{\Delta H}{RT^2} \tag{1-5}$$

一方，反応速度定数 k の温度変化は，活性化エネルギー E_a を用いて，Arrheniusの式で示される．

$$\frac{d\ln k}{dT} = \frac{E_a}{RT^2} \tag{1-6}$$

E_a と ΔH の関係を，触媒反応と無触媒反応について図示すると，図1-3のようになろう（図9-10参照）．無触媒反応では，$E_{a(\text{hom})}$ のエネルギー障壁を越えなければ反応が進行しないが，触媒が存在すると $E_{a(\text{cat})}$ のエネルギー障壁を越えれば反応が進行する．

中間体Ⅰのポテンシャルエネルギーは，高（不安定）すぎると最初のエネルギー障壁が高くなり，ポテンシャルエネルギーが低（安定）すぎると2番目のエネルギー障壁が高くなり，いずれの場合も反応速度は低下する．一般に，中間体の安定度を横軸にとり反応速度をプロットすると山型のグラフが得られる．これを触媒の火山型活性序列という．

* "*" は活性錯合体に関することを示し，反応系と活性錯体の自由エネルギーの差 ΔG^{*} は，式（1-4）のように，反応系と活性錯体との間の平衡定数 K^{*} を用いると，$\Delta G^{*} = -RT\ln K^{*}$ となる．

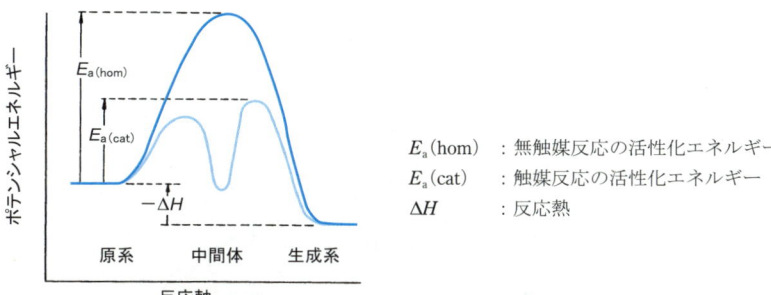

$E_a(\text{hom})$ ：無触媒反応の活性化エネルギー
$E_a(\text{cat})$ ：触媒反応の活性化エネルギー
ΔH ：反応熱

図1-3 触媒反応と無触媒反応の活性化エネルギーと反応熱

例を見てみよう．図1-4は，各種金属（酸化物）を触媒としたときのエチレンの酸化で，二酸化炭素と水を生成する反応に対する触媒活性を金属酸化物の生成熱$-\Delta H^0_f$（中間体の安定度の指標）に対してプロットしたものである．表面酸素が安定であると$-\Delta H^0_f$は大きい値を持つ．CaOやAl$_2$O$_3$のOは非常に安定でエチレンと反応しにくく，Au$_2$O$_3$のOは不安定でAu表面にOを捕捉しにくい．いずれの場合も触媒活性は低くなる*．PtO$_2$やPdOのOは，適度な強さで表面に捕捉されており，そのために高い触媒活性を示す．

* AuはTiO$_2$の表面などにナノサイズの粒子として担持すると，高活性な酸化触媒となる．

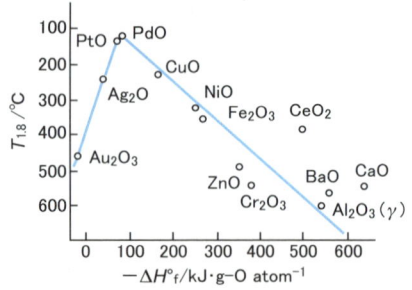

$T_{1.8}$はエチレン転化率が1.8%に達する温度
図1-4　エチレン酸化活性における火山型活性序列
清山哲郎ほか，触媒，8, 306 (1966) より改変

1.1.3　触媒の種類

触媒の形態は気体・液体・固体のいずれでもよい．触媒と反応物が両方とも気体，あるいは液体で境界面がない均一系のとき，その反応を均一系触媒反応（homogeneous catalytic reaction）という．代表的な触媒の形としては，溶媒に可溶な金属錯体や水溶液中のイオンなどであり，触媒と反応物の両方が液体である場合が多い．不均一系の場合は，触媒相と反応相が異なる相を形成し，反応は不均一系触媒反応（heterogeneous catalytic reaction）とよばれる．触媒が固体，反応物が気体である場合が多い．均一系触媒反応と不均一系触媒反応には，それぞれ長所・短所・特徴があり，それらを対比して表1-1に示す．

表1-1　均一系触媒と不均一系触媒の比較

比較項目	均一系触媒	不均一系触媒
触媒の形態	水溶液，有機溶媒に溶けている状態が多い	金属あるいは金属酸化物で，無機担体に担持された場合が多い
反応相	多くは液相	多くは気相（反応物）/固相（触媒）
反応温度	溶媒の沸点以下 （多くは200℃以下）	触媒の耐熱温度（事実上無制限） （多くは室温〜500℃）
触媒活性	低い	高い（反応温度を高くすることができるため）
選択性	高い	低い
触媒と生成物の分離	困難	容易
触媒の回収・再生	困難	容易

> **word 選択率（selectivity）**
> 2つ以上の反応が起こっているときの，それぞれの反応の相対的な速度を記述する語句．多成分の原料から着目する反応が起こる割合，あるいは，一成分の原料から着目する生成物が得られる割合を表わす場合がある．一成分から数種の生成物が得られる場合には，通常，全生成物中の着目する成分の割合を選択率という．

表 1-2　固体触媒の代表的な機能と例

遷移金属		遷移金属酸化物		典型金属酸化物	
機能	例	機能	例	機能	例
水素化	Ni	選択的酸化	MoO_3	クラッキング	SiO_2
（H_2 解離）	Pd	（O_2 活性化）	V_2O_5	水素移行	Al_2O_3
水素化分解	Pt	脱水素	Fe_2O_3	異性化	SiO_2-Al_2O_3
（C-H 解離）			Cr_2O_3	水　和	ゼオライト
酸　化	Ag			重　合	MgO
（O_2 活性化）	Pt			（酸塩基作用）	

　固体の触媒を大別すると，遷移金属，遷移金属酸化物，典型金属酸化物，金属硫化物，金属塩となるが，最も多く用いられている前三者の機能と触媒例を表 1-2 に示す.

　大別されたそれぞれの触媒の大まかな特性は，つぎのように要約される.

　遷移金属の中で，Fe，Co，Ni，白金族（Ru，Rh，Pd，Os，Ir，Pt）の 8 族金属および Cu は，水素分子を解離して活性化し，水素化に活性を示す. また，8 族金属は，炭化水素の C-H 結合をも解離するので，水素化分解に活性を示す. 白金族および Ag，Au は，酸素分子を活性化するため，酸化反応の触媒となるが，その他の遷移金属は酸素との結合が強すぎて，酸素と接触するとバルク全体が酸化され，金属酸化物となってしまうために，酸化触媒としては適さない.

　遷移金属酸化物は，酸化に活性を示すものと，脱水素に活性を示すものに分けられる. 遷移金属酸化物の中で，酸素イオンあるいは原子が格子内を動きやすいものは，気相の酸素分子と格子の酸素が交換を起こし，格子酸素を通して，炭化水素の選択的な酸化，あるいは完全酸化（CO_2 と H_2O を生成）を起こす. このような触媒は，水素が存在すると金属状態まで容易に還元されてしまうので，脱水素には適さない. 格子酸素を動きやすくするために，MoO_3 に他の金属酸化物を複合させた複合モリブデン酸が代表的である. 酸素との結合力が強い遷移金属酸化物は，格子酸素の反応性が低いため，酸化反応には適さないが，水素分子が存在していても金属状態に還元されないので，脱水素に対して良い触媒となる. Cr_2O_3，Fe_2O_3 がこれに相当する.

　典型金属酸化物は，反応分子と酸塩基相互作用をし，反応分子にプロトンを与えたり，反応分子からプロトンを引抜いて分子を活性化する. 炭化水素のクラッキング，水素移行，不均化，水和，重合，骨格および二重結合の異性化などの酸塩基触媒反応に対して活性を示す. 酸として作用する酸化物は，多くの場合 2 種以上の典型金属酸化物を複合させたものであり，SiO_2 と Al_2O_3 を複合させた SiO_2-Al_2O_3 が代表的である.

　以上の他に，金属硫化物は S，N を含む化合物の脱水素，水素化，水素

化分解に有効であり，Mo, W, Co, Ni, Fe などの硫化物が主なものである．また，リン酸塩，硫酸塩は，酸塩基触媒反応に対して活性を示す．

表 1-3 に主な固体触媒を構成元素別に分類して示す．

表 1-3 触媒として用いられる主な元素

元素	触媒の形態	触媒反応，用途	備 考
Al	$AlCl_3$, $AlBr_3$	アルキル化，骨格異性化，アシル化（Friedel-Crafts 反応）	酸性質
	Al_2O_3	アルコール脱水，オレフィン異性化，パラフィン−重水素交換，担体	酸−塩基性質
Si	SiO_2	担体	高表面積
	SiO_2-Al_2O_3	クラッキング，異性化，アルキル化	酸性質
	ゼオライト	クラッキング，異性化，アルキル化，MTG, 担体	酸性質 形状選択性
	SiO_2-NiO	エチレン二量化	酸性質
C	活性炭	担体	高表面積
Pb	PbO/Al_2O_3	トルエン酸化的二量化	
La	$LaCoO_3$	燃焼触媒	ペロブスカイト
P	H_3PO_4, $H_4P_2O_7$	重合，異性化，アルキル化，水和	酸性質
Bi	Bi_2O_3-MoO_3	酸化，アンモ酸化	O_2 活性化，O^{2-} 拡散
Sb	Sb_2O_5, SbO_5-Fe_2O_3	酸化・アンモ酸化・酸化脱水素	O_2 活性化
	SnO_2-Sb_2O_5-Cu	メタノール酸化，アクリロニトリル水和→アクリルアミド	O^{2-} 拡散
Cu	Cu_2O-Cr_2O_3 Cu-Cr_2O_3-ZnO Cu-ZnO	C=O 基水素化，脱水素，水素化分解（エーテル→アルコール），アセチレン+アルデヒド→アルキノール，低温 CO シフト反応，メタノール合成	H_2 の活性化
	Cu/SiO_2	ニトロベンゼン→アニリン	
	$CuCl_2$	エチレンのオキシ塩素化	
Ag	Ag/α-Al_2O_3	エチレン→酸化エチレン，メタノール→ホルムアルデヒド	O_2 活性化
Zn	ZnO	アルコール脱水素，水素化	H_2 の活性化
	ZnO-Cr_2O_3	メタノール合成	
	$ZnCl_2$	$ROH + HX \rightarrow RX + H_2O$	酸性質
	ZnO-Al_2O_3-CaO	エチルベンゼン脱水素	
Ti	TiO_2	担体	SMSI 効果
	$TiCl_4 \cdot Al(C_2H_5)_3$	オレフィン重合	Ziegler 触媒
	Pt/TiO_2	水の光分解	半導体
V	V_2O_5	o-キシレン，ベンゼン，SO_2 酸化	O_2 活性化
	V_2O_5-P_2O_5	ブタン酸化→無水マレイン酸	多元素触媒
	V_2O_5/TiO_2	NO_x 還元	
Cr	Cr_2O_3	脱水素，水素化	
	Cr_2O_3/Al_2O_3	脱水素	
Mo	MoO_3	メタセシス，脱水素環化，水素化，酸化	O_2 活性化
	MoO_3-SnO_2	プロピレン酸化，アンモ酸化	
	$Co \cdot MoS_2$/Al_2O_3	水素化脱硫	予備硫化後使用
	$Ni \cdot Mo$/Al_2O_3	水素化脱窒素	
	MoS_2	水素化，オレフィン異性化	

	Mo-Bi-O	イソブテン酸化→メタクロレイン	多元素触媒
		イソブテンアンモ酸化→メタクリロニトリル	
	MoO$_3$-Fe$_2$O$_3$	メタノール酸化	
	H$_3$PMo$_{12}$O$_{40}$	オレフィン水和, アルコール脱水	ヘテロポリ酸
		メタクロレイン酸化, オレフィン・アルデヒド酸化, イソ酪酸の脱水素	
W	WO$_3$	メタセシス, 脱水素環化, 酸化	
	H$_3$PW$_{12}$O$_{40}$	オレフィン水和, アルコール脱水	ヘテロポリ酸
Mn	MnO$_2$	CO 酸化, N$_2$O 分解	
Fe	Fe-K$_2$O-Al$_2$O$_3$	アンモニア合成, Fischer-Tropsch 合成	N$_2$ 解離
	Fe$_2$O$_3$-Cr$_2$O$_3$	高温 CO シフト反応	
	Fe$_2$O$_3$-Cr$_2$O$_3$-K$_2$O	エチルベンゼン酸化脱水素	
	Fe$_2$O$_3$	エチルベンゼン酸化脱水素, NOx 還元	
Co	Co	Fischer-Tropsch 合成	
	Co / 活性炭	エチレン二量化	
	Co$_3$O$_4$	酸化	
	Co カルボニル錯体	オレフィンのヒドロホルミル化	
Ni	Ni (RaneyNi)	水素化	
	Ni / 担体	水素化, 水蒸気改質, メタネーション	
	修飾 Ni	不斉水素化	
Pt	Pt	水素化, 脱水素, 酸化	
	Pt /Al$_2$O$_3$	石油の改質	二元機能触媒
	Pt-Rh-Pd / 担体	自動車排ガス浄化	三元触媒
Pd	Pd	水素化	
	Pd / SiO$_2$, Al$_2$O$_3$	部分水素化	
	PdCl$_2$-CuCl$_2$	オレフィン酸化 (Wacker 法)	レドックス機構
Re	Re	水素化, 酸化	
	Re-Pt /Al$_2$O$_3$	石油の改質	二元機能触媒
	Re$_2$O$_7$ /Al$_2$O$_3$	メタセシス	
Ru	Ru	水素化, アンモニア合成	
	Ru/Al$_2$O$_3$	メタネーション, Fischer-Tropsch 合成	
Rh	Rh	CO 水素化	C$_1$ 化学
	Rh 錯体	ヒドロホルミル化	
		CO 水素化 (含酸素化合物合成)	

1.1.4 触媒発展の歴史

現代の化学工業において, 触媒は頻繁に用いられている. むしろ, 触媒を用いない化学工業はまれであるといっても過言ではない. 新しい触媒の発見が化学工業に大変革をもたらした例は数多くみられる. 表 1-4 に, 触媒発展の歴史の中で重要なものを示す. いずれも化学工業のみならず, 社会的に大きなインパクトを与えたものである.

例えば, 窒素と水素からアンモニアを合成する鉄触媒が発見されたのは 1905 年である. 1912 年には, 早くも化学工場でアンモニア合成のプラントが稼動をはじめた. アンモニアを原料として窒素肥料が多量に生産され, その結果, 農作物の生産量が飛躍的に増大し, 世界の人口の急激な増加に

表 1-4 触媒発展の歴史

年代	触媒	触媒反応
1831	Pt	$SO_2 + 1/2 O_2 \rightarrow SO_3$
1838	Pt	$NH_3 + 2O_2 \rightarrow HNO_3 + H_2O$
1877	$AlCl_3$	Friedel-Crafts 反応
1879	V_2O_5	$SO_2 + 1/2 O_2 \rightarrow SO_3$
1877～1920	Ni	水素化
1907	Fe	$N_2 + 3H_2 \rightarrow 2NH_3$
1913	Fe	石炭液化
1923	Fe, Co	Fischer-Tropsch 合成
1924	Zn-Cr 酸化物	メタノール合成
1928	$P(Ph)_3$ 系	アセチレンの反応
1935	H_3PO_4, 他の酸	アルキル化
1936	天然白土	石油クラッキングの工業化
1937	O_2	エチレン重合（高圧法）
1938	$HCo(CO)_4$	ヒドロホルミル化
1949	Pt/Al_2O_3	ナフサの接触改質
1953	$(C_2H_5)_3Al-TiCl_4$	オレフィン重合（低圧法）
1959	$PdCl_2-CuCl_2$	$C_2H_4 + 1/2 O_2 \rightarrow CH_3CHO$（Wacker 法）
1959	Bi-Mo, Fe-Sn 系	アンモ酸化（SOHIO 法）
1962	ゼオライト	石油クラッキング
1966	W,Mo,Re	メタセシス
1964	Cu,Mo,Fe,Co 塩化物	オキシ塩素化
1970	$Co \cdot Mo/Al_2O_3$	石油の脱硫
1970～	Pd,Pt,Rh	自動車排ガス浄化
1970～	V_2O_5/TiO_2	NOx 還元
1977	ヘテロポリ酸	イソ酪酸の酸化脱水素（メタクリル酸合成）
1980～	Rh 錯体	$CH_3OH + CO \rightarrow CH_3COOH$（Monsanto 法）
1980～	ZSM-5 ゼオライト	$CH_3OH \rightarrow$ ガソリン（MTG 法）
1981	ZSM-5 ゼオライト	エチルベンゼン（気相固体触媒）
1995	MCM-22 ゼオライト	エチルベンゼン（液相固体触媒）
2003	シリカライト	気相ベックマン転位（ε-カプロラクタム合成）

伴う食糧問題の解決に多大な貢献をした．石油のクラッキングプロセスは，固体酸触媒を用いて 1936 に稼働し，1938 年の巨大油田の発見とあいまって，エネルギー供給と化学工業の発展をもたらした．Ziegler と Natta によるエチレン，プロピレンの立体規則性高重合触媒の発明は，プラスチック工業を興し，以後の材料関連工業に大変化をもたらした．化学工業の大変革の原動力は，常に新しい反応に対する新しい触媒の発明にあるといってもよいであろう．

1.2 分子の活性化と触媒機能の発現

1.2.1 分子の活性化

前述のように，触媒反応はいくつかの段階から成り立ち，触媒自身はサイクルを形成し元の状態に戻る．ある物質が触媒として作用するためには，

いくつかの機能が必要であるが，そのなかで最も重要な機能は反応分子を活性化することである．

多くの遷移金属は水素分子を解離する機能をもっている．解離した水素原子は水素分子より反応性に富んでおり，水素分子が活性化された状態ということができる．金属上に吸着した水素原子の近くにオレフィンが吸着すると，水素原子は容易にオレフィンに付加し，アルキル基を生成する．さらにもう1つの水素原子が付加するとアルカンが生成する．すなわちオレフィンの水素化が起こる．オレフィンを水素化する触媒機能で重要な点は，水素分子を解離する機能であるといえよう．

固体触媒反応では，反応分子は化学吸着によって活性化される．化学吸着の定式化は，9章に記す．有機金属錯体が触媒の場合には，分子の中心金属への配位が活性化に相当する．ここでは，化学吸着による分子の活性化の代表的な例について述べよう．

(1) 解離吸着による活性化（均等解離）

水素分子，窒素分子の解離エネルギーは，それぞれ 436 kJ mol^{-1}，942 kJ mol^{-1} である．このような大きな解離エネルギーをもつ結合も，固体表面では容易に切断される．水素分子は Ni，Pd，Pt などの表面上で，室温で容易に解離吸着する．この解離を進行させる原動力は金属表面の水素原子に対する化学親和力である．解離した水素原子は反応性に富み，前述のようにオレフィンに付加したりカルボニル基（>C=O）に付加して水素化生成物を与える．窒素分子は，Fe，Ru，Os の金属表面上で，300℃以上の温度で解離する．解離した窒素原子は，水素原子が近づくと NH，NH$_2$ などを生じ，ついに NH$_3$（アンモニア）を生成する．

酸素分子も Pt 等の表面で解離する．解離した酸素原子はきわめて反応性が高く，炭化水素やアルコールを酸化する．金属の種類を変えると酸素原子の反応性も変わってくるので，適当な金属を選び，酸素の反応性を調節することによって選択的酸化で止めたり，完全酸化（H$_2$O と CO$_2$ を生成）を行なわせたりすることも可能である（5章）．

一酸化炭素も Fe，Co，Ru，Ni，W，Mo 表面上で C と O に解離する．水素原子が近くにあると O は H$_2$O となり，C は CH，CH$_2$ を経由して炭化水素を生成する（3章）．

アルカンも水素を解離することにより活性化される．一般に水素分子を解離する金属は C–H 結合を切断する能力があり，アルキルラジカルを生成する．アルキルラジカルは，さらに水素がとられてオレフィンを生成したり（脱水素），C–C 結合が切れて分解を起こしたりする．

(2) 配位による活性化

一酸化炭素は遷移金属上に配位結合をして吸着する．この結合は金属カルボニルと類似した結合である．図 1-5 のように，CO の 5σ 軌道の電子が金属に流れ込み，金属の d 軌道の電子は CO の反結合性 2π 軌道へ移行し（逆供与）π 結合をつくる．その結果 C–O 結合が弱められ，CO の反応性が増す．解離した水素原子が近くに存在すると反応して，炭化水素あるいはアルコールを生成する（3 章）．前述の CO の解離は，C–O 結合が極めて弱くなった特別のケースに当たる．

金属酸化物上では，金属がカチオン性なので電子が不足しており逆供与が少なくなり，C–O 結合はそれほど弱められない．このような触媒上で CO と水素が反応するとメタノールなどの含酸素化合物を生成する．

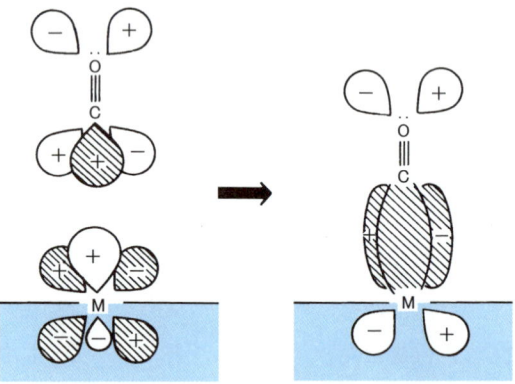

図 1-5　一酸化炭素の遷移金属上への配位

オレフィンの二重結合の π 電子は，遷移金属酸化物の金属イオンに配位し，π 錯体を生成する．この π 錯体は，水素原子と容易に反応して水素化されたり，あるいは表面の O^{2-} イオンによってアリル位の H を引き抜かれ π アリル錯体を生成し，酸化反応の中間体となったりする（5 章）．

(3) 酸塩基による活性化（不均等解離）

固体表面が酸性あるいは塩基性であると，反応分子と酸塩基相互作用を生じ，分子がイオン化される．

オレフィンは，SiO_2-Al_2O_3 などの H^+ が存在する酸性表面上でカルベニウムイオンを生ずる．

$$CH_2=CH-CH_2-CH_3 + H^+ \longrightarrow CH_3-\overset{\oplus}{C}H-CH_2-CH_3$$

生成したカルベニウムイオンは，クラッキング，異性化などの反応中間体となる（3 章）．

一方，MgO などの塩基性表面上でオレフィンは，アリル位の H が H^+ として引き抜かれ，アリルカルバニオンを生ずる．

$$CH_2=CH-CH_2-CH_3 \longrightarrow CH_2\cdots \overset{\ominus}{CH}\cdots CH-CH_3 + H^+$$

このカルバニオンは，二重結合移行の中間体となる．

アルカンは，ルイス酸が存在するとH^-を引き抜かれカルベニウムイオンとなる．また，超強酸*（100% H_2SO_4より強い酸）と反応しカルボニウムイオン（5配位カルボカチオン）を生成する．カルボニウムイオンは，H_2を放出したり，CH_4を放出したりすることによってカルベニウムイオンとなり反応していく．

ルイス酸との反応

$$CH_3-CH_2-CH_2-CH_3 + ルイス酸 \longrightarrow CH_3-\overset{\oplus}{CH}-CH_2\text{-}CH_3 + H^-\cdots ルイス酸$$

超強酸との反応

$$CH_3-CH_2-CH_2-CH_3 + 超強酸 \longrightarrow CH_3-\underset{H\ H}{\overset{H}{C^\oplus}}-CH_2-CH_3$$

$$\longrightarrow \overset{\oplus}{CH_2}-CH_2-CH_3 + CH_4 \longrightarrow CH_3-\overset{\oplus}{CH}-CH_3 + CH_4$$
$$\longrightarrow CH_3-\overset{\oplus}{CH}-CH_2-CH_3 + H_2$$

1.2.2 触媒機能の発現

反応分子をどのように活性化するかは，まず第1に触媒を構成する元素の化学的性質に依存する．固体触媒では，元素固有の化学的性質の他に表面であるために発現する特性がある．固体の表面原子は，内部の原子よりも配位数が少ない．このため内部方向に不均衡な力を受け，内部よりもエネルギーの高い状態になっている．配位数が少ない表面原子は，適当な分子と結合することによって安定化される．

図1-6は固体表面の様子を模式的に表わしたものである．表面原子の一部はモデルのようにステップ，キンク，コーナーあるいはエッジに位置している．このようなところに位置する原子はそれを取り巻く結合原子数が

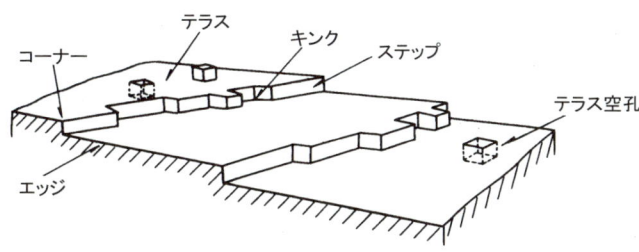

図1-6 固体表面のモデル
岩塩型結晶構造を持つ固体の表面原子の配位数はテラス部分では5，エッジでは4，キンクとコーナーでは3である．

ブレンステッド酸とルイス酸

酸の定義にBrönstedの定義とLewisの定義がある．Brönstedの定義は「相手にH^+を与えるもの」であり，Lewisの定義は「電子対を受容するもの」である．ブレンステッド酸とは，H^+を相手に与え得る酸のことを指し，ルイス酸とは，金属カチオンなど，相手から電子対を受容する酸のことをいう．それぞれ，プロトン酸，非プロトン酸ともいう．

カルボニウムイオンとカルベニウムイオン

以前はアルカンからH^-が引き抜かれた$(C_nH_{2n+1})^+$をカルボニウムイオンとよんでいたが，超強酸はアルカンにH^+を与え$(C_nH_{2n+3})^+$のカチオンを生成することが明らかにされた．$(C_nH_{2n+1})^+$は，カルベン($>CH_2$)にH^+が付加した陽イオンにアルキル基がついたものなのでカルベニウムイオンとよび，$(C_nH_{2n+3})^+$をカルボニウムイオンとよんで区別をすることが多い．本書では，このよび方に従った．ただし，IUPACの命名法では，カルベニウムイオンはCH_3^+を指す．したがって，たとえば$CH_3C^+H_2$は，エチルカルベニウムイオンではなく，メチルカルベニウムイオンと呼ぶ．同様に，2級のカルボカチオン$CH_3C^+HCH_3$はジメチルカルベニウムイオン，1級のカチオン$CH_3CH_2C^+H_2$はエチルカルベニウムイオンである．カルボニウムイオンという呼び方は，IUPACでは認められていないが通常用いられる．

---

* 超強酸として，トリフルオロメタンスルホン酸(CF_3SO_3H)，フルオロスルホン酸(FSO_3H)，FSO_3HとSbF_5との混合物であるマジック酸，あるいはHFとSbF_5との混合物であるフルオロアンチモン酸などが知られている．

少ないので，テラスに位置する原子より不飽和結合性が高い．表面原子という意味では同じでも配位数の異なった表面原子が存在し，配位の不飽和度の大きいキンク，コーナーでは表面エネルギーが高く，より反応性に富んでいる．配位の不飽和度の大きい表面原子が，より高い触媒機能を示すとは限らないが，配位の不飽和度が変わると触媒機能が変わる場合が多い（10章）．

イオン性の強い金属酸化物では，表面に O^{2-} イオンが存在する．O^{2-} イオンは H^+ と親和性が大きいため，反応分子から H^+ を引き抜く塩基点として機能する．金属イオンの方は電子対受容性が大きく，ルイス酸として作用し，反応分子から電子対を受容したり，H^- を引き抜いたりする．金属酸化物の場合も，表面イオンの配位不飽和度の大小によって，その反応性が異なってくる．

触媒機能は，いくつかの触媒成分を複合することによって，発現することがある．2種の金属酸化物を複合させると酸性を示す例が数多く知られている．代表的な例が SiO_2-Al_2O_3 である．複合することによって，Si^{4+} イオンが Al^{3+} イオンに置換される．荷電が異なるので電気的中性を保つために，Al^{3+} イオン近傍に Na^+，NH_4^+，H^+ などの陽イオンが存在する．陽イオンが H^+ であると，固体は酸性を示すようになり，反応分子を酸塩基相互作用で活性化する，いわゆる固体酸触媒となる．

金属触媒は，通常金属酸化物や活性炭のような表面積の大きい固体上に分散させて用いる場合が多い．このことを金属を担体に担持するという．担持された金属は分散されているために，触媒として有効に働く表面露出金属原子の数が増す．このような効果の他に，金属と担体との間に化学的な相互作用が起こり，金属の電子状態が変化し，触媒機能が向上することもある．また，金属が担体上に高分散状態になると，金属が微粒子化され，配位不飽和な金属原子の割合が増え，大きい粒子とは違った触媒作用を示すこともある．

触媒機能を有する担体に金属を担持すると，2つの異なった機能を有する二元機能触媒が得られる．炭化水素の接触改質で用いられる Pt/Al_2O_3 は代表的な例であり，Pt によって炭化水素が脱水素されてオレフィンを生成し，オレフィンは担体上の酸点で異性化を起こす．2つの逐次的な反応が同一触媒の異なった場所で起こるようになる．このような触媒を二元機能触媒という（3章）．二元機能触媒作用で特徴的なことは，第1段の反応が平衡上不利な場合でも，生成物が第2段の反応で消費されていくため，大きな転化率を得ることができる点にある．

固体触媒として用いられる物質の多くは多孔質であり，細孔構造をもつ

---

word 担体 (support)
触媒活性成分をその表面に高分散状態で保持する物質．担体自体は不活性なものが多いが，全反応の一部に活性があってもよい．

二元機能触媒 (bifunctional catalyst, dual-functional catalyst)
2種の異なった機能を有する活性点が，同一の触媒粒子に混在する触媒．2種の活性点が異なった反応段階に作用する．接触改質に用いられる Pt/Al_2O_3（脱水素・水素化機能＋酸性質）が代表例．触媒の酸点と塩基点が1つの分子に作用する酸—塩基二元触媒作用のように，触媒上の機能の異なる活性点が単一の化学種に同時に作用するときも二元機能触媒という．前者を dual-functional，後者を bifunctional と区別する人もいる．

ている．細孔の径は通常数 nm から数 10 nm である．表面積の大部分は細孔の内壁に由来するので，反応は大部分細孔内で起こる．結晶性物質であるゼオライトは，細孔径が 0.1～1 nm の間の均一な細孔を有しその径はゼオライトの種類によって決まる．触媒として使用され得る代表例を表 1-5 に示す．ゼオライトの細孔径は分子径と同じオーダーなので，分子によっては細孔内に入れないものもある．細孔入口が 8 員酸素環である A 型のゼオライトには，n-パラフィンは入れるがイソパラフィンは入れない様子を図 1-7 に示す．細孔内に入ることができる分子は反応することができるが，細孔径より大きい分子は反応することができない．細孔に入れても，反応の遷移状態の形態をとり得ないと反応は進まない．また，細孔

> **word 細　孔（pore）**
> 多孔質は一次粒子および二次粒子の集合体から成り，一次，二次粒子間の空間が孔状になっている．この空間を細孔という．ゼオライトのように一次粒子（結晶子）中に細孔を有するものもある．孔の大きさによって，マクロ細孔（入口径 50 nm 以上），メソ細孔（50～2.0 nm），ミクロ細孔（2.0～0.5nm）とよぶ．

表 1-5　触媒に使用されるゼオライト

型	(骨格構造)	組　成	有効細孔径 /nm
エリオナイト	(ERI)	$Na_9(AlO_2)_9(SiO_2)_{27}$	0.36 × 0.52
A	(LTA)	$Na_{12}(AlO_2)_{12}(SiO_2)_{12}$	0.41 × 0.41
L	(LTL)	$K_9(AlO_2)_9(SiO_2)_{27}$	0.71 × 0.71
モルデナイト	(MOR)	$Na_8(AlO_2)_8(SiO_2)_{40}$	0.65 × 0.70, 0.34 × 0.48
フォージャサイト X	(FAU)	$Na_{86}(AlO_2)_{86}(SiO_2)_{106}$	0.74 × 0.74
フォージャサイト Y	(FAU)	$Na_{56}(AlO_2)_{56}(SiO_2)_{136}$	0.74 × 0.74
ZSM-5	(MFI)	$Na_xAl_xSi_{96-x}O_{192}(x \leq 27)$	0.51 × 0.55, 0.53 × 0.56
MCM-22	(MWW)	$H_{24}Na_{31}Al_{0.4}B_{5.1}Si_{66.5}O_{144}$	0.42 × 0.55, 0.41 × 0.51
フェリエライト	(FER)	$Mg_2Na_2Al_6Si_{30}O_{72}$	0.42 × 5.4, 3.5 × 4.8
ベータ	(BEA)	$Na_7Al_7Si_{57}O_{128}$	0.66 × 0.67, 0.56 × 0.56

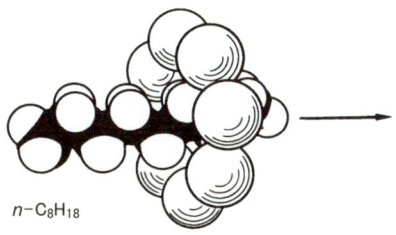

$n\text{-}C_8H_{18}$

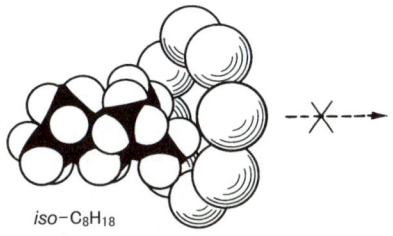

$iso\text{-}C_8H_{18}$

A 型ゼオライトの細孔入口の直径は 0.41 nm なので，n-オクタンは通過できるが，イソオクタンは通過できない．

図 1-7　ゼオライト細孔入口と分子

ゼオライトおよびメソ多孔体の合成

ゼオライトの合成は，ニュージーランドのバーラー（R. M. Barrer，ケンブリッジ大教授）が1940〜1980年にわたって行った系統的な研究が基礎となっている．このため「ゼオライトの父」と呼ばれている．教授の重要な貢献は，合成時にアルキルアンモニウム化合物を用いた点にある．アルキルアンモニウム化合物は「構造規定剤」として働き，この周囲に（SiO_4）四面体構造が規則的に配列し，結晶化が起こる．最後に「構造規定剤」を焼成除去すると，規則的な細孔を持った結晶が得られる．出発原料としてSiとAl化合物を用い，適切な水熱合成条件を選ぶとゼオライトを合成することができる．種々の「構造規定剤」を用いたゼオライト合成研究は1970，1980年代に盛んに行われ，種々のゼオライトが合成された．なかでも有名なのは，1972年にモービルオイル社でテトラプロピルアンモニウム塩を構造規定剤として用いて合成されたZSM-5であり，天然には存在しないゼオライトである．ZSM-5は細孔入口が10員環であり，メタノールから一段でガソリンが合成できることで一躍有名になった．ZSM-5は，Zeolite of Socony Mobil No. 5の意味である．

「構造規定剤」はメソ多孔体合成にも応用された．セチルトリメチルアンモニウムブロマイドなどのカチオン性表面活性剤を構造規定剤としてシリカを合成すると，口径2〜30nmの規則的な細孔を持つメソ多孔体が合成できる．アンモニウム塩の炭素数を変えると口径の異なったメソ多孔体が合成できる．MCM-41はモービル社が合成したメソ多孔体シリカである（Mobil Composite of Matter 41）．メソ多孔体の最初の合成法は，MCM-41合成の2年前，1990年日本で発表された．これも「構造規定剤」アルキルトリメチルアンモニウムを層状シリカ化合物カネマイトに作用させて合成された．炭素数16のアルキル基を用いたのでFSM-16と名付けられた（Folded Sheets Mesoporous Material）．細孔径は3nmである．

---

word 形状選択性
（shape selectivity）

触媒の細孔の大きさと反応分子の大きさの関連で，特定の大きさの分子が反応あるいは生成すること．反応物規制，遷移状態規制，生成物規制の3種がある．ゼオライト触媒でよくみられる現象である．

内部でできた生成物が大きすぎても外部に脱出できないので，生成物としては得られない．このような，分子の大きさと触媒細孔径との関連で，特定分子が選択的に反応し，特定な生成物が得られることを形状選択性という（3章）．形状選択性も固体触媒の重要な機能の1つである．

1.3 触媒の利用

1.3.1 石油ベースの化学工業

現行の化学工業は石油をベースにしたものである．原油を蒸留した後，各留分を化学的に変換し，各種の燃料，および化学原料を生成する段階が石油精製プロセスである．化学原料から各種の化学品あるいは中間原料を製造する段階が石油化学工業プロセスである．いずれの段階においても触媒が中心的な役割を果たしている．

1973年の石油危機を契機として，石油への依存度を減らし，天然ガス，石炭，バイオマスなどの低利用炭素資源を石油代替とするプロセスの開発が進められている．ここでもまた新プロセスが成功するか否かは，新しい触媒の開発にかかっているといってよいほど，触媒は重要な位置を占めている．

石油精製プロセスでは，水素化精製，クラッキング，および，接触改質が代表的である（3章）．水素化精製は，原油中に含まれている硫黄，窒素，酸素を除去することを目的とし，アルミナに担持したMo,Co,W硫化物が用いられる．クラッキングは石油中の大きな分子を分解して，小さな分子に転化することを目的とし，固体酸触媒が用いられている．接触改質は，ガソリン留分に相当する炭化水素を，オクタン価の高いガソリンに転化することを目的としたプロセスで，同時に化学原料となる芳香族をも生成する．ここでは，固体酸触媒に金属を担持した二元機能触媒が用いられる．石油化学品の製造には，合成ガス，オレフィン，および芳香族（ベンゼン・トルエン・キシレン）から出発する3つの主要ルートがある（4章）．これらの原料を選択的酸化，塩素化，水和などをして，化学品あるいは中間製品を製造する．触媒としては，様々なものが用いられ，固体触媒（5章）の他，錯体触媒も盛んに用いられる（6章）．

以上の石油をベースにした燃料，化学原料製造プロセス以外では，オイルシェール，シェールガス，オイルサンド，バイオマスを炭素源とするプロセスが現在開発中である．

1.3.2 広がる触媒の応用分野

公害防止，環境保全のために触媒が使われ出したことが契機となり，触媒は化学品製造プラント以外において種々の形で利用され応用分野が広がりつつある．環境保全のための触媒利用は，石油中に含まれる硫黄分を除去するため，石油精製プロセスで脱硫触媒が用いられたのが始まりである．現在は，自動車の排ガスの浄化，火力発電所の排煙中のNO_xを除去する脱硝プロセスに大規模に用いられている．また，タービンを作動させるための燃焼から家庭用ストーブの燃焼に至るまでの触媒燃焼方式，燃料電池の電極，ガスセンサーへの応用など，いわゆる化学品製造以外の目的に広く用いられるようになった．触媒は，化学工業だけのものではなく，化学反応が起こる場面では常に利用される可能性がある（7章）．

1.4 触媒の研究と設計

1.4.1 触媒の研究法

まず，触媒作用を解明するのが1つの基本的な触媒の研究である．たとえば，どのように反応分子が活性化するのか，どのような経路を通って反応が進むのか，反応の中間体は何か，触媒のどのような性質が触媒作用を起こすのかを明らかにする研究である．活性点の性質がはっきりしてくると，目的とする反応に適した触媒をデザインすることが可能となる．理論的考察と，過去に蓄積されたデータから触媒の主要成分を決め，性能を向

> **word 活性点**（active site, active center）
> 特定の反応を起こす触媒表面の吸着点．

上させるために第2, 第3の成分を決めることが通常行なわれている．固体触媒では，構成する元素種が同一であっても，原料が異なったり，調製過程が少し違うだけで，活性が著しく異なることはしばしばみられることである．そこでデザインされた触媒を期待どおりの性能で再現性よく調製するためには，調製法を科学的に解明することも必要である．

触媒作用が原子レベルで解明されると，それに対応して，原子レベルで活性点を構築することのできる触媒調製法が要求される．旧来の沈殿法，含浸法，イオン交換法などに加え，有機金属化合物と固体表面の反応を利用する方法，CVD法（chemical vapor deposition），薄膜製造法，超微粒子製造法などの新しい触媒調製法が使用されてきた．このような手法で新しい触媒機能を持つ物質を創製し，新しい反応に応用することも重要であり，新展開につながる．

化学工業プロセスその他で実際に使用される触媒は，活性・選択性が高いだけでなく，他の要件，例えば機械的強度が大きいこと，劣化しにくく触媒寿命が長いこと，あるいは再生可能であることが要求される．これらの要件を満たすことも，触媒調製における重要な課題である．

1.4.2　触媒化学と関連分野

触媒化学は，いろいろな学問領域と関連している．固体触媒の場合には，調製の段階では，無機化学，コロイド化学の知識を必要とする．触媒反応を行なう段階では，平衡論と反応速度論のほか，多くの反応が有機反応であるので有機化学の知識が必要となる．触媒のキャラクタリゼーションを行なう段階では，分析化学，表面科学，分光学の知識が必要となる．また，工業プロセスを考える場合には，反応器の設計，プロセスの評価，反応操作条件の決定に関連して，化学工学と結びついている．このように，触媒化学の関連分野は多岐にわたっており，触媒化学はきわめて学際的色彩が強いといえる．

---

word 比活性（specific activity）
一定反応条件下で，触媒単位質量当りの反応速度．

word 前処理（pretreatment）
触媒が調製された後，反応に用いる前に触媒に施される処理．活性化（activation）ともいわれ，物質を触媒として有効な形態に変えるために行なわれる．酸素存在下で加熱する焼成（calcination），真空下で加熱する排気（outgassing），水素などの還元性ガス存在下で加熱する還元（reduction）などが活性化の代表的なものである．

2章 触媒反応プロセス

　化学産業は自然界に存在する種々の資源を利用して，それに化学的な物質変換と加工を行い，製品を作る産業である．1900年代の初めに工業化された二重促進鉄触媒によるアンモニア合成にはじまり，それぞれの時代における合理的な触媒が生み出され発展してきた．量的に生産量の大きな石油系燃料やプラスチックや合成繊維の製造，量的にはこれらには及ばなくても精密な合成技術を必要とする医薬・農薬・染料・洗剤・塗料・接着剤など全く天然には存在しない，しかも人類にとって欠くことのできない物質が触媒技術によって新しく合成されてきた．近代社会にあって化学工業が生み出した新たな技術によって，優れた性能を持つ多くの製品の供給を可能にし，人々の健康で豊かな生活を作り出したと言えよう．

　1章の表1-4からも明らかなように，重要な化学プロセスの工業化に触媒の果たした役割は極めて大きい．20世紀に入ってから，化学工業における触媒の重要性が強く認識されるようになった．その後，有機合成化学や石油化学工業などでの触媒反応の利用は驚くべき速さで展開し，化学プロセスの90％以上が触媒反応であるといわれるほど，近代化学工業は触媒なしには成立し得ないほどになっている．

　一方で，化学産業が拡大・発展する過程で不要あるいは有害な廃棄物の生成が無視できなくなり，環境に大きな負荷を与えるようになってきた．これらの問題解決には触媒技術が重要な役割を発揮し環境負荷低減に貢献している（「7章　環境関連触媒」参照）．

　しかし，環境的に好ましくない物質が排出されなくなったからと言って化学産業における環境問題が解決した訳ではない．現状は化学反応プロセスで副生する物質を環境的に無害な形に変換し廃棄するために，多大な経費やエネルギーが費やされている．また，有害物質の排出低減や大量に溶媒を必要とするプロセスや多段階の反応ステップを要するプロセスはエネルギーの消費がおおきい．これらの問題を解決するためにプロセスの改善や，新たな触媒の開発などの方策が求められている．これら化学技術の改善や開発の動機を総称してグリーンケミストリーあるいはサステイナブルケミストリーと呼ばれ，「化学品の設計・製造から廃棄・リサイクルまで全ライフサイクルにわたって，人間の健康や環境に害を与える原料・反応試

薬・反応・溶媒・製品をより安全で環境に影響を与えないものへの変換を進める」こと，また，「変換収率・回収率・選択性の高い触媒やプロセスの開発によって廃棄物の少ないシステムを構築する」ことを目的としている．

本章では，化学プロセスにおける触媒の位置づけ，プロセス開発のニーズと触媒の役割，グリーンケミストリーとしての触媒プロセスについて考えよう．さらに，触媒を工業プロセスで実際に使用するときに具体的に問題となる触媒の劣化と交換，反応器の選択に関して説明する．

2.1 プロセス開発と触媒

アンモニア合成における鉄触媒，オレフィンの立体規則性重合のZiegler-Natta 触媒などの例をあげるまでもなく，触媒はこれらの革新的技術の工業化で中心的役割を果たしている．

一方，触媒プロセスをシステムとしてみると，触媒反応工程が重要にはちがいないが，他にも原料の精製，生成物の分離・精製，あるいは副生物の処理などの多くの工程から成り立っていることがわかる．経済的には，触媒反応工程の設備が全体の 10% 程度にしかすぎない場合も多い．しかし触媒の性能は，これらの触媒反応工程以外の工程とも密接に関わっているため，プロセス全体の経済性に大きく影響している．このことは触媒の技術開発を考える上で重要である．

触媒開発で重要なのは，活性や選択性の高い触媒を用いてプロセス全体の経済性を高くすることである．活性の高い触媒を用いると反応器を小型にでき，原料のリサイクルの必要性が少なくなり，反応温度や圧力を低くすることができ，消費エネルギーのコストや建設費を低減または削除することが可能となる．また選択性の高い触媒は，目的とする生成物の収率を高めるので，それだけ原料の使用量を減らすことにより高い経済性を生み出すし，生成物の分離・精製が簡略化できるし，副生物の有効利用や廃棄処分といった問題がなくなるので，極めて有効である．

オレフィン重合プロセスにおける触媒開発を例にとって高活性触媒の効果を説明しよう．高密度ポリオレフィンは，当初 Ti 系の触媒の溶液中でオレフィンを重合させた後にモノマーの回収，触媒の除去，および溶媒の回収・精製を行なう複雑なプロセス構成であった．1955 年頃の触媒の活性は，Ti 1 g 当り 1 kg くらいのポリマーを製造する程度であったが，これは活性種である $TiCl_3$ が有効に使われていないためと考えられていた．そこで担体を使用して Ti の表面積を増大させたところ，触媒活性が飛躍的（千倍以上）に増大した．活性の増加は，製品単位当りの触媒使用量を極限的に小さくした．その結果初期のポリエチレンには約 1700 ppm 含まれ

ていた Ti が 10 ppm 程度に減少し，生成ポリマーから触媒を除去する工程を省略することが可能になった（6.3 参照）．

もうひとつメタノール合成を例にあげてみよう．一酸化炭素の水素化では，メタノール以外にも，高級アルコールや炭化水素が副生する．そこで精製工程の経済性を考慮すると，選択性の高い触媒を開発する必要があった．またメタノール合成は発熱反応のため，熱力学平衡の上から低温ほど有利であり，高温になるに従ってより高い圧力が必要となる（図2-1）．さらに高温，高圧ではメタンが副生しやすい欠点がある．1923 年に高選択性な Zn-Cr 系触媒が開発されて工業化されたが，その後 1933 年にはさらに低温で高活性を示す Cu 系触媒が開発され，低い圧力での合成が可能となった．しかし Cu 系触媒は硫黄による被毒を受けやすく，工業化には脱硫技術の進歩を待たなければならなかった．そして，Zn-Cr 系触媒を用いた高圧合成法（350℃，200～300 atm）に代り，Cu 系触媒を用いた低圧合成法（230～270℃，50～100 atm）が工業化されたのは 1966 年であった．このプロセス開発によってメタノールの価格は大幅に低下した．この例では，触媒性能の改良が反応条件（この場合，特に圧力）の改善につながり，コンプレッサーなど反応器まわりを簡素化し，建設費が低減した．また副反応が制御され原料消費量が減少した，などの効果でプロセス全体の経済性が向上した．しかし，それは原料の精製工程での技術開発が補って実現したもので，触媒反応プロセスが触媒能力だけで成り立つものでないことを示すよい例であろう．

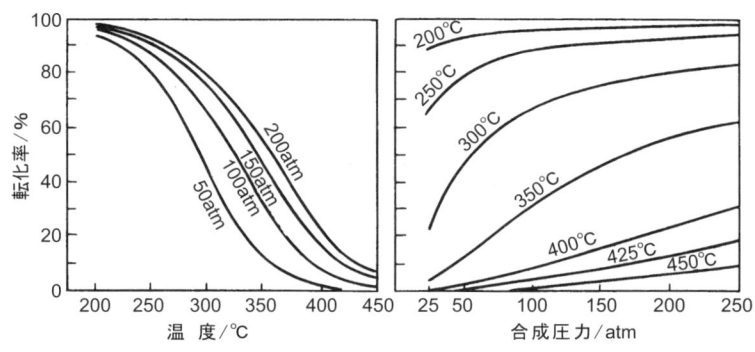

図 2-1 メタノール合成の平衡転化率
（加藤順ほか，C1 化学工業技術集成，サイエンスフォーラム（1981），p.209）

これまでの数多くの触媒プロセスの開発では，これらの例に示されるように触媒活性，選択性の改良が中心となって既存プロセスの効率，経済性を高めるのに貢献してきた．

2.2 プロセス開発のニーズ

　化学工業は，化学プロセス，反応の組み合わせにより，高付加価値の物質・材料を他の産業あるいは消費社会に供給する産業である．そのなかで，触媒は経済性が高く，社会的ニーズにも合致するような新しいプロセスを提供する役割を果たしている．プロセス開発のニーズには，省資源・省エネルギー，無公害プロセス化，原料転換などがあげられる．またプロセス開発は，結果的にこれらのニーズに対して複合効果をもたらすことも多い．

　省資源・省エネルギーによる経済性の向上については前節でも触れたが，ここでは量論プロセスから触媒プロセスへの転換について例示しよう．

　オレフィンの水和は，アルコールの製造法として工業的には2つの方法がある．硫酸法とよばれる量論反応による方法では，まずオレフィンと硫酸の反応で硫酸エステルを生成する（吸収工程）．オレフィンの硫酸への溶解度や反応性から，表2-1に示した濃度の硫酸が使用される．吸収塔を出た液は，スチームを吹き込んで加水分解する工程，さらに蒸留工程へと送られる．蒸留工程でアルコールと硫酸が分離されるが，硫酸は希釈されているので，これを濃縮する必要がある．特にエチレンの水和では高濃度の硫酸を使用するので濃縮に要するエネルギー消費も大きい．また酸による装置の腐食および廃酸の処理も問題となる．

表 2-1　オレフィンの硫酸法水和におけるエステル化条件

オレフィン	生成アルコール	H_2SO_4 濃度/%	反応温度/°C
C_2H_4	CH_3-CH_2OH	90～98	60～80
C_3H_6	$CH_3-CHOH-CH_3$	75～85	25～40
C_4H_8	$CH_3-CH_2-CHOH-CH_3$	75～85	15～30
$i\text{-}C_4H_8$	$CH_3-C(CH_3)OH-CH_3$	50～65	0～25

　そこで固体触媒を用いる直接水和プロセスが開発された．エチレンはケイソウ土に担持したリン酸を触媒として，325°C，70 atm で水和される．

$$C_2H_4 + H_2O \longrightarrow C_2H_5OH \tag{2-1}$$

この反応は平衡定数が非常に小さく，この条件でも4～5%の転化率（選択率95～97%）しか得られない．それでも現在ではエチレンの水和は完全に固体触媒プロセスに置き換わった．

　量論プロセスを触媒プロセスに転換することによって，クローズドシステムによる無公害プロセスが実現する．公害を発生しないプロセスへの転換は，カセイソーダ生成を目的とした食塩電解工業の水銀法から隔膜法への転換の例をみるまでもなく，現代の産業社会では当然行なわなければいけないことであり，プロセス開発のニーズの1つである．

　例えば，従来アクリルアミドは希硫酸を用いたアクリロニトリルの水和

で製造され，多量の硫酸ソーダや硫安を副生・排出していた．それに代わって開発された銅系触媒によるアクリロニトリルの直接水和は，硫酸法のような廃棄物を出さない無公害プロセスである．

$$CH_2=CH\text{-}CN + H_2O \longrightarrow CH_2=CH\text{-}CONH_2 \quad (2\text{-}2)$$

またメタクリル酸メチルはこれまで，アセトンにシアン化水素を付加して得られるアセトンシアンヒドリンを加水分解・脱水してメタクリルアミドとし，メタノールでエステル化する方法により製造されてきた．

$$(CH_3)_2C=O + HCN \longrightarrow (CH_3)_2COH\text{-}CN \quad (2\text{-}3)$$

$$(CH_3)_2COH\text{-}CN + H_2SO_4 \longrightarrow CH_2=CCH_3\text{-}CONH_2 \cdot H_2SO_4 \quad (2\text{-}4)$$

$$CH_2=CCH_3\text{-}CONH_2 \cdot H_2SO_4 + CH_3OH \longrightarrow$$
$$CH_2=CCH_3\text{-}COOCH_3 + NH_4HSO_4 \quad (2\text{-}5)$$

この方法には，大量の毒性物質の取り扱いと多量に副生する硫安の回収という問題があった．そのため，メタクリル酸をイソブチレンの気相酸化で合成する触媒が広範に研究された．その結果，Mo系触媒を用いたプロセスが開発され，工業化に至っている．

$$CH_2=CCH_3\text{-}CH_3 + O_2 \longrightarrow CH_2=CCH_3\text{-}CHO + H_2O \quad (2\text{-}6)$$

$$CH_2=CCH_3\text{-}CHO + 1/2\,O_2 \longrightarrow CH_2=CCH_3\text{-}COOH \quad (2\text{-}7)$$

石炭から石油への原料転換は，様々なプロセス開発のニーズを生み出し，それに応えて極めて多数の触媒やプロセスが開発された．石炭化学の代表的原料はアセチレンであり，石油化学のそれはエチレンなどのオレフィンである．アセチレンから合成されていた有機化合物は，石油系オレフィンを原料とするプロセスで製造されるようになった．酢酸はエチレンのWacker法酸化（6章3節参照），アクリロニトリルはプロピレンのアンモ酸化（SOHIO法，5章2節参照）へと製造プロセスは転換された．

アセチレンからのアクリロニトリル合成は，塩化第一銅触媒の存在下でシアン化水素を付加する製造法が主流であった．

$$CH\equiv CH + HCN \longrightarrow CH_2=CH\text{-}CN \quad (2\text{-}8)$$

このプロセスは，別途シアン化水素を製造する必要があり，アセチレン製造ともどもエネルギー使用量が極めて大きいという欠点をもっていた．したがって，1960年にリンモリブデン酸ビスマス触媒を用いて，プロピレン，アンモニアおよび空気から一段でアクリロニトリルを合成するSOHIO法が出現すると，エネルギー消費量が約1.5倍も大きいアセチレン法は一挙に駆逐された．

$$CH_2=CH\text{-}CH_3 + NH_3 + 3/2\,O_2 \longrightarrow CH_2=CH\text{-}CN + 3\,H_2O \quad (2\text{-}9)$$

酢酸製造プロセスでは原料転換の影響をさらに大きく受けた．酢酸はア

セトアルデヒドの酸化で製造されてきた．石炭化学では，アセトアルデヒドは硫酸水銀触媒によりアセチレンを水和して得ていた．その後石油化学プロセスに置き換わり，Pd 触媒を用いてエチレンを酸化する Wacker 法で合成するようになった．

$$CH \equiv CH + H_2O \longrightarrow CH_3CHO \tag{2-10}$$

$$CH_2 = CH_2 + 1/2\ O_2 \longrightarrow CH_3CHO \tag{2-11}$$

しかし 1970 年に，Rh を触媒としてメタノールを一酸化炭素でカルボニル化し，直接酢酸とする Monsanto 法（6.3 参照）が開発され，Wacker 法による酢酸合成プロセスは姿を消してしまった．

$$CH_3OH + CO \longrightarrow CH_3COOH \tag{2-12}$$

この原料転換の実現は，前述したメタノール合成プロセスの低圧化によるメタノール価格の低下と，廃触媒から高価な Rh を回収する技術の進歩に負うところが大きい．

このプロセスの成功は C_1 化学（3.7 参照）が注目されるきっかけとなった．その後，一酸化炭素と水素とから直接一段で酢酸を合成する，より経済性の高いプロセスの開発へと研究が展開されている．

以上プロセス開発のニーズを，プロセス変遷の事例を通して眺めてきた．プロセス開発の歴史は絶えることのない技術革新の歴史であり，触媒の開発・改良の努力はその中心となってきた．プロセス開発においては，経済性の観点からの評価が優先することはいうまでもないが，今後は原料資源の有限性や環境面からのニーズがこれまで以上に重要となってくるであろう．

2.3　グリーンケミストリーと触媒プロセス

グリーンケミストリーの提唱者の一人である米国環境保護局（EPA）の Anastas はグリーンケミストリーの 12 箇条（原則）を提唱した．

1. 廃棄物は"出してから処理"ではなく，出さない．
2. 原料をなるべく無駄にしない形の合成をする．
3. 人体と環境に害の少ない反応物・生成物にする．
4. 機能が同じなら，毒性のなるべく小さい物質をつくる．
5. 補助物質はなるべく減らし，使うにしても無害なものを選ぶ．
6. 環境と経費への負荷を考え，省エネルギーを心がける．
7. 原料は，枯渇性資源ではなく再生可能な資源から得る．
8. 途中の修飾反応はできるだけさける．
9. 出来る限り触媒反応を目指す．
10. 使用後に環境中で分解する様な製品を目指す．

11. プロセス計測を導入する．
12. 化学事故につながりにくい物質を使う．

　これら12箇条は，プロセスの省エネルギー，安全性，反応効率の改善につながるもので，環境負荷低減のための触媒プロセスの改善には重要な指針となる．

　一次エネルギーの大部分を占める化石資源は，化学産業にとっても重要な原料であり，化学的な処理および転換がなされて供給されている．地球環境問題が浮上して以来，多種多様な対策技術が提案されてきた．しかし，環境負荷を抑制しつつ技術本来の社会的効用を満たす技術についての実用と普及は，まだ充分に進んでいるとは言い難い状況である．これからの化学工業は，より付加価値の高い物質，より高機能を持つ物質を，グリーンケミストリーの考え方を取り入れて，環境負荷の少ない高度の技術で製造するような質的な転換を絶えず追い求めなければならない．

　現在工業化されている化学プロセスは何らかの形で触媒プロセスと関連しているが，グリーンケミストリーの観点から以下のプロセスが改善すべき製造プロセスであろう．

① 廃棄物を大量に発生するプロセスの変換
② 危険物質・有害物質を使用するプロセスの変換
③ エネルギー大量消費プロセスの変換

① 廃棄物を大量に発生するプロセスの変換

　量論反応を触媒反応に変換したすべてのプロセスについてあてはまる．典型的な例としては，エチレンオキシド合成がクロロヒドリン法から，銀触媒を用いる直接酸化法に転換された例がある（5.2参照）．クロロヒドリン法では多量のHClとCaCl$_2$を副生する．用いられた塩素はほとんど無価値となってしまう．

　塩化アルミニウム，硫酸，フッ酸などの酸触媒を用いるプロセスでは，用いた触媒が再使用できず，廃酸の処理をしなければならないことが多い．酸は最終的に中和され無機塩として排出される場合が多い．これら酸触媒を固体酸触媒に置き換えることができれば，環境負荷の小さいプロセスとなり得る．このような観点でプロセスと触媒開発が進められているものに，ε-カプロラクタム合成がある．1 tのε-カプロラクタムを得るために現行（図2-2(a)）のシクロヘキサノンオキシムの硫酸触媒によるベックマン転位反応では，シクロヘキサノンのヒドロキシルアミン硫酸塩によるオキシム化の段階で1.6 t，ベックマン転位で1.8 t，計3.4 tの(NH$_4$)$_2$SO$_4$が副

グリーンケミストリーの評価指標

グリーンケミストリーの実践は環境に対する負荷を考慮して廃棄物の出ないプロセス（ゼロエミッションプロセス）を構築することも1つの大きな役割である．R. A. Sheldon は E-factor, B.Trost は Atom Utilization（原子効率）という指標を提唱し，それぞれの化学プロセスの評価基準に使っている．E-factor とは1つのプロセスの中での副生成物の重量と生成物の重量の比で表し，ゼロエミッションを目指す環境評価基準に相当するものである．表 2-2[1]は化学産業を石油精製工業から製品の原料の流れの下流に向かって，バルクケミカルズ，ファインケミカルズ，および，製薬のカテゴリーに分類し，それぞれの相対的な生産量と E-factor を示した．

表 2-2　化学工業における E-factor

業　種	生産量（相対値）	E-factor*	積
石油精製	$10^6 \sim 10^8$	~ 0.1	$10^5 \sim 10^7$
バルクケミカルズ	$10^4 \sim 10^6$	$< 1 \sim 5$	$10^4 \sim 5 \times 10^6$
ファインケミカルズ	$10^2 \sim 10^4$	$5 \sim 50$	$5 \times 10^2 \sim 5 \times 10^5$
製　薬	$10 \sim 10^3$	$25 \sim 100+$	$2.5 \times 10^2 \sim 1 \times 10^5$

*E-factor: 副生成物（kg）/ 主生成物（kg）

これによると，石油精製工業は生産量は最も大きく，E-factor は 0.1 である．すなわち，生産量に対し約10％程度不要な副生物を排出する．一方，バルクケミカルズでは生産量は石油精製工業に対し約2桁減少するが，目的とする生成物に対して等量から5倍量程度とやはり無視できない量の廃棄物を排出する．さらに相対的に生産量は少なくなるが，ファインケミカルズの E-factor は5から50に増加し，製薬に至っては25から100以上に急増する．これらの大量に生成する副生成物の中には有害物質や危険物もあり，環境に対し大きな負荷を与えるのでプロセスを見直し改善する必要がある．

プロセスの見直しでは「エチレンオキシドの製造法」を例として原子効率の尺度で考えてみる．原子効率とは，あるプロセスを化学量論式で表したときの，全生成物の分子量の合計に対する目的とする化合物の分子量との比で表す．

現在のエチレンオキシド製造法は，エチレンを出発原料として銀触媒を用いて「エチレン直接酸化法」で得られる（5.2.2 参照）．

$$CH_2=CH_2 + 1/2 O_2 \longrightarrow CH_2CH_2O \qquad (2-13)$$

このプロセスの原子効率は生成物がエチレンオキシドだけなので 44/44 = 1 となる．

一方，旧来法のエチレンオキシドの製造は「エチレンクロロヒドリン法」で製造されていた．

$$CH_2=CH_2 + Cl_2 + 1/2 Ca(OH)_2 \longrightarrow CH_2CH_2O + 1/2 CaCl_2 + HCl \qquad (2-14)$$

この方法の原子効率は 44/136 = 0.32 で，化学量論式通り反応が進行すれば「エチレン直接酸化法」が圧倒的に有利な環境負荷（副生物）の少ない製造法である．

1) Sheldon, R. A., "Consider the environmental quotient", Chemistry and Industry, (1992) 903.

生し，1.4 t の硫酸が必要である．これら不要な硫安や廃酸の処理が問題となるが，最近チタノシリケートやハイシリカゼオライト触媒が開発され，廃棄物が全く生成しない触媒プロセスが工業化された（図 2-2(b)）．

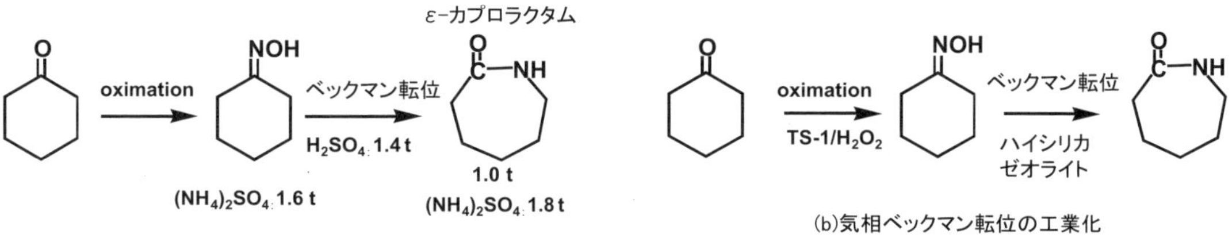

(a)現行プロセス
シクロヘキサノンオキシムのベックマン転位

(b)気相ベックマン転位の工業化
ε-カプロラクタムの製造プロセス
住友化学株式会社
Green and Sustainable Chemistry Award (2003)

図 2-2

② 危険物質・有害物質を使用するプロセスの変換

現行のポリカーボネート[*1]の合成は，図 2-3(a) のようにビスフェノール A とホスゲンとの反応で合成される．一方，ホスゲンは猛毒であるので，その使用を回避する研究が多くなされてきて，図 2-3(b) のようにジフェニルカーボネートを用いる方法が提案され，工業化されている[*2].

＊1　ポリカーボネートは，熱可塑性のエンジニアリングプラスチックの一種で，衝撃に強く（ガラスの約 200 倍），透明で変形しにくい特徴を持ち，自動車のヘッドライトカバー，ヘルメットやヘルメットのシールド，パソコンの外装、CD や DVD などに幅広く使われている.

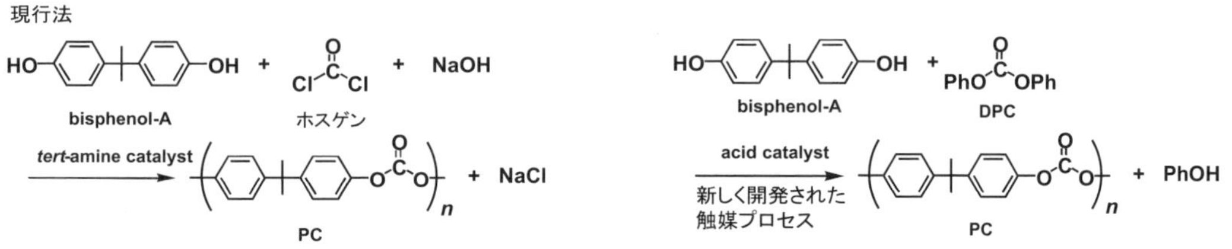

(a)危険物を扱うプロセス

(b)ノンホスゲン法によるポリカーボネートの製造
旭化成株式会社
Green and Sustainable Chemistry Award (2002)

図 2-3

＊2　ホスゲンを使用しないポリカーボネートの合成法の開発により，旭化成（株）は，2014 年，アメリカ化学会 Heroes of Chemistry Award を受賞した.

ホスゲンの代わりにジフェニルカーボネート（DPC）を用いてビスフェノール A と溶融重縮合をする反応でポリカーボネートが製造される．反応は約 300℃，減圧下で副生成物のフェノールを除去しながら重合を進める平衡反応である．カーボネート基についているフェニル基がビスフェノール A のフェニル基と交換する反応で，エステル交換反応と呼ばれ，工業的には安定性の高い触媒開発が求められ，このプロセス開発の鍵となった.

③ エネルギー大量消費プロセスの変換

さらに，製造プロセスのグリーン度を示す尺度として，ライフサイクルアセスメント（LCA: life cycle assesment）によって評価する方法がある．これは，化学品の製造から廃棄まで全ライフサイクルにわたって環境に対

する負荷を定量的に評価する方法である．

一例として，簡便 LCA による「部分酸化触媒による無水マレイン酸の製造」(5.2.4 参照) について考えてみる．

従来法の無水マレイン酸合成では V_2O_5-TiO_2 系触媒によりベンゼンから次式の経路で合成される．

$$2C_6H_6 + 9O_2 \longrightarrow 2C_4H_2O_3 + 4H_2O + 4CO_2 \qquad (2\text{-}15)$$

このプロセスでは無水マレイン酸が目的とする化合物であり，原子効率は，$2C_4H_2O_3/(2C_4H_2O_3 + 4H_2O + 4CO_2) = 196/(196 + 72 + 176) = 0.44$ となる．一方，環境負荷が少ないと考えられる新しい合成法では $(VO)_2P_2O_7$ ピロリン酸ジバナジル系触媒により n-ブタンから次式の経路で合成される．

$$2C_4H_{10} + 7O_2 \longrightarrow 2C_4H_2O_3 + 8H_2O \qquad (2\text{-}16)$$

このプロセスの原子効率は，$2C_4H_2O_3/(2C_4H_2O_3 + 8H_2O) = 196/(196 + 144) = 0.58$ であり明らかに CO_2 の副生しない新しい合成法が有利である．

しかし，化学量論式では CO_2 が副生しない n-ブタンからの直接酸化プロセスでも，実際には相当量の CO_2 が副生してしまう．ここでは，n-ブタンの部分酸化によって無水マレイン酸を製造する新しいプロセスと従来からのベンゼンを出発原料とする方法を，特許情報などから試算した累積 CO_2 排出原単位によって比較した (表 2-3)．累積 CO_2 排出原単位は原料から生成物に至るエネルギー消費量を定量的に評価する簡便型 LCA の手法として考えられたものである．

n-ブタンの酸化による無水マレイン酸の製造法は，低級パラフィンの気相酸化の分野ではエネルギー消費の少ない新規プロセスとして提案され，工業化されている代表的な例である．表 2-3 によると，従来法のベンゼン法では無水マレイン酸 1 t を製造するのに 2.4 t 程度の CO_2 を排出するの

表 2-3　1 t の無水マレイン酸製造をするための累積 CO_2 発生原単位

n-ブタン法（新規プロセス）		ベンゼン法（従来プロセス）	
	排出 CO_2 原単位 kg/t		排出 CO_2 原単位 kg/t
n-ブタン[*]	343.3	ベンゼン[*]	1668.0
水蒸気[**]	-1667.5	水蒸気[**]	-1457.5
消費電力[***]	465.9	消費電力[***]	275.0
反応中発生 CO_2[****]	1517.8	反応中発生 CO_2[****]	1948.2
累積排出 CO_2	659.5	累積排出 CO_2	2433.7

[*] 無水マレイン酸 1 t を製造するために必要な原料を得るためのエネルギー量を排出 CO_2 量に換算した値．
[**] 反応中に発生する水蒸気量と同等の水蒸気を得るためのエネルギー量で，他のプロセスに転用できるのでベネフィットとして計上した．
[***] 無水マレイン酸 1 t を製造するための消費電力 (kWh) を得るためのエネルギー量を排出 CO_2 量に換算した値．
[****] 無水マレイン酸 1 t を製造する時の反応系中で生成する副生 CO_2 量で，新プロセスでもかなりの量の CO_2 が副生する．

に対し，新規のプロセスのブタン法の場合は，その排出量が約 0.65 t 程度であり，原料から生成物に至るエネルギー消費量から見た優位性は明らかである．しかし，現状ではまだかなりの量の CO_2 が反応中に発生するので，今後，燃焼反応を併発しないような選択性の高い触媒が開発できれば，新規プロセスの優位性はさらに高まることになる．このような反応ルートを改善した新プロセスと新触媒の開発によって大幅に二酸化炭素の発生量を削減できれば，低炭素社会の構築として大きな寄与ができると同時に，無水マレイン酸の製造コストを大幅に削減できる．

2.4 生産コストと触媒の寿命

これまでは，触媒性能として活性と選択性がいかに重要であるかをみてきた．ところで触媒の活性や選択性は，最初は十分高くても使用中にしばしば低下することがある．この触媒性能の低下を劣化とよぶ．触媒性能，すなわち触媒プロセスの生産性がある一定のレベルまで低下した場合には，触媒を交換する必要が生ずる．使用開始から交換までの期間を触媒寿命という．

触媒寿命は，触媒交換による生産性の向上と，触媒交換に伴う経費などを考慮することにより決定される．プロセスの運転条件の変更，例えば温度の上昇で高い生産性が維持される場合には触媒寿命は長くなる．また劣化した触媒を特定な方法で処理して活性を回復させることにより，触媒を交換しないで触媒寿命を延すことがある．これを触媒再生という．

触媒活性の劣化の様子を図 2-4 に例示した．触媒 A は触媒 B よりも，初期には高い活性を示すが，劣化の速度が大である．したがって，一定時間後には活性は逆転している．触媒 B の活性は緩やかに劣化するので，触

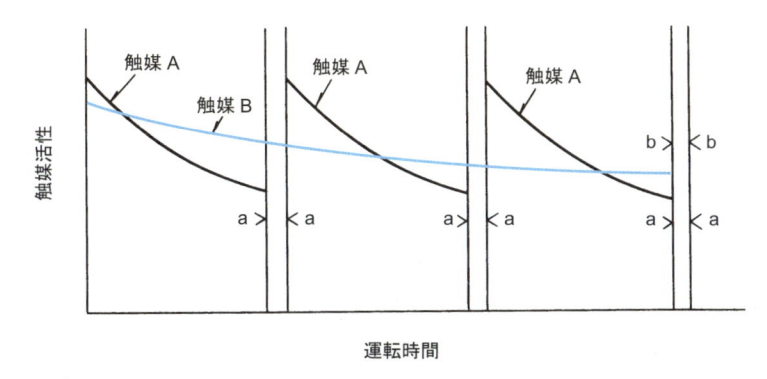

a＞＜a は触媒 A の交換，b＞＜b は触媒 B の交換

図 2-4 触媒活性の劣化曲線の例
(M. V. Twigg, "Catalysis and Chemical Processes" (ed. R. Pearce and W. R. Patterson), Halsted Press, 1981, p.11)

媒交換まで長時間使用できるのに対して，触媒Aでは劣化が大きいため一定の生産性を保つように，早い時間に触媒を交換している．触媒交換によって再び触媒Aの生産性は触媒Bより大となる．この例では，触媒の初期活性と劣化速度，触媒コストを含めた触媒交換に伴う経費やその間の生産性の低下などが考慮された結果，触媒Aでは早めの交換，触媒Bでは長時間にわたる使用が有利と判断されたことを示している．

触媒交換の時期は経済性とのバランスの上で決定される．表2-4には，いくつかの工業触媒プロセスに使用されている触媒の寿命を示した．

表2-4　いくつかの工業触媒の寿命

プロセス	触媒	反応条件	寿命／年
アンモニア合成 $N_2 + 3H_2 \longrightarrow 2NH_3$	$Fe-Al_2O_3-K_2O$	450〜550℃ 200〜500 atm	5〜10
メタノール合成 $CO + 2H_2 \longrightarrow CH_3OH$	$Cu-ZnO-Al_2O_3$	200〜300℃ 50〜100 atm	2〜8
水素化脱硫 例）$R_2S + H_2 \longrightarrow 2RH + H_2S$	硫化 $Co-Mo-Al_2O_3$	350〜400℃ 10〜150 atm	2〜4
メタン水蒸気改質 $CH_4 + H_2O \longrightarrow CO + 3H_2$	$Ni-Al_2O_3$	700〜850℃ 30 atm	2〜4
一酸化炭素シフト反応　　（低温） $CO + H_2O \longrightarrow CO_2 + H_2$　（高温）	$Cu-ZuO$ $Fe_3O_4-Cr_2O_3$	200〜250℃ 350〜500℃	2〜6 2〜4
硫酸製造 $SO_2 + 1/2\,O_2 \longrightarrow SO_3$	$V_2O_5-K_2O-Al_2O_3$	420〜600℃ 1 atm	5〜10
エチレン酸化（エチレンオキシド） $C_2H_4 + 1/2\,O_2 \longrightarrow C_2H_4O$	$Ag-Al_2O_3$	200〜270℃ 10〜20 atm	1〜4
メタノール酸化（ホルムアルデヒド） $CH_3OH + 1/2\,O_2 \longrightarrow HCHO + H_2O$	無担持 Ag	600〜700℃	0.3〜1
プロピレン水和（イソプロパノール） $C_3H_6 + H_2O \longrightarrow C_3H_7OH$	イオン交換樹脂	130〜160℃ 80〜100 atm	0.6

活性劣化の主な原因は，触媒のシンタリングと被毒である．触媒を高温で長時間使用すると，多くの場合，表面積の減少や表面の溶融が起こるため，活性点数が減少したり，活性点構造が質的に変化したりするので，触媒活性や選択性が低下する．これがシンタリングによる劣化である．一方，触媒の被毒は原料中の不純物が原因となる．活性点との結合に関与できる非共有電子対をもつ原子や分子が強い毒物質となり活性点が被毒を受ける．毒物質は反応物よりも強く化学吸着されるので，そのような不純物が少量含まれていても触媒活性を著しく減少させる．

多くの工業用担持金属触媒では，初期活性のかなり速い減少の後，使用中に非常にゆっくりとシンタリングによる活性劣化が起こる．シンタリングの速度はいくつかの因子に依存する．例えば，金属担持量，最初の金属粒子サイズ，担体の種類，反応条件などであるが，シンタリングしにくい

> **word 被　毒（poisoning）**
> 原料中に，触媒の活性点に強く吸着する不純物があると，触媒活性は低下あるいは消失する．この現象を毒作用といい，不純物を触媒毒という．触媒は被毒を受けたという．

調製方法を選ぶことが最も重要である．また，ある種の担持金属触媒では，シンタリング速度は原料中に含まれる微量の不純物の存在で加速される．例えば，銅触媒は微量の塩化水素が存在すると比較的易動性の大きい銅塩化物が触媒表面に生成し，これを経由して銅結晶がシンタリングする．

シンタリングの場合，一度劣化した触媒を再生するのは通常困難である．特殊な場合として，アルミナに担持した白金触媒のように塩素化合物の存在下で空気処理すると，生成した塩化物が担体表面上に分散され，これを還元することによりシンタリングした白金を再分散できることもある（3-4参照）．しかし基本的にはシンタリングを防止するような触媒調製が重要である．例えば，アンモニア合成用の鉄触媒にはFe_3O_4にAl_2O_3が添加されている．アンモニア合成では，Fe_3O_4が多孔質な鉄に還元されるが，添加されたAl_2O_3は鉄の微結晶がシンタリングして表面積が減少し，活性劣化するのを防ぐ．また特に金属触媒では，耐熱性の高い担体に触媒活性物質の微結晶を高分散に担持するのも有効である．さらに融点の高い金属ほどシンタリングしにくいので，金属種の選定にあたって考慮し，合金化させるのもシンタリングを防止する1つの方法である．

工業的な触媒プロセスにおいては，純粋な原料を使うことは少なく，通常，不純物なり共存物が含まれている．原料中に共存する物質で触媒と強く相互作用し反応を著しく阻害するものを触媒毒という．毒物質は触媒の活性点に化学吸着するが，その吸着平衡定数の大きさが被毒作用の程度を決定する．平衡定数が極めて大きいと，毒物質は不可逆的に強吸着し永久被毒となる．反応温度の上昇によって吸着平衡定数が減少し被毒の程度が緩和されることもある．例えば，水蒸気改質（3-5参照）では硫化水素などの硫黄化合物がニッケル触媒の触媒毒になるが，硫黄化合物の濃度を減少させると触媒上の平衡吸着量は減少し，その濃度に見合った触媒活性が得られる．この場合は一時的な可逆被毒である．

金属触媒の毒物質では，周期律表中5B族（N, P, As, Sb），6B族（O, S, Se, Te）の元素を含んでいて，非共有電子対をもった化合物や，多重結合をもった不飽和分子（CO，ジエン，アセチレン，芳香族など）が重要である．例えば，炭化水素中に含まれるチオフェン類などの硫黄化合物は，多くの場合，金属触媒に不可逆的に化学吸着し被毒する．触媒活性は容易には再生されないので，このように永久被毒する物質は，触媒層の前に精製過程を設けて除去する．

酸触媒であれば塩基性物質が，塩基触媒であれば酸性物質が毒物質となる．例えば，シリカ-アルミナやゼオライトなどの酸触媒では，ピリジン，アミン，キノリンなどの塩基性窒素化合物が触媒毒となる．

被毒に似た活性劣化現象に炭素析出がある．炭化水素の関与する反応においては，しばしば副生成物である炭素が触媒上や細孔入口に析出し，反応物が活性点に近づけなくなり触媒活性が低下する．この場合には，炭素を燃焼除去すると，触媒活性が回復する場合が多い．しかし燃焼温度や酸素濃度を注意深く制御しないと，触媒は高温にさらされシンタリングし失活する．

2.5 反応器の分類と選定

反応器には多種類のタイプがあり，分類の仕方も多様である．反応器への物質の出入りで分類すると，回分式と流通式とに大別される（図 2-5）．

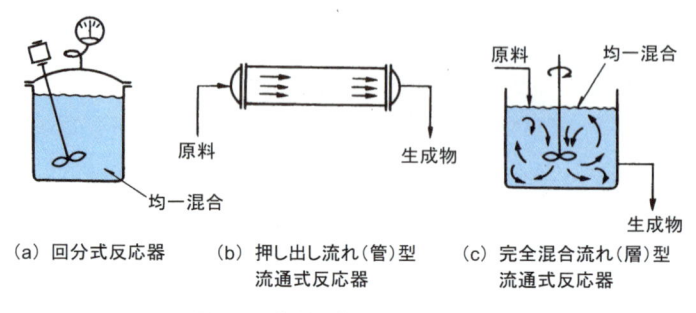

図 2-5 各種理想反応器の概念図

（a）回分式反応器　（b）押し出し流れ（管）型流通式反応器　（c）完全混合流れ（層）型流通式反応器

回分式では，反応物を反応器に仕込んで，撹拌しながら反応を行ない，一定時間後に生成物を取り出す．非定常操作であるから，反応器内の組成は時間とともに変化する．遅い反応で高い転化率を要求されるときは回分式反応器が有利であり，小規模な生産に使用される．均一系触媒反応では，主にこの形式の反応器が使用される．

一方，流通式では反応物が連続的に反応器に供給され，生成物が連続的に取り出される．このとき反応器内の流れの状態には，2 つの理想的極限が考えられる．1 つは，反応器内で流れ方向に反応流体の混合が全く起こらない，押し出し流れである．もう 1 つは，反応器内が十分に撹拌され，反応器内に組成分布がないような完全混合流れである．これらは理想的な流れの形式であり，実際の装置ではこれらの中間の混合状態となる．

回分式反応器は，多目的に共用できるので多品種少量生産プロセスに適している．工業触媒プロセスでは，流通式反応器が用いられることが多い．定常的な流通操作によって，物質の損失を少なくし，反応状態を安定にして製品の質を一定に保ち，生産費を低減させることが可能となるからである．

触媒が固体で，反応流体が気体の気固不均一系触媒反応に使用される代

表的流通式反応器を図 2-6 に示す．この図で，(a) は固定床反応器，(b) は流動床反応器の例である．固定床反応器では，反応流体の圧力損失を少なくするため，各種成型体触媒が充填される．この図では，反応流体を流す方向は上向きであるが，下向きでもよい．固定床反応器と同様に触媒を充填し，その重力により移動させ，下から抜き出して再生したりする方式を移動床という．流動床反応器*では，反応流体によって触媒層があたかも流体のような特性を示すような操作を行なう．触媒粒子は反応流体中に懸濁され，反応器内を移動する．反応の効率からいえば，粒子径は小さいほどよいが，最終的に触媒粒子を反応流体から分離するためや，安定な流動状態を形成するために最適の粒子径がある．一般に 150 μm 以下の粉体触媒が使用される．

* 米国石油会社は，重質油の接触分解による高オクタン価燃料を製造のため，触媒研究組合を結成し，触媒再生器と組み合わせた流動床反応器（3 章 3 節参照）を開発した．触媒粉末に気体あるいは液体を適切な流速で流すと，触媒粉末は分散し，液体のように流動することを見出し，開発につながった．1942 年，Standard Oil Company of New Jersey 社（現 ExxonMobil 社）が流動接触分解（FCC）の商業運転を開始した．現在では，流動床反応器は，アクリロニトリル，無水フタル酸，アニリン，無水マレイン酸などの化学品合成にも使用され，さらに，乾燥器や焼却炉にも応用されており，1998 年，アメリカ化学会により National Historic Chemical Landmark の 1 つとして認定された．

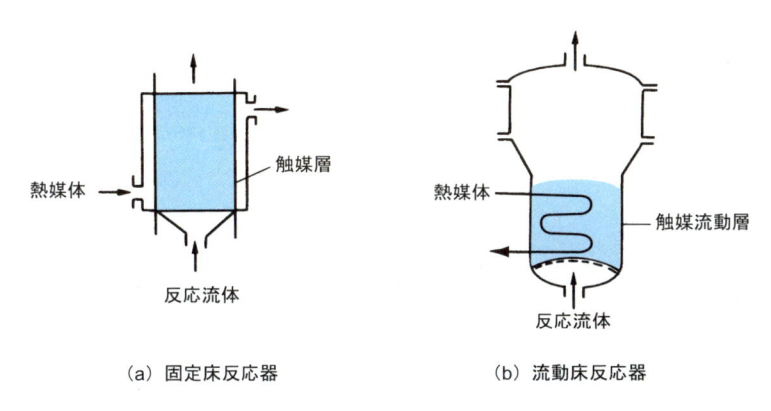

(a) 固定床反応器 (b) 流動床反応器

図 2-6 気固不均一系で使用される代表的な流通式反応器

次に反応器の種類を，反応器への熱の出入りに着目すると，断熱反応器と等温反応器に分類される．断熱反応器では，予熱した反応流体を触媒層に供給して，外部との熱のやりとり（伝熱）を断って反応を行なう．発熱反応では，反応器の出口温度は入口温度よりも高くなる．吸熱反応では逆である．反応熱の大きい場合には断熱反応器の使用には限界がある．

触媒反応の選択性を低下させず，触媒劣化を極力抑えるには，反応温度を適当な範囲に制御する必要がある．理想的には等温操作が好ましい．しかし実験室規模の反応器と異なり，工業装置では厳密な意味での等温反応器は不可能である．流動床反応器では，触媒粒子の激しい運動のため触媒層の温度が比較的一定に保たれやすい．

固定床反応器では，触媒層の長さ方向だけでなく，触媒層断面の半径方向の温度勾配も無視できない．さらに，触媒粒子の内部と外部とにも温度差が生じる可能性もある．適切な伝熱方式を選定して反応器の構造設計をしなければならない．図 2-6 (a) では，固定床反応器の周囲に熱交換器を

設置し，熱媒体を循環して触媒層の温度制御をしている．図 2-7 には，さらに 2 つの伝熱方式を示した．図 2-7 (a) には，触媒層を数段に分割し，各段の間に熱交換器を設ける方式を示した．さらに反応熱が大きくなると，(b) に示すように管径の小さい反応管を多数並列に配置し，外側に熱媒体を循環する多管熱交換式反応器などが採用される．

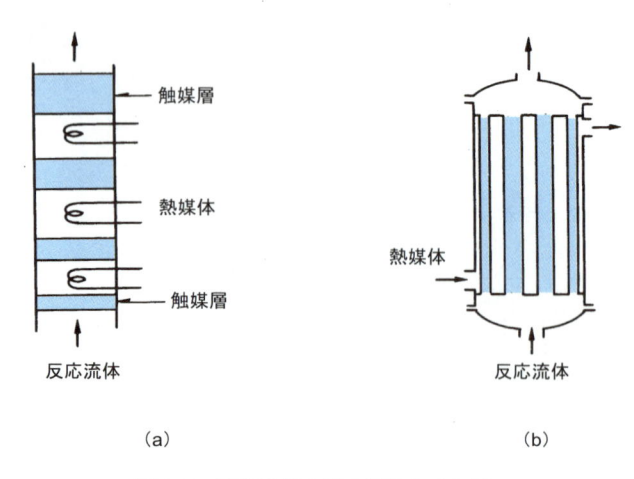

図 2-7　固定床反応器の伝熱方式の例

　　反応器はプロセスの中心であり，最重要部分である．触媒プロセスの設計にあたっては，反応器タイプ間の相違を理解して選定しなければならない．プロセスの規模に合わせて，触媒の性能が最も発揮されるような反応器の選定が重要である．触媒が劣化するならば，触媒の交換や再生も考慮しなければならない．さらにプロセス全体の熱収支との関連も検討する必要がある．

3章 エネルギーと化学原料製造のための触媒プロセス

　現代の産業や人間生活に必要なエネルギーと化学製品は石油に大きく依存している．その理由は，いうまでもなく石油が安価で大量に供給されてきたためである．エネルギーが安く大量に供給されることは産業の発展を促進すると同時に，何をエネルギー資源とするかによって産業の質や構造にまで影響するほどエネルギーと化学原料の関係は密接である．石炭を原料とする合成化学は古くからあったが，化学原料としての石炭利用が全盛を迎えたのは，火力発電をはじめとして，石炭がエネルギー源として安く大量に消費されるようになってからである．中東における超巨大油田の発見は，石油火力発電と並行して石油精製と石油化学産業の発展につながった．

　1973年の石油危機を契機として，石油資源の有限性が認識されるとともに，省資源，資源の多様化あるいは脱石油への対応が指摘されている．石油が高価格になれば，石油以外の炭素資源が石油に代替可能となるので，そのための技術開発も要求されてくる．液体としての特性を最も活かした輸送機関用燃料（ガソリンやディーゼル軽油など）としての用途では，石油の代替は困難であるが，火力発電のような用途では，すでに天然ガスや石炭への転換が推進されている．本章では，燃料と化学原料製造のための触媒プロセスについて解説する．現行プロセスは石油をベースとするプロセスであるが，未来技術としての石油代替資源の活用についても言及する．

3.1 石油の利用と触媒化学

　石油は各種炭化水素の混合物である．したがって蒸気圧の差を利用して蒸留によって分離することができる．原油をそのまま燃料として使用するよりも，類似の性質をもった成分に分離して利用する方が便利なので，まず原油を常圧で蒸留（常圧蒸留）して適当な沸点範囲をもつ留分にわける．図3-1に石油の利用技術の概略を示す．常圧蒸留で得られた留分は，原油に溶解していたガス，LPG (liquefied petroleum gas)，ナフサ（ガソリン），灯油，および軽油で，常圧では気化しない残渣が残油とよばれる．

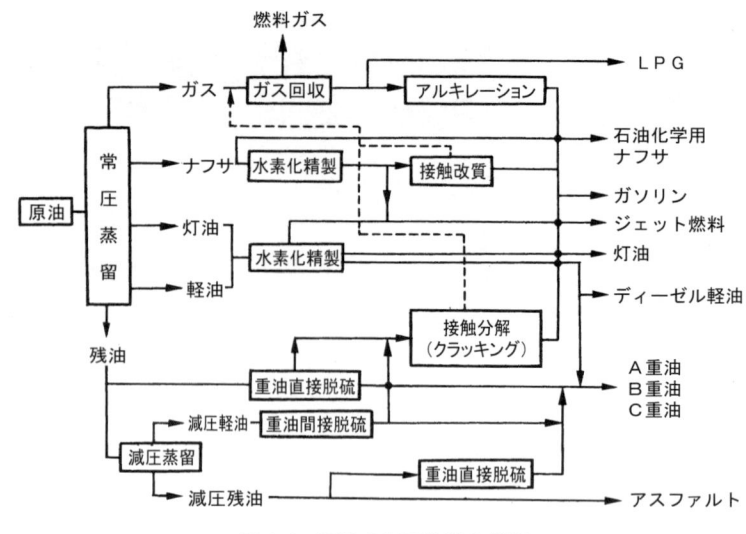

図 3-1　石油の利用技術の概要

　残油には，ディーゼル燃料や潤滑油として有効な軽油やアスファルトなども含まれるので，さらに 38 mmHg 程度に減圧して蒸留する．減圧蒸留から得られる軽油は減圧軽油とよばれ，後述する接触分解の原料となる．

　石油の各留分は石油製品として利用されるが，原油中の各留分の含有量と製品としての需要量とは一致していない．最近は，重質な留分の需要が減少し，軽質留分であるガソリン（ナフサ）や灯油・軽油の需要が増加している．したがって石油精製では，重質な留分を分解して軽質な留分を製造するプロセス（接触分解）が必要となる．

　また，蒸留で得られる留分がそのまま製品として利用できるとは限らない．例えば，ガソリンについていえば，原油中のガソリン留分に含まれる炭化水素は直鎖パラフィンと 5 員環と 6 員環のシクロパラフィンが主成分であり，ガソリン燃料として必要なオクタン価が低いためノッキングの原因となって，そのままでは自動車燃料として不適当である．オクタン価の高い炭化水素である分枝パラフィン（イソパラフィン）や芳香族炭化水素に転換する必要がある（接触改質）．

　石油の主成分は炭化水素であるが，不純物として硫黄や窒素の化合物も微量含まれている．これらの化合物は，燃焼して SO_2 や NO_x などの酸化物となり大気を汚染するので，燃料中の濃度をなるべく減少させることが要求される（水素化精製，水素化脱硫）．

　このように石油精製では，原油を蒸留により石油製品の各留分に分けると同時に，量的に需給バランスを保つための変換，質的には高品質の製品を製造するための化学変換を行っている．これらの化学的物質変換はすべ

て触媒技術によって可能となる．

石油留分のうちナフサやLPG留分は一部熱分解され，石油化学の基礎原料であるオレフィン（エチレン，プロピレンなど）が製造される．ナフサの熱分解では，ベンゼンやキシレンなどの芳香族炭化水素も生成する．これらは石油化学の原料となるが，これだけでは芳香族の需要を満たせないので，後述する接触改質プロセスで重質ナフサを化学変換（脱水素芳香族化反応）して製造される．得られたオレフィンや芳香族は5章，6章に述べる触媒プロセスによって様々な有効物質に変換される．

3.2 石油脱硫のプロセス

前節に原油の精製工程を示したが，いずれの留分もそのまま最終製品として製油所から出荷されるわけではなく，各留分に不純物として含まれる含硫黄，含窒素化合物から硫黄，窒素原子を硫化水素あるいはアンモニアとして除去精製するプロセスを経由し，さらに，最終製品に必要な各種の化学プロセスで製品品質が調えられてから出荷される．この，脱硫，脱窒素プロセスおよび，重質油の水素化分解プロセスを総称して水素化精製プロセスとよぶ．例えば，重質ナフサ留分は水素化精製プロセスを経てから，接触改質プロセス，脱芳香族プロセスを経てガソリンとして出荷され，減圧軽油留分は水素化精製プロセスを経てから，一部は流動接触分解プロセスを経て，やはりガソリンとして出荷される．

表3-1に各留分の蒸留後の沸点範囲，割合，不純物の濃度を示したが，硫黄や窒素の含量は沸点範囲が高くなるほど高くなり，最も低沸点留分であるナフサ留分では単体硫黄に換算して0.01～0.05％に対し，沸点の最も高い減圧残油留分では3～6％にも上る．特に燃料油中の硫黄化合物は燃焼時にSO_2となり，酸性雨の原因ともなり，その対策が近年さらに重要視されてきている．その結果，従来0.5％まで硫黄含量が許されていた軽油でも10 ppm以下まで硫黄の低減がなされて出荷されている．大型の燃焼炉を持つ発電所などの固定発生源については燃焼時の排出ガスからの

オクタン価

自動車の内燃機関として最も一般的なガソリンエンジンは，シリンダー内でガソリンと空気の混合物を一定の圧力まで圧縮してから火花点火する燃焼方式である．圧縮比が高い程エンジンの出力が大きくなる．気体が圧縮されると発熱するため，点火する前に自然着火するとノッキング現象が起こり効率が低下する．したがってガソリンにはノッキングを起こしにくい性質，すなわちアンチノック性が要求される．

オクタン価はガソリンのアンチノック性を示す尺度である．2,2,4-トリメチルペンタン（イソオクタン）のオクタン価を100とし，n-ヘプタンのオクタン価を0として表す．これらの炭化水素を圧縮して自然着火する圧力と同じ圧縮比で着火する燃料のオクタン価がそれぞれ100，0である．両者の混合比（体積）を変えることによって任意のオクタン価をもつ標準燃料を調合する．

着火温度が高い，すなわち燃焼性の低い炭化水素ほどオクタン価は高くなる．一般に，炭素数が大きくなる程オクタン価は減少する．また分枝度が高いイソパラフィンや芳香族炭化水素は高オクタン価である．芳香族炭化水素，特にベンゼンは発がん性があるため，ガソリン中の濃度を規制する傾向にあり，安全性の高いイソパラフィン系のガソリン製造プロセスが触媒技術開発の新しい課題である．

表3-1 原油の常圧/減圧蒸留後の組成

	ナフサ留分	灯油留分	軽油留分	常圧残油留分	減圧軽油留分	減圧残油留分
沸点範囲（/℃）	40～180	180～230	230～360	340以上	340～500	500以上
原油中の成分比率（/％）	～20	～10	～20	～50	～30	～20
水素/炭素原子比（H/C）	2.0～2.2	1.9～2.0	1.8～1.9	～1.6	～1.7	～1.4
硫黄含量（/S％）	0.01～0.05	0.1～0.3	0.5～1.5	2.5～5	1.5～3	3～6
窒素含量（/N％）	0.001	0.01	0.01～0.05	0.2～0.5	0.05～0.3	0.3～0.6
V含量（/ppm）				20～1000		50～1500
Ni含量（/ppm）				5～200		10～400

SO_2 を硫酸カルシウム（石膏）に変換させる排煙脱硫装置も適用できるが，あらかじめ水素化精製プロセスによって各石油留分から硫黄，窒素原子を水素化除去することが望ましく，地域環境や地球環境の保全の立場からも，さらに高度な脱硫技術が求められている．

水素化精製プロセスの中では水素化脱硫プロセスが最も重要で，石油留分中の有機硫黄化合物が水素化分解反応によって，C-S 結合の開裂，水素化を経て，炭化水素および硫化水素に分解される．各石油留分に含まれる硫黄化合物には，チオール類，スルフィド類，ジスルフィド類，チオフェン類があり，それぞれ次式のように脱硫反応が進行する．

$$RSH + H_2 \longrightarrow RH + H_2S$$
$$RSR' + 2H_2 \longrightarrow RH + R'H + H_2S$$
$$RSSR' + 3H_2 \longrightarrow RH + R'H + 2H_2S$$
$$\text{(チオフェン)} + 3H_2 \longrightarrow \text{(ブタジエン)} + H_2S$$

これらの有機硫黄化合物がどの石油留分にも含まれているわけではない．ナフサ留分や灯油留分などの低沸点留分においては，チオール類やスルフィド類が多く含まれており，比較的容易に脱硫できるのに対し，軽油留分や残油留分など高沸点留分には脱硫が困難なチオフェン類が多く存在することが知られている．

表 3-2 に各留分の脱硫反応の典型的な反応条件を示したが，多環チオフェン類など難脱硫性化合物が多く含まれる軽油留分や残油留分を高度に脱硫を達成するためにはより過酷な反応条件が要求される．それは，軽油留分や直留残油留分のように沸点が高くなると，下式に示した硫黄化合物の中で，アルキル置換ジベンゾチオフェンのような分子量の大きな硫黄化合物が多くなり，硫黄原子近傍に存在するアルキル基が立体障害を起こし，硫黄原子が触媒の活性点と相互作用を起こしにくくなるためである．

ジベンゾチオフェン　　4-メチルジベンゾチオフェン　　4,6-ジメチルジベンゾチオフェン

石油類の水素化精製プロセス，特に，水素化脱硫プロセスにはアルミナを担体とした硫化モリブデン系触媒が多く用いられ，助触媒として硫化コバルトや硫化ニッケルが添加されて活性の向上が図られている．一般にモリブデン系脱硫触媒の活性点は，硫化還元処理後に触媒表面に生成するモリブデンの陰イオン欠陥サイトであると考えられている．助触媒としてコ

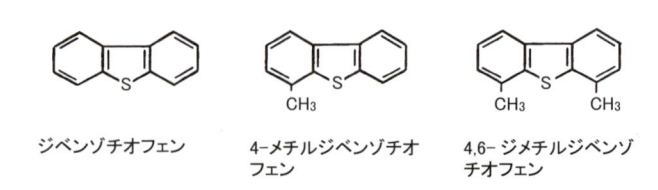

> **word 助触媒（promoter）**
> 触媒主成分に少量加えると，活性，選択性あるいは寿命を向上させる作用をもつ添加物．主反応の促進，反応の抑制，活性点の安定化などの作用をもつ．

バルトやニッケルが添加されるのは，それらが硫黄原子を介してモリブデンと結合し，モリブデンの陰イオン欠陥サイトを増し，活性点の能力が高まるためである．

表 3-2　水素化精製プロセスの反応条件

原料油	反応温度/°C	水素圧/MPa	液空間速度/LHSV	水素消費量/Nm³m⁻³
ナフサ留分	320	1.0～2.0	3～8	2～10
灯油留分	330	2.0～3.0	2～5	5～15
軽油留分	340	2.5～4.0	1.5～4	20～40
減圧軽油留分	360	5.0～9.0	1～2	50～80
常圧残油留分	370～410	8.0～13.0	0.2～0.5	100～175
減圧軽油留分／水素化分解	380～410	9.0～14.0	1～2	150～300
減圧残油留分／水素化分解	400～440	10.0～15.0	0.2～0.5	150～300

例えば，チオフェンは図 3-2 の■印で示した活性点，すなわち，主触媒の硫化モリブデンの配位不飽和サイト（陰イオン欠陥サイト）と相互作用して，図のような経路で反応が進行する．活性点とチオフェンのような硫黄化合物が硫黄原子でσ-配位し（I），さらにπ-配位に転換された後（II），C-S 結合が切断され（III, IV），ブタジエン，ブテン，ブタンが脱硫生成物として得られ（V），触媒表面上に残った硫黄原子は水素によって硫化水素となり触媒表面より脱離し（VI），配位不飽和サイトを再生する触媒サイクルが考えられている．

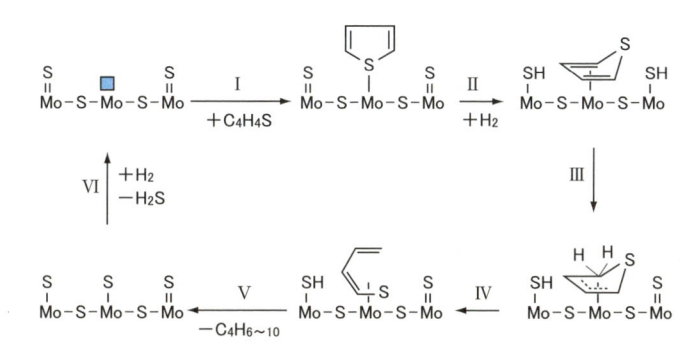

図 3-2　チオフェンの水素化脱硫反応経路

3.3　炭化水素のクラッキング

クラッキングは石油中の大きな分子を分解して，主にガソリン留分の小さな分子に転化する反応で，石油精製における重要なプロセスである．当初は触媒を使用しない熱分解が行なわれたが，現在ではガソリン製造を目的とするクラッキングは，全て固体酸を触媒とする接触分解であり，現在実施されている最も大規模な触媒プロセスである．

クラッキングの主反応は炭化水素分子の炭素―炭素結合の開裂であり，吸熱反応であるため熱力学的には高温が有利である．通常 500～550℃程度の温度で行なわれるので，分解の他にも異性化，水素移行，炭素析出なども起こり，反応は複雑である．しかし，これらの反応はいずれも固体酸上の表面カルベニウムイオン中間体によって説明されている．

クラッキング用の固体酸触媒は，1930 年代には酸処理された粘土（白土）であった．その後 1940 年代には合成されたシリカ‐アルミナ（非晶質）が，1960 年代には結晶性のアルミノシリケートであるゼオライトが使用されるようになり，現在に至っている．

クラッキングでは，反応中に触媒表面に析出した炭素を燃焼除去して触媒を再生させると同時に，反応（吸熱）に必要な熱を得ている．反応器の型式も，触媒の変遷による性能の向上とともに変化してきた．初めは固定床反応器*が使用されたが，その後，移動床，流動床反応器がこれに置き換わった．特にゼオライト触媒は，従来のシリカ‐アルミナ触媒に比べてはるかに高活性なため大きな流動床を必要とせず，ライザーとよばれる再生塔から反応塔への移送管で反応が完結するようになった．そのため従来の反応塔は，分解生成物と触媒の分離を行なうだけのストリッパーになった．今日では，クラッキングといえば流動接触分解（FCC : fluid catalytic cracking）をさしている．図 3-3 にそのプロセスフローを示す．

最近わが国の JX エナジー社（現 Eneos 社）は HS-FCC という新しい FCC 法を開発した．ガソリンとともに石油化学用のプロピレンなどのオレフィンを高い収率で製造することを目的としている．反応流体の向きを下降流にすることにより，重力による触媒粒子の逆流を無視できるようになるので接触時間の分布が狭くなり，より精度のよい反応操作が可能となる．この反応形式は上向き流のライザー（riser）に対して，ダウナー（downer）とよばれる．

＊　分解反応と燃焼による触媒再生を並行して実施するため，反応器を複数台設置し，切り替えて使用した．Houdry 法と呼ばれ，1936 年に商業運転が始まった．Houdry 法は，世界初の商業化接触分解として，1996 年，アメリカ化学会により National Historic Chemical Landmark の一つとして認定された．

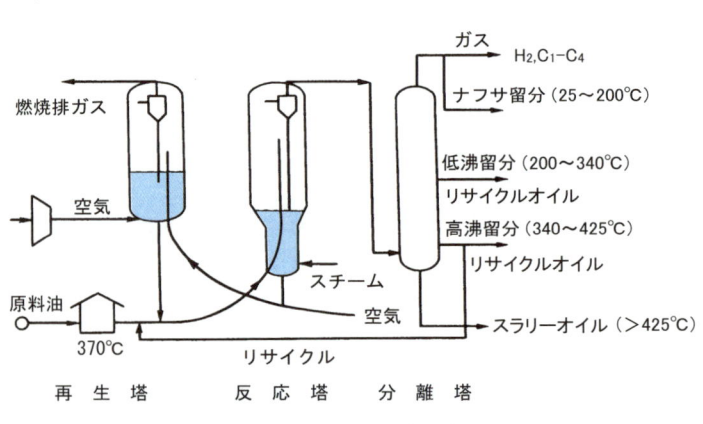

図 3-3　流動接触クラッキングのプロセスフロー

3.3.1 クラッキング反応の概要

クラッキングは通常減圧蒸留から得られる減圧軽油（VGO：vacuum gas oil）を原料油として用いる．最近は VGO に残油を混合して原料油としている．高温で行なわれるので熱反応も同時に起こるが，触媒反応の方が $10 \sim 10^4$ 倍速い．反応物はパラフィン，オレフィン，ナフテン，芳香族など各種構造の炭化水素の混合物である．各種炭化水素の反応性を，炭素数の関数として示したのが図 3-4 である．炭素数が増加すると反応性は大きくなる．オレフィンはこの図に示してないが，最も反応性が大である．モノアルキルベンゼンは側鎖がプロピル基以上では，反応性は大きく増加する．

パラフィンでは，三級炭素が最も反応性が高く，一級と四級炭素は最も反応性が低い．分解生成物では，C_3，C_4 の炭化水素の割合が最も高くなり，水素や C_1，C_2 炭化水素の生成が少ないのがクラッキングの特徴である．

オレフィンはパラフィンの生成とともに炭素を析出しやすい．ナフテンは開環分解の他，脱水素して芳香族を生成する．芳香族環は安定で分解しにくく，アルキル芳香族では脱アルキルや，アルキル基の炭素-炭素結合の開裂が起こる．

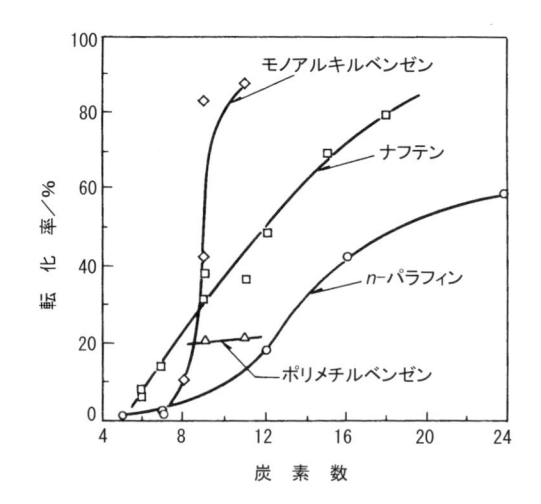

図 3-4 各種炭化水素の接触クラッキングにおける反応性
シリカ-アルミナ-ジルコニア触媒（500℃）
(P. H. Emmett ed., "Catalysis", Vol. VI (1958))

3.3.2 触媒と反応機構

クラッキング触媒は固体酸触媒であり，なかでも重要なのはゼオライトである．ゼオライトは結晶性のアルミノシリケートで，天然にも産出するが触媒に使用されるのはほとんどが合成ゼオライトである．

ゼオライトの基本構造単位は，ケイ素およびアルミニウム陽イオンと酸素陰イオンの四面体である．これらの四面体は，図 3-5 に示したように各酸素陰イオンが，それぞれ他のシリカまたはアルミナ四面体に共有されるように結合していく．三次元的に形成された結晶格子が，ゼオライト骨格の構造単位となる．こうして規則的な配列により得られる骨格構造は，大きな表面積をもつ細孔構造となる．図 3-6 には A 型およびフォージャサイト型ゼオライト構造への骨格形成を示した．

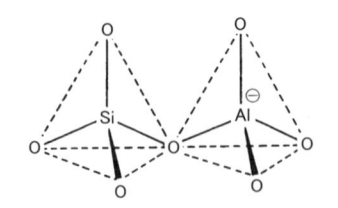

図 3-5　ゼオライトの基本的構造単位

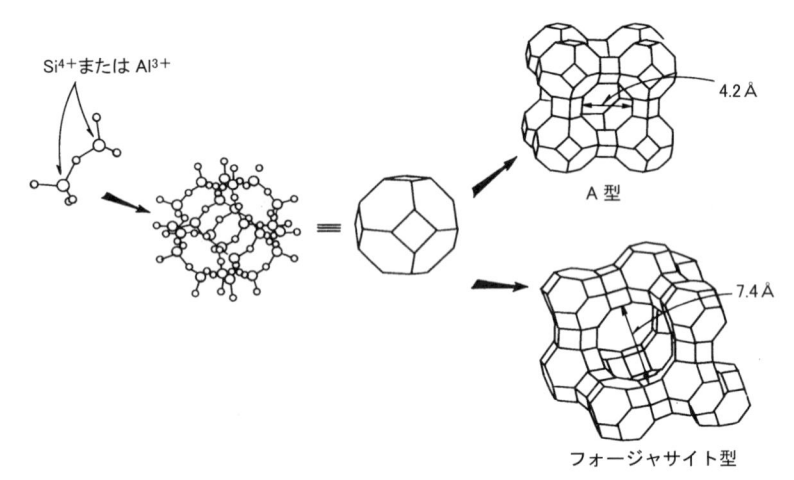

図 3-6　ゼオライトの骨格構造

　シリカとアルミナの四面体の幾何学的配列の仕方によって 200 種類以上のゼオライトが合成されている（表 1-5 参照）．このうちクラッキングによく用いられるのは，フォージャサイト Y 型である．
　ケイ素イオンは +4 価であり，4 つの四面体酸素と電気的につり合っているが，3 価のアルミニウムイオンは 4 つの酸素陰イオンと結合しているので，アルミナ四面体は -1 の残余電荷をもつ．ゼオライトの合成時にはアルカリ陽イオン，通常 Na^+ がこれを中和している．この Na^+ を，プロトンあるいは多価陽イオンでイオン交換することにより固体酸性が発現する．例えば，2 価の陽イオンでイオン交換したゼオライトにおける酸性

OH 基の生成は次のように考えられる．

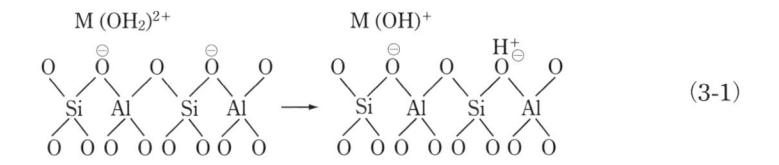

$$
\begin{array}{c}
\text{M(OH}_2)^{2+} \\
\text{O}^{\ominus} \ \text{O} \ \text{O}^{\ominus} \ \text{O} \\
\diagdown / \diagdown / \diagdown / \diagdown \\
\text{Si} \ \ \text{Al} \ \ \text{Si} \ \ \text{Al} \\
/ \diagdown / \diagdown / \diagdown / \diagdown \\
\text{O O O O O O O O}
\end{array}
\longrightarrow
\begin{array}{c}
\text{M(OH)}^{+} \\
\text{O}^{\ominus} \ \text{O} \ \text{O}^{\ominus} \ \text{H}^{+} \\
\diagdown / \diagdown / \diagdown / \diagdown / \\
\text{Si} \ \ \text{Al} \ \ \text{Si} \ \ \text{Al} \\
/ \diagdown / \diagdown / \diagdown / \diagdown \\
\text{O O O O O O O O}
\end{array}
\tag{3-1}
$$

ゼオライトは，ブレンステッド酸点とルイス酸点の両方を有している．ブレンステッド酸点は加熱脱水するとルイス酸点となり，ルイス酸点は水和するとブレンステッド酸点へ変化する．

$$
2
\begin{array}{c}
\text{H}^{+} \\
\text{O}^{\ominus} \text{O} \ \text{O} \\
\diagdown / \diagdown / \\
\text{Al} \ \ \text{Si} \\
/ \diagdown / \diagdown \\
\text{O O O O}
\end{array}
\xrightarrow[500℃]{-\text{H}_2\text{O}}
\begin{array}{c}
\text{O} \ \text{O} \\
\diagdown / \diagdown \\
\text{Al} \ \ \text{Si}^{\oplus} \\
/ \diagdown / \diagdown \\
\text{O O O O}
\end{array}
+
\begin{array}{c}
\text{O}^{\ominus} \text{O} \\
\diagdown / \diagdown / \\
\text{Al} \ \ \text{Si} \\
/ \diagdown / \diagdown \\
\text{O O O O}
\end{array}
\tag{3-2}
$$

　　　　　　　　ブレンステッド酸点　　　ルイス酸点　　　塩基点

クラッキングに対するゼオライトの固体酸性の効果を調べると，軽油やクメンの反応では，クラッキング活性とブレンステッド酸量との間によい相関が認められた．それに対して，2,3-ジメチルブタンのような飽和炭化水素の分解には，ブレンステッド酸点の他にルイス酸点の寄与があることが示されている．

固体酸上でのクラッキング中の反応は，カルベニウムイオン中間体を経由して進む．カルベニウムイオンの正に帯電した炭素の β 位の C-C 結合の開裂（クラッキング）のほかに，種々の反応が併発する．

(1) カルベニウムイオンの生成

炭化水素からのカルベニウムイオン生成には，次の 4 つの経路がある．

(a) オレフィンや芳香族炭化水素へのプロトン付加

$$\text{RCH}_2\text{-CH}=\text{CH}_2 + \text{H}^+ \longrightarrow \text{RCH}_2\text{-}\overset{\oplus}{\text{CH}}\text{-CH}_3 \tag{3-3}$$

(b) パラフィンからルイス酸によるヒドリド引き抜き

$$\text{RH} + \text{L} \longrightarrow \text{R}^+ + \text{LH}^- \quad (\text{L：ルイス酸点}) \tag{3-4}$$

(c) パラフィンへのプロトン付加により生成したカルボニウムイオンから水素やメタンの脱離

$$
\text{CH}_3\text{-CH-CH}_2\text{-CH}_2\text{-CH}_3 + \text{H}^+ \longrightarrow \text{CH}_3\text{-}\overset{\overset{\oplus}{\text{H H}}}{\underset{\text{CH}_3}{\text{C}}}\text{-CH}_2\text{-CH}_2\text{-CH}_3
\begin{array}{l}
\nearrow \ \text{CH}_3\text{-}\overset{\oplus}{\text{C}}\text{-CH}_2\text{-CH}_2\text{-CH}_3 + \text{H}_2 \quad (3\text{-}5) \\
\phantom{\nearrow \ \text{CH}_3\text{-}}|\text{CH}_3 \\
\searrow \ \text{CH}_3\text{-}\overset{\oplus}{\text{CH}}\text{-CH}_2\text{-CH}_3 + \text{CH}_4 \quad (3\text{-}6)
\end{array}
$$

(d) パラフィンからカルベニウムイオンへの水素（ヒドリド）移行

$$RH + R'^+ \longrightarrow R^+ + R'H \tag{3-7}$$

(2) カルベニウムイオンの反応

カルベニウムイオンおよびプロトン付加シクロプロパン環の安定性は，

　　　三級　　＞　　二級　　＞　　プロトン付加シクロプロパン環　＞　一級
（基準0）　（～52 kJ mol^{-1}）　　　（～64 kJ mol^{-1}）　　　　　　（～124 kJ mol^{-1}）

であり，不安定な一級カルベニウムイオンを経由する反応は起こりにくい．カルベニウムイオンを経由するクラッキングでC_1やC_2炭化水素の生成が少ないのは，これらの生成が一級カルベニウムイオンを経由するからである．

カルベニウムイオンは，主に次の4つの反応を起こす．

(a) 分解（β開裂）

カルベニウムイオンは，正に帯電した炭素のβ位の炭素 - 炭素結合が相対的に弱くなるため，そこで開裂し，新たなカルベニウムイオンとオレフィンを生成する．

$$\underset{\underset{CH_3}{|}}{CH_3-CH}\overset{\beta位}{-}CH_2-\overset{\oplus}{CH}-CH_3 \longrightarrow CH_3-\overset{\oplus}{CH}-CH_3 + CH_2=CH-CH_3 \tag{3-8}$$

(b) ヒドリドシフト（水素シフト）

カルベニウムイオン内でヒドリドの移動が起こる．この反応は一般に速い．

$$\underset{\underset{CH_3}{|}}{CH_3-CH}-CH_2-\overset{\oplus}{CH}-CH_3 \longrightarrow \underset{\underset{CH_3}{|}}{CH_3-\overset{\oplus}{C}}-CH_2-CH_2-CH_3 \tag{3-9}$$

(c) メチルシフト

カルベニウムイオン内でメチル基の移動が起こる．プロトン付加シクロプロパン環を経由する反応で，骨格異性化の主反応である．

$$\underset{\underset{CH_3}{|}}{CH_3-\overset{\oplus}{C}}-CH_2-CH_2-CH_3 \longrightarrow \underset{\underset{CH_3}{|}}{CH_3-CH_2-\overset{\oplus}{C}}-CH_2-CH_3 \tag{3-10}$$

$$\searrow \underset{\underset{CH_3\ CH_3}{|\ \ \ |}}{CH_3-CH_2-\overset{\oplus}{C}-CH_3} \tag{3-11}$$

メチルシフトはプロトン付加シクロプロパン環を経由して進行する．

$$\text{CH}_3\text{-}\overset{\oplus}{\text{CH}}\text{-CH}_2\text{-CH}_2\text{-CH}_2\text{-CH}_3 \longrightarrow \text{CH}_3\text{-CH}\underset{\underset{\text{CH}_2}{|}}{\overset{\overset{\text{H}}{|}}{\text{-}\overset{\oplus}{\text{C}}\text{-}}}\text{CH}_2\text{-CH}_3$$

$$\begin{array}{l} \nearrow \text{CH}_3\text{-}\overset{\oplus}{\text{CH}}\text{-CH-CH}_2\text{-CH}_3 \quad (3\text{-}12)\\ \underset{\text{CH}_3}{|} \\ \searrow \text{CH}_3\text{-CH-CH-CH}_2\text{-CH}_3 \quad (3\text{-}13) \\ \underset{\text{CH}_3}{|} \end{array}$$

(d) ヒドリド移行（水素移行）

カルベニウムイオンがアルカンやシクロアルカンからヒドリドを引き抜き，自身はパラフィンとなり，新しいカルベニウムイオンを生成する．カルベニウムイオン生成反応の(d)（式(3-7)）と同じ．この水素移行は，クラッキングプロセスのオレフィン収量に関連がある．オレフィンは式（3-3）によりカルベニウムイオンになり，それが，例えばシクロアルカンと反応すると

$$\text{オレフィン} + \text{シクロアルカン} \longrightarrow \text{パラフィン} + \text{芳香族}$$

の反応により，オレフィンが消費されパラフィンが生成する．水素移行の制御がオレフィン収量の増減に必要となる．

直鎖のアルキルカルベニウムイオンが β 開裂すると，一級のカチオンが生成するので進行しにくい．直鎖のアルキルカルベニウムイオンは，(c) のメチルシフトで分岐したカルベニウムイオンに異性化し，β 位の炭素が三級炭素になる二級のカチオンの β 開裂によって分解が進行する．あるいは，さらに四級炭素を持つカルベニウムイオンに異性化し，β 開裂する．

アルキルベンゼンのカルベニウムイオンは β 開裂でベンゼンとアルキルカルベニウムイオンを与える．

$$\text{H}_3\text{C-CH-CH}_3\text{-}\phi + \text{H}^+ \rightleftarrows \left[\text{H}_3\text{C-CH-CH}_3\text{-}\phi\text{-H}\right]^+ \rightleftarrows \overset{\oplus}{\text{H}_3\text{C-CH-CH}_3\text{-}\phi}$$
$$ \pi\,錯体 \sigma\,錯体$$

$$\longrightarrow \phi + \text{H}_3\text{C-}\overset{\overset{\text{H}}{|}}{\underset{\oplus}{\text{C}}}\text{-CH}_3 \quad (3\text{-}14)$$

また，カルベニウムイオンは，オレフィン分子の二重結合に対し α 位の炭素に結合した水素をヒドリドイオンとして引き抜いて自身はパラフィンとなり，同時にアリルカルベニウムイオンを生成する傾向がある．

$$\underset{}{>}\text{C=}\overset{\overset{\text{H}}{|}}{\underset{\underset{\text{H}}{|}}{\text{C}}}\text{-}\overset{\overset{\text{H}}{|}}{\text{C}}\text{H} \xrightarrow{-\text{H}} \underset{}{>}\text{C=}\overset{\overset{\text{H}}{|}}{\text{C}}\text{-}\overset{\oplus}{\text{C}}\overset{\text{H}}{\underset{\text{H}}{<}} \rightleftarrows \left(\underset{}{>}\text{C}\cdots\overset{\overset{\text{H}}{|}}{\text{C}}\cdots\overset{\text{H}}{\underset{\text{H}}{\text{C}}}\right)^+ \quad (3\text{-}15)$$

アリルカルベニウムイオンは，触媒の共役塩基にプロトンを与えて脱離すると，共役ジエンを生成する．しかし，アリルカルベニウムイオンからさらに水素が引き抜かれるとトリエンとなり，迅速な環化反応により芳香族が生成する．このように水素分子を生成することなく，オレフィンは芳香族へ転化される．芳香族分子間の水素移行反応が繰り返されると，多環芳香族の生成を経て炭素が析出しやすくなる．

3.3.3 工業プロセス

工業的には，接触分解は流動床反応器（図3-3）を用いて行なわれている．原料油は，再生塔を出た高温の触媒粒子とともに反応塔に送られ反応する．触媒に付着した生成油はスチームでストリッピングし，さらに再生塔に送って析出した炭素を燃焼除去し，触媒を再生する．

流動状態を円滑にするためには，触媒粒子は摩耗に耐える機械的強度が必要であり，真球形で粒子径も一定範囲になければならない．通常5〜7%のゼオライトをシリカ-アルミナのマトリックスに分散し，60〜70μmの球形に成型した触媒が使用される．ゼオライトとしてはY型フォージャサイトが一般的である．

現在，クラッキングの工業プロセスにおける原料油は，主に減圧軽油とよばれる石油中の比較的高沸点の留分であるが，今後さらに高沸点の重質油も分解できるように，触媒やプロセスの研究開発がなされている．

3.4 ナフサの接触改質

接触改質とは，石油中のナフサ（ガソリン）留分を高オクタン価ガソリンに転化する触媒プロセスである．ガソリンの性能の1つに，アンチノック性がある．これは，自動車などの火花点火機関における異常燃焼であるノッキングに対する抵抗性のことで，通常アンチノック性の高いイソオクタン（2,2,4-トリメチルペンタン）を100，アンチノック性の低いn-ヘプタンを0として測定されるオクタン価で表示する．ナフサを構成する炭化水素のうち沸点が100〜200℃の留分はアンチノック性が低く，そのままでは火花点火機関の燃料に適さない．

ナフサ中でオクタン価の低い炭化水素はナフテンや直鎖パラフィンであり，オクタン価の高い炭化水素は芳香族やイソパラフィンである．したがって，接触改質における重要な反応は脱水素などによる芳香族化と骨格異性化である．このため接触改質は石油化学原料としての芳香族炭化水素の製造プロセスでもある．

原料となるナフサは100〜150種類の炭化水素の混合物であり，接触改質では，いくつもの逐次・並列反応が起こるため反応系は複雑であるが，

Pt-アルミナ系の二元機能触媒を用いると目的とする各種反応を起こすことができる．この触媒でも，炭化水素の転化反応では避けがたい炭素析出が，好ましくない副反応として起こる．最近の接触改質では，炭素析出の抑制に有効な触媒として，Ptの他に第二の金属を添加した，いわゆるバイメタリック触媒が使用されている．

3.4.1 反応の概要

接触改質は，約500℃の反応温度で水素加圧の条件にて行なわれる．高圧の水素が必要なのは，脱水素反応による炭素析出を制御するためである．このような改質条件下，二元機能触媒上では次の5種類の反応が主反応となる．

(1) アルキルシクロヘキサンの脱水素

例えば，

$$\text{C}_6\text{H}_{11}\text{-} \longrightarrow \text{C}_6\text{H}_5\text{-} + 3\text{H}_2 \quad \Delta H^0_{773} = 216 \text{ kJ} \quad (3\text{-}16)$$

この反応は吸熱反応であり，体積膨張を伴うので高温，低圧ほど高い転化率が得られる．図3-7にはC$_7$の炭化水素の熱力学平衡組成と温度との関係について示した．

この反応の速度は大きく，触媒層の入口付近で反応が進み，触媒層の温度を大きく低下させる．

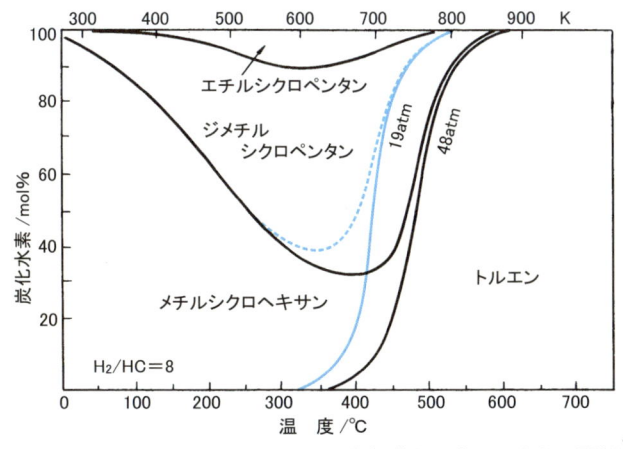

図3-7 C$_7$ナフテンとトルエンの平衡組成と温度・圧力との関係

(2) アルキルシクロペンタンの異性化脱水素

例えば，

$$\text{C}_5\text{H}_9\text{-} \longrightarrow \text{C}_6\text{H}_5\text{-} + 3\text{H}_2 \quad \Delta H^0_{773} = 206 \text{ kJ} \quad (3\text{-}17)$$

ナフサ中のナフテンには5員環のシクロペンタン誘導体が多く，これら

を芳香族に転化するにはシクロヘキサン環化合物に異性化しなければならない．しかし図3-7からわかるように，接触改質条件下（約500℃）ではシクロペンタン環化合物の方が熱力学的により安定である．それにもかかわらず，この反応が接触改質で重要となるのは，アルキルシクロヘキサンの脱水素が速い反応であるため，5員環と6員環の平衡が6員環の方へ移動するからである．ただしメチルシクロペンタンでは，異性化と開環分解の反応速度がほぼ等しく，ベンゼンへ転化する割合は小さい．

(3) パラフィンの環化脱水素

例えば，

$$n\text{-}C_6H_{14} \longrightarrow C_6H_6 + 4H_2 \quad \Delta H^0_{773} = 267 \text{ kJ} \tag{3-18}$$

　　　　　　　　ヘキサン　　　ベンゼン

この反応も接触改質条件下では熱力学平衡の制約を受ける．反応温度が高いほど，また圧力が低いほど有利になる．ヘプタンとトルエンとの平衡関係を図3-8に示した．反応速度はナフテンの脱水素に比べて小さく，またパラフィンの炭素数が大きいほど，芳香族が生成しやすい．

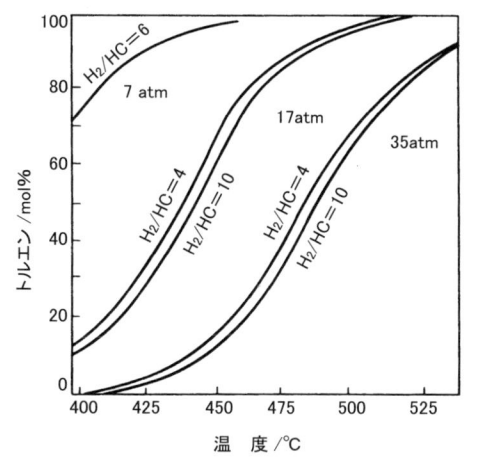

図3-8 n-ヘプタンの環化脱水素反応の熱力学平衡と反応条件との関係
(F. G. Ciapetta, R. M. Dobres and R. W. Baker, "Catalysis" (P. H. Emmett ed.)
Vol. VI, Reinholk, New York (1958) p.495)

(4) パラフィンの骨格異性化

例えば，n-ヘキサンが2-および3-メチルペンタン，あるいは2,2-および2,3-ジメチルブタンへ異性化される．

(5) 水素化分解

パラフィンから低分子量パラフィンへの分解や，アルキル芳香族の側鎖の分解，あるいはナフテンの開環などである．

3.4.2 触媒と反応機構

接触改質に重要な前記 (1)〜(5) の反応を同一の触媒で行なうには，触媒に水素化・脱水素機能と異性化機能が必要となる．

表 3-3 には，メチルシクロペンタンの転化反応に対する Pt 触媒とシリカ - アルミナ（固体酸）触媒の効果を示した．シリカ - アルミナ触媒だけではほどんど反応が起こらず，Pt 触媒だけでは脱水素生成物しか生成しない．それに対して，両者を混合することにより，はじめてベンゼンが生成することがわかる．このように 2 つ以上の機能の組み合わせで，それらが逐次的に作用する触媒を二元機能触媒という．接触改質を二元機能触媒機構で説明したのは Mills らである（図 3-9）．

表 3-3 メチルシクロペンタンの反応に対する金属(Pt)触媒と固体酸(シリカ - アルミナ)触媒の効果

触 媒	C◯	C◯	C◯	◯
SiO_2–Al_2O_3, 10 cm³	98	0	0	0.1
Pt/SiO_2, 10 cm³	62	20	18	0.8
SiO_2–Al_2O_3 + Pt/SiO_2	65	14	10	10.0

反応条件：500℃，水素分圧 = 0.8 atm，メチルシクロペンタン分圧 = 0.2 atm
(P. B. Weisz, *Actes 2me Cong, Int. Catal*. Edition Technip, Paris (1961) p.937)

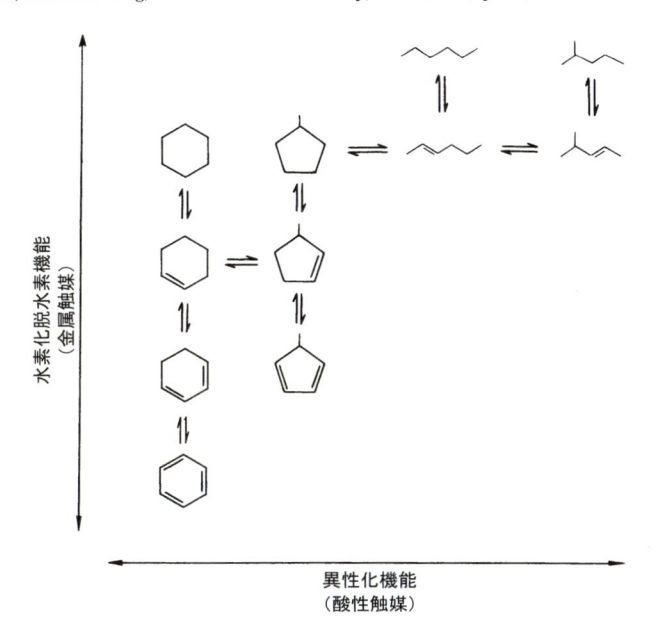

図 3-9 C₆ 炭化水素の改質反応における二元機能触媒機構
(G. A. Mills, H. Heinemann, T. H. Milliken and A. G. Oblad, *Ind. Eng. Chem.*, **45**, 134 (1953))

実際の改質触媒では Pt が固体酸性をもつ担体に担持されている．担体としては，塩化物を添加した γ- または η-アルミナが優れている．担持

されたPtは，極めて微小な粒子（1 nm以下）としてアルミナ上に分散されているが，使用中にシンタリングする．

ところで，前述したように接触改質の反応は，熱力学的には水素分圧が低いほうが有利となる．したがって，低水素分圧での劣化しにくい，すなわち炭素析出の少ない触媒が研究された．その結果開発されたのが，PtとReをアルミナに担持したバイメタリック触媒である．その後Re以外にもIr, Sn, GeなどとPtとを組み合わせた，さまざまなバイメタリック触媒が開発された．

図3-10にPt-Reの活性点のモデルを示す．ReはPtと合金もしくはバイメタリック・クラスターをなしている．この触媒は使用する前に予備硫化するので，硫黄との親和力の強いReはReSになっていると考えられる．ReSがPt原子の間に割り込んで，Ptを高分散化し，炭素析出を制御するといわれている．

触媒が改良されても，炭素析出を完全に制御することは困難であり，接触改質においても徐々に触媒活性が劣化する．活性が一定水準に低下したところで，炭素を燃焼除去して再生しなければならない．再生の初期段階においては，1%以下の酸素を含む雰囲気下400℃程度の比較的低温で酸化し，燃焼熱によって触媒表面の温度が上昇しないように注意する．つづいて500℃で酸化し，残りの炭素を除去すると同時に，塩化物を加えてPtをオキシクロライドにする．このオキシクロライドは易動性であり，Ptを再び高分散の状態にする．

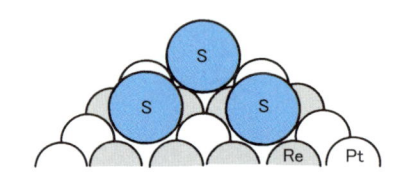

図3-10 Pt-Reバイメタリッククラスターのモデル
(V. K. Shum, J. B. Butt, W. M. H. Sachtler, *J. Catal.*, **96**, 371 (1985))

3.4.3 工業プロセス

Pt-アルミナ系の二元機能触媒を用いた最初の接触改質プロセスは，1949年に開発されたPlatforming法である．このプロセスでは，固定床式反応塔を直列に数基並べて運転する．触媒活性が低下するに従い，反応温度を上げて一定の反応速度となるようにし，触媒活性が限界に達したとき運転を中断して触媒の再生または交換を行なう．

1950年代の接触改質は，約50 atmの反応圧力で，水素／原料炭化水素

のモル比 3〜10 の条件で運転された．当時は原料ナフサに数 10 ppm 含まれる硫黄化合物により Pt が被毒されるのを防ぐため，水素分圧を高くする必要があった．1960 年代には副生する水素を利用して，原料ナフサをあらかじめ脱硫することにより Pt の被毒が少なくなって，反応圧力を約 30 atm 程度まで下げることが可能になった．

さらに 1967 年には，Pt-Re 系バイメタリック触媒を用いる Rheniforming 法が開発され，1970 年代には反応圧力を 7〜15 atm に下げて運転できるようになった．また最近では，運転中に活性の低下した触媒を連続的に反応塔から抜き出して，再生塔で触媒表面の炭素を燃焼除去し，再び反応塔に戻して循環使用する，連続再生移動床式のプロセスが実施されている．

3.5 水素および合成ガスの製造（炭化水素の水蒸気改質）

多くの化学工業プロセス，例えばアンモニア合成，メタノール合成，オキソ合成その他の有機合成あるいは石油精製においては，水素や水素と一酸化炭素との混合ガス（合成ガス）は重要な化学原料である．また最近では，燃料電池などクリーンエネルギー利用法としての水素の重要性が増大している．

水素や合成ガスは，古くから赤熱したコークスと水蒸気との反応により 1000℃ 以上の温度で製造されていた．この反応は水性ガス反応とよばれている．

$$C + H_2O \longrightarrow H_2 + CO \tag{3-19}$$

その後，原料転換により，メタンを主成分とする天然ガスや，ナフサ等の石油留分を原料として，水蒸気や酸素との反応で製造＊されるようになった．原料価格や用途によっては石炭も対象となる．液体や固体の炭素資源を原料とする場合には，ガス化反応ともよばれる．メタンや，石油系の液化ガス（LPG）あるいはナフサ等の軽質留分の炭化水素の反応では，担持 Ni 触媒を用いた接触法プロセスが工業的に実施されている．しかし，さらに分子量の大きな炭化水素のガス化に対しては，現在まで十分な性能を有する触媒が開発されるに至っておらず，石炭などは触媒を用いない非接触法のプロセスでガス化されている．

3.5.1 反応の概要（熱力学的考察）

炭化水素（C_nH_m）と水蒸気とから CO と H_2 が生成する反応は水蒸気改質とよばれる．その総括反応式は次式で示され，大きな吸熱を伴う反応である．

$$C_nH_m + nH_2O \longrightarrow nCO + \left(n + \frac{m}{2}\right)H_2 \tag{3-20}$$

したがって，熱力学的には高温ほど有利であり，原料の炭化水素にもよ

＊ 脱炭素社会の実現を目指して，CO_2 を放出しない水素の製造方法が検討されている．風力や太陽光などの再生可能エネルギーの電力を使い，水を電気分解し製造する水素をグリーン水素と呼ぶ．オーストラリア西部のピルバラでは，太陽光パネルでつくった電力を使って水素を製造し，隣接する既存アンモニア合成設備向けに供給する事業が進んでおり，2024 年生産開始予定である．
　天然ガスの熱分解も CO_2 を放出しない水素の製造方法である．メタン直接改質により水素とカーボンナノチューブが生成する．酸化鉄触媒開発や水素製造を担う戸田工業と，水素の精製や貯蔵や販売を担うエア・ウォーター社の共同事業により，製造設備が北海道豊富町で 2025 年 8 月稼働予定である．

るが，700℃以上の反応温度が必要である．このような高温では炭化水素の熱分解も同時に起こる．

水蒸気改質では，反応に必要な熱を外部から供給しなければならない．水蒸気のかわりに酸素を炭化水素と反応させると，炭化水素の一部が燃焼するので外部から熱を供給することなく，一酸化炭素と水素を得ることができる．この反応を部分酸化反応といい，その総括反応式は次式で示される．

$$C_nH_m + \frac{n}{2}O_2 \longrightarrow nCO + \frac{m}{2}H_2 \tag{3-21}$$

相対的に速い燃焼反応に続いて，生成した水蒸気や二酸化炭素と炭化水素との反応が起こる．したがって部分酸化と水蒸気改質には同じ触媒を使用することができる．

図 3-11 に数種の炭化水素と水蒸気との反応（式 3-20）の標準自由エネルギー変化を，温度の関数として示した．メタン以外の炭化水素では，標準自由エネルギー変化は負で大きな値となり，反応が平衡に達したときには完全に一酸化炭素と水素に転化される．

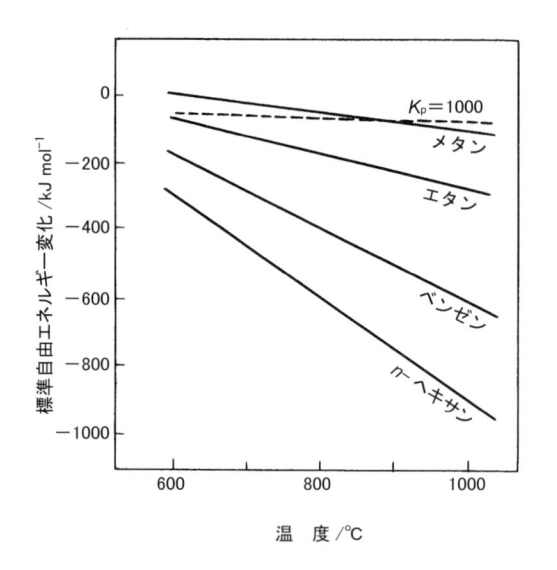

図 3-11　反応（式 3-20）に伴う標準自由エネルギー変化の温度依存性

水蒸気改質においては，一酸化炭素と水蒸気との反応が同時に進行する．この反応は一酸化炭素シフト反応とよばれ，小さな発熱を伴う反応である．

$$CO + H_2O \longrightarrow CO_2 + H_2 \tag{3-22}$$

触媒を用いた水蒸気改質は，反応温度が高いこともあって，反応は通常熱力学平衡に達する．このときの生成物は水素，一酸化炭素，二酸化炭素およびメタンからなる．図 3-12 には平衡組成の一例を温度の関数として

示した．この図からわかるように，炭化水素の水蒸気改質は，高温において水素と一酸化炭素，低温でメタンと二酸化炭素を与える反応である．後者については，ここでは取り扱わないが高熱量ガス製造に利用されており，低温水蒸気改質ともいわれる．

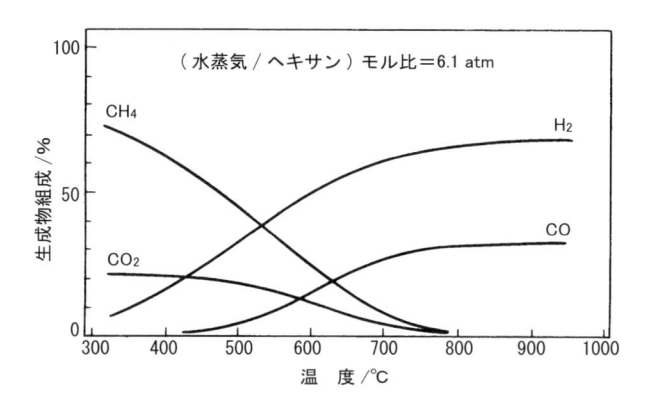

図 3-12 炭化水素（例：ヘキサン）の水蒸気改質生成物の熱力学平衡組成

3.5.2 触媒と反応機構

炭化水素の水蒸気改質反応には担体と呼ばれる物質に担持された遷移金属触媒が活性を示す．担体にはアルミナやマグネシアなどの親水性の酸化物が有効で，疎水性の担体では一般に活性は低い．メタンやエタンの水蒸気改質に対する金属の触媒活性について，次に示す順序が得られている．

$$Rh, Ru > Ni > Ir > Pd, Pt, Re \gg Co, Fe$$

貴金属の Rh と Ru が Ni よりも高活性であるが，高価なため Ru が一部使用されているのを除くと，工業的に使用されている触媒は Ni を触媒活性物質としている．反応温度が 750～900℃と高温のため，担体としてはアルミナセメントのような耐熱性耐火物が用いられる．これに NiO を 10～25 wt％担持し，MgO，CaO，K_2O などが添加される．これらの添加物は炭素析出を抑制する作用がある．

Ni をはじめ，遷移金属は硫黄化合物により被毒を受けるので，重質油のように多量の硫黄化合物を含有する原料の水蒸気改質には使用できない．このような重質な炭化水素に対しては，アルカリ金属塩（例えば K_2CO_3）やアルカリ土類元素の酸化物が有効な触媒である．

炭化水素の水蒸気改質は高温での反応であり，触媒反応の他に熱反応が加わるため反応機構は複雑である．原料炭化水素は熱分解され，ラジカルや安定なメタン，エチレンとなって触媒に吸着される．Ni 触媒上での水蒸気改質で特徴的なことは，メタン以外の炭化水素が生成しないことである．

炭化水素が Ni 上の活性点 σ_1 に，水蒸気が担体上の活性点 σ_2 に吸着されると仮定して，次の反応機構が提案されている．

$$C_nH_m + 2\sigma_1 \xrightarrow{k_A} C_nH_z\cdot(\sigma_1)_2 + (m-z)/2\,H_2 \tag{3-23}$$

$$C_nH_z\cdot(\sigma_1)_2 + n\sigma_1 \longrightarrow C_{n-1}H_z\cdot(\sigma_1)_2 + CH_x\cdot(\sigma_1)_n \tag{3-24}$$

$$CH_x\cdot(\sigma_1)_n + O\cdot\sigma_1 \xrightarrow{k_R} CO + (x/2)H_2 + (n+1)\sigma_1 \tag{3-25}$$

$$H_2O + \sigma_2 \underset{}{\overset{K_w}{\rightleftarrows}} H_2O\cdot\sigma_2 \tag{3-26}$$

$$H_2O\cdot\sigma_2 + \sigma_1 \longrightarrow O\cdot\sigma_1 + H_2 + \sigma_2 \tag{3-27}$$

$$H_2 + 2\sigma_1 \underset{}{\overset{K_H}{\rightleftarrows}} 2H\cdot\sigma_1 \tag{3-28}$$

$C_nH_z\cdot(\sigma_1)_2$ の濃度が無視できると仮定して，定常状態近似で解くと，次の速度式が得られる．

$$r = \frac{k_A P_{C_nH_m}}{\left[1 + \dfrac{nk_A}{k_R K_W}\dfrac{P_{H_2}}{P_{H_2O}}\cdot P_{C_nH_m} + K_W\left(\dfrac{P_{H_2O}}{P_{H_2}}\right) + \sqrt{K_H P_{H_2}}\right]^{2n}} \tag{3-29}$$

ここで，K_w は式（3-26）で示される水蒸気の吸着についての平衡定数，K_H は水素の吸着平衡定数である．

各種担持 Ni 触媒上での水蒸気改質の動力学は，種々の炭化水素について報告されている．炭化水素に関する反応次数は 0〜1 次であり，水蒸気の反応次数は担体や添加物によって −1〜1 次の範囲で変化している．これらの次数は式（3-29）から予想される値である．

複雑な反応機構を単純化して定式化してあるが，K_w や素反応速度定数 k_A, k_R の大きさによって反応次数や担体の効果を説明することができる．たとえば親水性担体では K_w が大きくなり，水蒸気に対する反応次数は負となる．

3.5.3 工業プロセス

触媒を用いた水蒸気改質は，1930 年に米国の Standard Oil of New Jersey, Baton Rouge 製油所において工業化された．米国では天然ガスが豊富であったため，水素製造法として天然ガスの水蒸気改質が発展した．一方，欧州では石油留分中のナフサが余剰であったため，ナフサを原料とする水素製造法が研究された．1962 年に，英国の ICI 社が連続式ナフサ水蒸気改質装置を稼働させて以来，欧州と同じ原料事情であった日本においてもナフサの水蒸気改質が水素製造法の主流となった．

天然ガスやナフサの水蒸気改質は，前述したように吸熱反応であるため，外部より熱を供給する必要がある．このような反応型式を外熱式という．図 3-13 に ICI のナフサ水蒸気改質のフローシートを示す．

ナフサ中の硫黄化合物は，水蒸気改質触媒を被毒するので脱硫工程で除

去する．硫化した Ni-Mo または Co-Mo 触媒を用いて，リサイクルガス中の水素で水素化脱硫し，生成した硫化水素を酸化亜鉛で吸収除去する．

脱硫したナフサは加熱水蒸気と混合された後，改質装置に入り，約 800°C で加圧下，Ni 触媒を用いて水蒸気改質される．生成ガス中の一酸化炭素は式 (3-22) のシフト反応を利用して，水蒸気との反応で水素と二酸化炭素に転化される．シフト触媒としては，320～450°C で活性を示す Fe-Cr 系触媒と 200～250°C で活性な Cu-Zn 系触媒が使用される．生成した二酸化炭素は炭酸カリ液などで吸収除去する．微量に残る一酸化炭素は，水素化してメタンに転化するか，高分子電解質燃料電池の場合には選択的酸化反応により二酸化炭素にする．

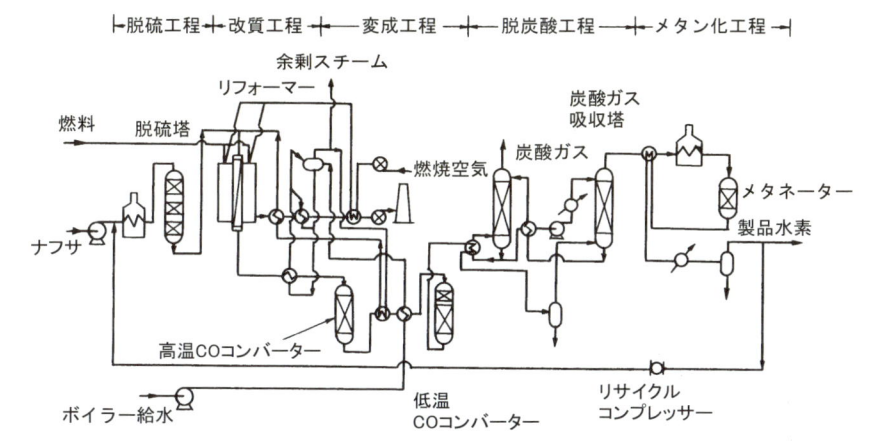

図 3-13 ICI ナフサ水蒸気改質のプロセスフロー

3.6 無機化学品の製造

現在，アンモニア*を経て合成される窒素肥料や硝酸あるいは硫酸は，工業が発展する以前より人類が利用してきた．窒素は人類の主食である穀物の重要な成分であり，窒素肥料の工業的生産は農業の振興と密接な関係をもっている．これらの無機化学品は人口の増加に伴う需要の増大から，大量生産を行なう必要が生じ，18 世紀半ばには鉛室法による硝酸の製造が，今世紀初頭にはアンモニア・硝酸の製造が工業化された．また，硝酸はかつて石油化学工業が全盛となる以前には，その生産量をもって一国の化学工業の水準が推し量られたほどである．本節ではこれら無機化学品の製造用触媒プロセスについて述べる．

3.6.1 アンモニアの製造

アンモニア合成は空中窒素の固定という意味で非常に重要である．自然界においては，ニトロゲナーゼという酵素を有するバクテリアが直接同化

* アンモニアは，燃焼時に二酸化炭素を出さないため火力発電で利用すれば二酸化炭素削減に生かせる．日本政府はアンモニア燃料の使用量を 2030 年に年 300 万トンとする目標を設けた．

を行なうだけで，ほとんどの植物は空中窒素を直接利用できない．また酵素による窒素の固定は反応速度が遅く工業的な大量生産には不向きである．空中窒素の固定には古くアーク放電を用いた一酸化窒素の生成，カルシウムカーバイドと窒素からのカルシウムシアナミドの合成などの様々な試みがなされてきた．近代的なアンモニア合成は，1912年にドイツのHabar, Bosch, Mittaschらによる鉄系触媒の発見と，これを用いた高圧循環プロセスでの工業化に始まり，今日でも基本的な触媒およびプロセス原理は変わっていない．

(1) 触媒と反応機構

アンモニア合成反応は

$$N_2 + 3H_2 \longrightarrow 2NH_3 \qquad \Delta H^0 = -46 \text{ kJ·mol}^{-1}_{NH_3} \qquad (3\text{-}30)$$

で示されるように発熱であり，分子数の減少する反応である．したがって，平衡論的には低温高圧が有利である（図3-14）．アンモニアが合成されるためには窒素を活性化し，さらに水素化してアンモニアとする素反応が必要である．したがって，より低温でこれらの機能を発揮する触媒が効果的である．アンモニア合成に触媒活性を示す物質は，還元された金属であり，具体的には3A～7A族と8族の一部の元素である．このうちOs, Fe, Mo, U, Ce, Reなどの元素が高い活性を示す．

現行の工業触媒は，Mittaschらが見い出した鉄を活性成分とする二重促進鉄触媒が原型となっており，場合によって，酸化カルシウム，酸化マグネシウム，シリカ等の添加物が加えられる．二重促進鉄触媒はマグネタイト（Fe_3O_4）にアルミナを0.6～2%，酸化カリウムを0.3～1.5%程度加え，1500～1600℃で固溶させて調製される．

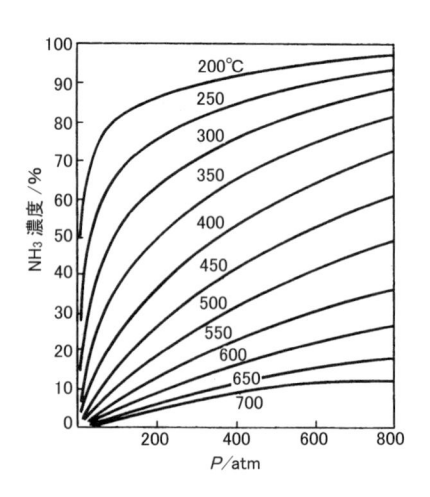

図3-14　$N_2 + 3H_2$中の平衡アンモニア濃度の温度，圧力依存性
(A. Vancini, "Synthesis of Ammonia" (D. J. Borgars ed.), MacMillan Press (1961) p.28.)

実際の使用に際しては触媒の活性化，すなわち還元が重要である．還元は窒素と水素の1:3の混合ガス気流中260〜400℃で行ない，マグネタイトを活性成分である金属鉄に変える．添加剤として加えられているアルミナは，この還元過程において金属鉄がシンタリングして比表面積が低下するのを防止する作用をしており，構造促進剤とよばれている．アルミナの添加は少量で十分であり，多量に加えても触媒性能は向上しない．一方，酸化カリウムは触媒の作用状態では鉄表面に偏析しており，鉄表面原子当たりの活性を増加させる役割を果たしている．このような意味から，酸化カリウムは化学的促進剤とよばれている．カリウムの促進効果は鉄系触媒に限られたものではない．例えば最近，単独では低活性なルテニウムにカリウムを添加すると，常圧では鉄系触媒より高活性であることなどが報告されている．

窒素からのアンモニア合成は本質的に窒素分子の解離を含んでいる．窒素分子は二原子分子中で最大の結合エネルギー（941 kJ mol^{-1}）を有しており，鉄系触媒ではこの窒素の解離吸着が律速段階となる．アンモニア合成の反応経路は以下のように考えられている．

$$N_2 + 2\,\sigma \longrightarrow 2\,N\cdot\sigma \tag{3-31}$$

$$H_2 + 2\,\sigma \longrightarrow 2\,H\cdot\sigma \tag{3-32}$$

$$N\cdot\sigma + H\cdot\sigma \longrightarrow NH\cdot\sigma + \sigma \tag{3-33}$$

$$NH\cdot\sigma + H\cdot\sigma \longrightarrow NH_2\cdot\sigma + \sigma \tag{3-34}$$

$$NH_2\cdot\sigma + H\cdot\sigma \longrightarrow NH_3\cdot\sigma + \sigma \tag{3-35}$$

ここで，σは活性点を示しており，式（3-31）〜（3-35）は窒素と水素が活性点上に解離吸着され，原子状の窒素が逐次的に水素化される過程を表している．

(2) 工業プロセス

現在一般的に用いられているKellogg法の工程図を図3-15に示す．この方法は，水素源として天然ガスの水蒸気改質により生成した水素を用いている．プロセスは大別して原料ガスの製造，精製，アンモニア合成の3つの工程よりなっている．

天然ガスは下流プロセスの触媒毒となる硫黄や塩素化合物を含んでいるので，まず脱硫器によりこれらを除去する．つづいて1次改質炉で水蒸気改質，2次改質炉で空気による部分酸化を行ない，窒素，水素，一酸化炭素，水蒸気の混合ガスとする．一酸化炭素は微量でも触媒毒となるのでCO転化反応で除去し，残った微量の一酸化炭素はメタン化反応で除去する．$N_2/H_2 = 1/3$のモル比のガスをアンモニア合成塔に送って反応温度400℃，反応圧150〜300 atmで循環反応器によりアンモニアが合成される．

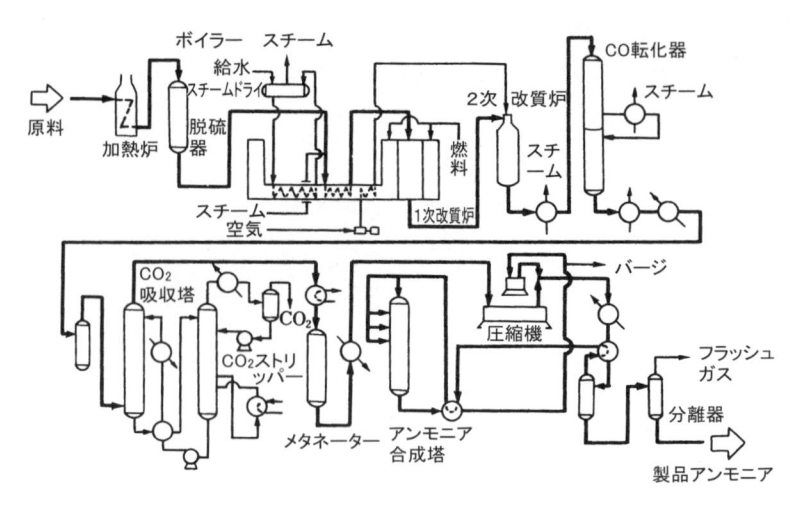

図 3-15　Kellogg 法アンモニア合成プロセス
(M. W. Kellogg Co., *Hydrocarbon Processing*, **60**(11), 131(1981))

3.6.2　硝酸の製造

1908 年に Ostwald が，白金箔を触媒としてアンモニアを酸化して二酸化窒素を得ている．これをもとに，白金を触媒とする硝酸製造プロセスが工業化された．商品としての硝酸には 50～68 wt% の希硝酸と 98 wt% の濃硝酸がある．硝酸の用途は諸外国では肥料原料が主体であるが，わが国ではその比重は小さく，染料その他の化学原料としての需要が多い．希硝酸の製造プロセスはほぼ完成された技術であるが，濃硝酸製造には希硝酸を濃縮する方法と，直接法があり，後者は現在も開発が続けられている．いずれの場合にもアンモニアの接触酸化を行なって酸化窒素を得る．

(1) 触媒と反応機構

硝酸製造は次に示す一連の反応を経て行われる．

$$4\,NH_3 + 5\,O_2 \longrightarrow 4\,NO + 6\,H_2O \quad \Delta H^0 = -906\,\text{kJ} \quad (3\text{-}36)$$

$$NO + 1/2\,O_2 \longrightarrow NO_2 \quad \Delta H^0 = -56.5\,\text{kJ} \quad (3\text{-}37)$$

$$4\,NO_2 + O_2 + 2\,H_2O \longrightarrow 4\,HNO_3 \quad \Delta H^0 = -185\,\text{kJ} \quad (3\text{-}38)$$

式 (3-36) が接触反応であるアンモニアの空気酸化を表わしている．この反応は大きな発熱を伴う反応であり，高温 (700℃以上) においても平衡は著しく生成系に偏っているので，アンモニアをほぼ完全に酸化できる．ただし，副反応としての次の分解反応が起きるので，反応条件などに注意する必要がある．

$$4\,NH_3 + 3\,O_2 \longrightarrow 2\,N_2 + 6\,H_2O \quad \Delta H^0 = -1268\,\text{kJ} \quad (3\text{-}39)$$

式 (3-36) により生成した NO はさらに式 (3-37) により NO_2 に酸化される．この反応は，式 (3-36) と同じ反応温度で行なうと平衡的に不利に

アンモニア合成用の新しい触媒

アンモニア合成反応用の鉄触媒は高校の教科書にも紹介される代表的固体触媒であるが，この触媒が第2世代へと代わろうとしている．話は1972年，Fe触媒より高活性なRu触媒が東京工業大学の尾崎，秋鹿両教授によって発見されたことから始まる．その後Fe触媒に代わる触媒系として工業化への努力が続けられたが，大きな欠点を持つことも明らかになった．Fe触媒とRu触媒では，合成反応の速度 (R) に対するNH_3やN_2，H_2の圧力依存性が大きく相違した．

$$R = kP_{N_2} \cdot (P_{N_2*}^{-0.5}) = kP_{N_2}\{P_{H_2}^3/P_{NH_3}^2\}^{0.5} \cdots\cdots\text{Fe触媒}$$
$$R = kP_{N_2} \cdot (P_{H_2}^{-0.5}) \cdots\cdots\cdots\cdots\cdots\cdots\cdots\cdots\text{Ru触媒}$$

アンモニア合成反応の重要なステップはN_2分子のN原子への解離吸着であるが，上記の速度式は，Fe触媒ではこのステップが生成したアンモニアにより妨げられ（NH_3による反応阻害），一方Ru触媒では水素分子から解離した水素原子により妨げられること（水素被毒）を示していた．したがって，Ru触媒ではいくら水素圧を上げても活性の向上が見られないことになる．

しかし，このようなRu触媒の不利な条件を有利な条件に転じたアンモニア合成反応プロセスが近年発表された．低圧水素でのアンモニア合成である．第1は鉄触媒の合成反応塔の後に第2反応器としてRu触媒の反応塔を設置する方法で，反応転化率をさらに伸ばすのが目的である．第2は合成反応の前段階である水素製造工程に関わる．水素は一般に炭化水素の水蒸気改質，部分酸化さらに，一酸化炭素シフト反応の3つの反応で製造される（3.3.1参照）．水蒸気改質は大きな吸熱を伴う反応で，エネルギーコストがかかる．一方，部分酸化は発熱反応である．提案されたのは2番目の部分酸化の割合を増やし，この反応熱で1番目の水蒸気改質の吸熱を補おうとする方法である．水蒸気改質の割合が下がるのでH_2/N_2比は小さくなるが，Ru触媒にはむしろ好都合であり，エネルギーコストを大幅に下げることができる．1992年後半よりカナダで稼働したプラントは第1の方法とされているが，第2の方法の建設も検討されている．

Ru触媒はFe触媒に比べ高活性であり，またその性能は担体や添加物により著しく影響をうけることが特徴であるため，より高性能な触媒を目指し研究が活発に始まっている．水素被毒の問題についても表面科学的検討が始まり，Ru（0001）表面上のN_2の解離吸着付着係数（付着確率）が極端に小さいことなどが明らかとなってきた．このように，アンモニア合成用Ru触媒は環境負荷の小さい触媒として注目されている．

なるので600℃以下で行なわれる．NO_2を式（3-38）のように水に吸収させると硝酸が得られる：

アンモニアの空気酸化反応の触媒としては，Pt, Fe_2O_3-Bi_2O_3系，CuO-MnO_2系などが検討されたが，Ptが最も高活性である．Pt触媒を用いた場合，反応は550℃付近より始まり，650〜850℃で最も効率的に進行する．反応がこのような高温で行なわれるために，Ptが蒸発，消耗するという欠点があり，実際にはRhを5〜10%加えた合金として用いられる．高融点のRhはPtが蒸発するのを防ぐほか，活性を増大させ反応温度を低くするので有効である．

式（3-36）は非常に速い反応のため，反応機構の詳細は明らかにされて

いないが，Ptは酸素を活性化する役割を果たしていると考えられている．

(2) 工業プロセス

一般的なアンモニア酸化器を図3-16に示す．アンモニアは空気中に10～11 vol%混合されて酸化器上部より導入される．触媒にはPt-Rhのネットが用いられる．ヒ素，硫黄，リン，炭化水素などは触媒毒となるので，空気中の不純分，送風機からの油分を除去しなければならない．

酸化圧力はプラントの規模，コストなどにより選択される．一般に，加圧酸化では酸化収率が減少したり，白金ロスが多く触媒寿命が短いことなどが欠点となるが，圧をかけることにより処理量が増大し，設備がコンパクトにできる長所があり，大規模プラントに向いている．触媒層下方のボイラーは酸加熱の回収用に設備してあり，スチームの発生および排ガスの予熱に利用される．

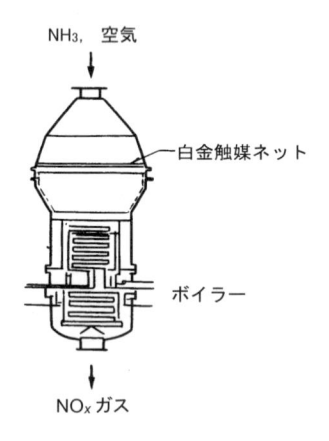

図3-16　アンモニア酸化器

3.6.3　硫酸の製造

硫酸は二酸化硫黄（SO_2）を空気酸化して三酸化硫黄（SO_3）とし，これを水に吸収させて製造される．SO_2の酸化反応は18世紀半ばに工業化され近代化学工業の先駆となったが，現在でも研究開発が活発に続けられている特異な反応である．当初は，鉛室法や塔式法に代表されるように，気体触媒として酸化窒素を用いる方法が採用されたが，得られる硫酸の濃度が80%程度であるため，現在ではV-K系の固体触媒を用いる接触法に全て置き換わっている．

(1) 触媒と反応機構

SO_2の酸化反応は次式で表わされる．

$$SO_2 + 1/2\,O_2 \longrightarrow SO_3 \tag{3-40}$$

この反応は発熱反応であり，427℃において98.6 kJである．反応は低温，

高圧で O_2/SO_2 比が大きいほうが有利である.

SO_2 の酸化では，酸素，SO_2，SO_3 などが存在するので，反応中にこれらと安定な酸化物や硫酸塩を生成するものは触媒にならない．金属としては Pt が唯一の高活性な触媒であり，当初開発された接触法プロセスでは実際に触媒として Pt が用いられていた．しかし，Pt は高価であるために他の気体触媒プロセスを凌ぐまでには至らなかった．接触法が一般的に行なわれるようになったのは，20 世紀初頭に酸化バナジウムを主体とする触媒が開発されてからである．酸化物としては他に酸化鉄，酸化クロムが活性であるが，いずれも酸化バナジウムほどではない．

工業的に使用される SO_2 酸化用触媒を表 3-4 に示す．いずれも主成分として酸化バナジウムが含まれており，助触媒としてカリウム塩が添加され，担体にはケイソウ土，シリカなどが用いられている．反応条件下（430℃以上）では担体上のバナジウム化合物が溶融状態となっており，いわば"固体担持液相触媒"として作用している．これは助触媒であるカリウムの添加によりバナジウム化合物の融点が下がるためである．

表 3-4 SO_2 酸化用 V_2O_5 触媒

種類	組成，製法，性能
Slama-Wolf 触媒	ケイソウ土（316 部）にメタバナジン酸アンモニウム（50 部），カセイカリ（56 部）を加え，成型．SO_2 を含む空気中 480℃で焼く．カセイカリは一部はケイ酸カリ，他は K_2SO_4，$K_2S_2O_7$ になる．
Monsanto 触媒	V_2O_5ーゼオライト メタバナジン酸アンモニウム，カセイカリ溶液共存の状態で，ケイ酸カリを塩酸で中和沈殿させたシリカゲル，これにステアリン酸を少量加え成型後，SO_2 を含む空気中で焼く（500℃）．
Selden 触媒	ケイソウ土にケイ酸カリ水溶液を加えたものに，カセイカリとアルミナからつくったアルミン酸カリを混合してゼオライト化したケイソウ土上に，メタバナジン酸アンモニウム，アルミン酸カリ，カセイカリより成る複合物を付着させ，成型後 SO_2 約 1%を含む空気中で焼成する．
K. F. I. 触媒	V_2O_5 とカセイソーダの水溶液をセライト，ケイソウ土，K_2SO_4 ならびにトラガカントゴムの混合物に加え，混合物を H_2SO_4 で中和，乾燥，成型後焼成
標準組成	V_2O_5 7%，K_2O 10%，他 SiO_2 など 7% SO_2 原料ガスで，流速 30 mL/min mL，入口温度 450℃の条件で反応率 96～98%（最高 590℃）

(J. K. Dixon, "Catalysis" VII (Edited by P. H. Emmett, Reinhold Publ.) (1960) p.325)

反応は SO_2 によって V^{5+} の一部が還元されて V^{4+} となり，酸素により再酸化されるというサイクルで進行していると考えられているが，V^{4+} がどのような化学種を形成しているかについては明らかにされていない．

(2) 工業プロセス

SO_2 の酸化反応は平衡反応であり，一段の反応では SO_2 を完全に SO_3 に転化することができず，転化率は 98%程度である．未反応の SO_2 を排出

することは公害対策上問題となるので，二重吸収接触法とよばれる方法が採用されている．これはSO_3の吸収塔を出たあとのSO_2を再接触酸化する方法であり，99.5％以上の転化率が得られる．つまり，反応が平衡近くまで進行した後に，生成系からSO_3を取り除くことにより，さらに転化率を向上させる．従来のプロセスでは，パイライト（黄鉄鋼）などの硫化物を焙焼して原料ガスを得ていたので，SO_2の濃度は7～10％であった．しかし最近では原料のSO_2源が多様化しており，廃硫酸の分解ガス，排煙脱硫装置から得られる100％のSO_2ガスなどが用いられるようになり，これに対応して高濃度SO_2の酸化プロセスの開発や高圧化，流動床の利用などが指向されている．また触媒性能としても，これまではV-K系では430℃以上の反応温度が必要であるが，より低温（380℃以下）でも高い活性を示す触媒の開発が行なわれている．

3.7　天然ガスの利用

現代は石油の時代と言われ，エネルギーや化学原料として，石油は世界中で大きな割合を占めている．国際エネルギー機関（IEA）によると一次エネルギーに占める石油の割合は2004年で35.1％であり，2030年でも32.6％と予測されている．とくに，航空機や自動車などの輸送機関用燃料としては代替しがたいと考えられている．また，有機化学工業原料としては，化学構造上石油よりも適した資源は見当たらない．しかし，将来石油資源の有限性が認識され，石油の相対的な価格が上昇してきた場合，石油以外の炭素資源を利用するプロセスの開発が重要課題となる可能性はある．直近では石油代替炭素資源として最も有望なのはシェールガスとして注目されている天然ガスである．

天然ガス（主成分はメタン）は，これまでは水素や合成ガスの原料として利用されてきたが，C_1化学プロセスの原料としても重要であり，また酸化カップリング*などの方法で直接利用することも試みられている．

$$CH_4 \xrightarrow{O_2} [\cdot CH_3] \longrightarrow C_2H_6 \xrightarrow{O_2} C_2H_4$$
$$\phantom{CH_4 \xrightarrow{O_2} [\cdot CH_3]} \xrightarrow{O_2} HCHO$$

C_1化学プロセスとは，天然ガスを部分酸化や水蒸気改質により得られる合成ガスを経由して，炭化水素燃料やケミカルズを合成するプロセスである．合成ガスの原料には天然ガスに限らず石炭なども利用できるので，基本的にはあらゆる炭素資源が利用可能である．C_1化学の体系を図3-17に示した．非常に多種類の燃料やケミカルズを合成する経路があることが

＊　Siluria社は，メタンの酸化的カップリング用に，酸化物ナノワイヤー（Mg, Naを添加したLa_2O_3）触媒を開発し，1年間の試験運転を2016年に終え，工業化に向けて準備中である．触媒はファージ（バクテリア）の殻形状を鋳型に用いて調製された．

シェールガスとメタンハイドレート

天然ガスが採掘されていた従来型ガス田よりもさらに深い地下 4000 m 程度のところに存在する岩盤（頁岩，シェール）中に埋蔵されている天然ガスをシェールガスとよぶ．これまで商業的に採掘することが不可能だったが，近年水平掘削法と水圧破砕法の技術の進歩により効率よく採掘できるようになった．埋蔵量も可採年数で 200 年近くが見込まれている．米国，カナダ，中国など世界各地に存在する．日本にはシェールガス資源の埋蔵は確認されていないが，日本近海には，水の結晶に包蔵されたメタンハイドレートとよばれる天然ガス資源が存在している．まだ商業的な採掘は可能となっていない．

バイオマス

バイオマスとは，ある一定量集積した動・植物資源ならびにこれらを起源とする廃棄物の総称．光合成により太陽エネルギーを直接・間接的に蓄積した物体であり，光，水，二酸化炭素で再生可能である．例として，木材，サトウキビ，汚泥，都市ごみ，有機性産業廃棄物があげられる．バイオマスは石油や天然ガスなどの化石資源とは異なり，非枯渇性（再生可能）という大きな特徴をもっている．バイオマス資源は全面的に石油にとって替わる炭素資源とは考えにくいが，補完的あるいは局地的な代替炭素資源としてはその役割を果たすと考えられる．主に研究されているのは木質系バイオマスである．その主な成分はセルロースやヘミセルロースなので，酸素の含有率が高いため，脱酸素が必要となる．また，いったんガス化してから後述する C_1 化学により利用する方法もある．

わかる．メタノールは CO の水素化により選択的に合成できるし，常温・常圧下で液体であり，輸送・貯蔵に便利なため，合成ガスの輸送形態ともなる化合物である．

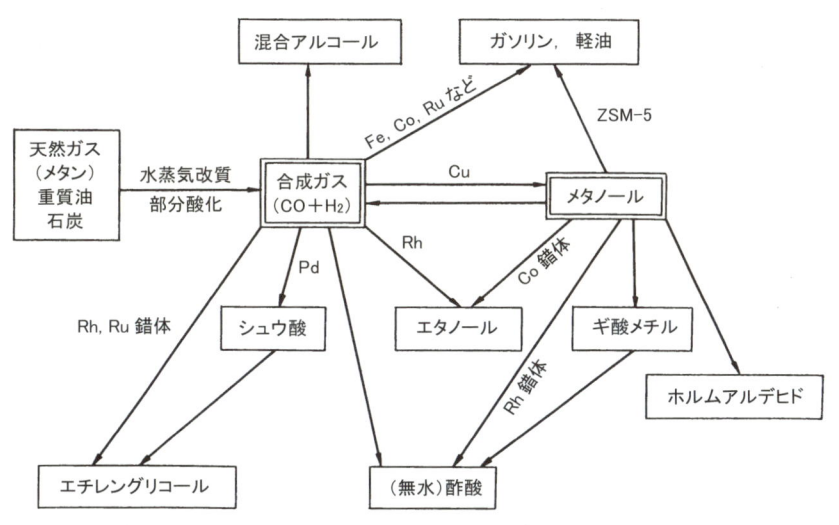

図 3-17 C_1 化学の体系と触媒

いくつかの合成反応に関して標準自由エネルギー変化（ΔG^0）と温度との関係を図 3-18 に示した．いずれの反応も低温ほど平衡論的には有利

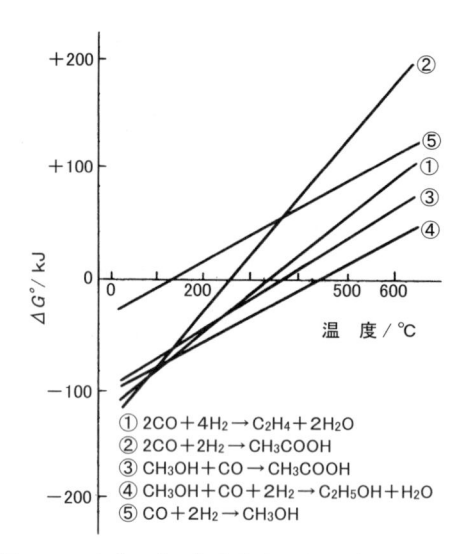

図 3-18 合成反応の標準自由エネルギー変化の例

① $2CO + 4H_2 \rightarrow C_2H_4 + 2H_2O$
② $2CO + 2H_2 \rightarrow CH_3COOH$
③ $CH_3OH + CO \rightarrow CH_3COOH$
④ $CH_3OH + CO + 2H_2 \rightarrow C_2H_5OH + H_2O$
⑤ $CO + 2H_2 \rightarrow CH_3OH$

であることがわかる．C_1 化学の反応は，一般に分子数が減少する反応であるから高圧ほど有利となる．また①〜⑤の反応はいずれも可能であるため C_1 化学では，特定の化合物を合成するためには低温活性で選択性の高い触媒の開発が目標となる．実際に，特定な生成物を与える選択性の高い触媒がいくつか開発されている．メタノール合成における Cu 系触媒の開発の例は，2.1 で述べたとおりである．

3.7.1 フィッシャー・トロプシュ合成

1923 年 Fischer と Tropsch により初めて報告された，CO と H_2 から主に炭化水素を合成する反応で，頭文字をとって FT 合成*ともいわれる．触媒の種類，その使用される条件によって CO の水素化反応で得られる主生成

* 日本では，1930 年代後半からドイツを参考に，大牟田，滝川（北海道），満州，尼崎の各地で，FT 合成（当時人造石油と呼ばれた）工場が建設された．合成ガスは石炭を高温で蒸し焼きにして得た．そうした技術は戦後も継承され，日本の石油化学工業の発展に寄与した．当時の FT 合成の研究・開発の関連資料は，京都大学化学研究所ならびに滝川市郷土館に保管されており，国立科学博物館により，2021 年重要科学技術史資料（未来技術遺産）に登録された．

図 3-19 FT 合成における反応条件，触媒元素および主生成物
（藤元 薫，『触媒講座 9 巻』（触媒学会編），講談社サイエンティフィク（1985）p.84）

物の分子量や構造は異なる．これを温度 - 圧力線図で示すと図 3-19 のようになる．

　FT 合成の最も代表的な触媒は Fe, Co, Ru である．これらの触媒上での主生成物は直鎖の脂肪族炭化水素である．したがってオクタン価は低いが，ディーゼル燃料に要求される着火性の指標であるセタン価は高い．

　FT 合成の総括反応式は

$$n\mathrm{CO} + 2n\mathrm{H}_2 \longrightarrow -(\mathrm{CH}_2)_n- + n\mathrm{H}_2\mathrm{O} \qquad (3\text{-}41)$$

で表わされる．一次生成物はα-オレフィンである．この反応には，いくつかの反応機構が提案されている．基本的には，CH_x などの C_1 単位が付加重合する反応とみなすことができる．

$$\begin{array}{ccccc} \mathrm{CH}_4 & & \mathrm{C}_2(\mathrm{p}) & & \mathrm{C}_n(\mathrm{p}) \\ k_t \nearrow & & k_t \nearrow & & k_t \nearrow \\ \mathrm{CO} \longrightarrow \mathrm{C}_1(\mathrm{a}) \xrightarrow{k_p} \mathrm{C}_2(\mathrm{a}) \longrightarrow \cdots\cdots \longrightarrow \mathrm{C}_n(\mathrm{a}) \xrightarrow{k_p} \end{array} \qquad (3\text{-}42)$$

ここで，$\mathrm{C}_n(\mathrm{a})$，$\mathrm{C}_n(\mathrm{p})$ は各々炭素数 n の吸着種および生成物を示し，k_t, k_p はそれぞれ連鎖停止反応および連鎖成長反応の速度定数である．

　FT 合成は重合反応なので Schulz-Flory 分布則に従う生成物分布を示す．

$$W_n = n\alpha^{n-1}(1-\alpha)^2 \qquad (3\text{-}43)$$

ここで，W_n は炭素数 n の炭化水素の重量分率，α は $k_p/(k_p + k_t)$ で，連鎖成長確率を表わす．これまでに報告された FT 合成の生成物は，ほとんどの場合この分布則に従う．この分布に従う場合，各炭化水素の生成する選択率は α の値により決定される．図 3-20 にこの関係を示したが，目的生成物の理論最大収率が決まっているので，Schulz-Flory 分布の生成物を

炭素数 n の炭化水素のモル分率 M_n は，連鎖成長確率 α の $(n-1)$ 乗と連鎖停止確率 $(1-\alpha)$ の積で表せ
$$M_n = (1-\alpha)\alpha^{n-1}$$
ここで，平均重合度は以下に定義される．
$$D = 1/(1-\alpha)$$
重量分率 W_n はモル分率 M_n に炭素数 n を乗じ，平均重合度 D で割って得られる．
$$W_n = \frac{nM_n}{D} = n(1-\alpha)^2\alpha^{n-1}$$

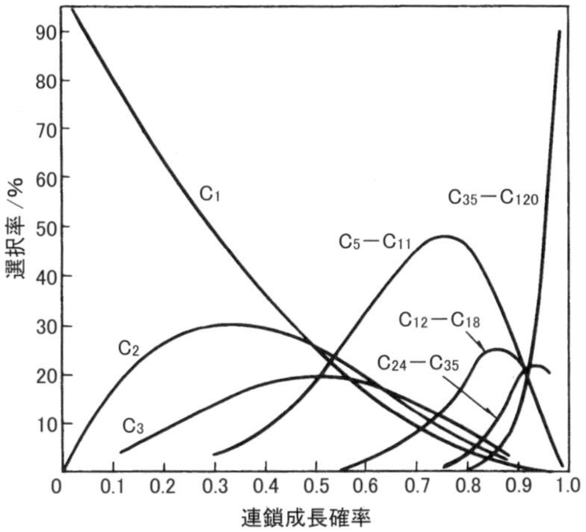

図 3-20　Schulz-Flory 分布から求められる各生成物の収率と炭素鎖成長確率との関係
（M. E. Dry, "Catalysis-Science and Technology"（ed. J. R. Anderson and M. Boudart），Vol. 1, Springer-Verlag, 1981, p.159.）

与える触媒では，特定の炭化水素を選択的に合成することはできない．そこで非 Schulz-Flory 分布の生成物を合成する触媒の開発が望まれている．

3.7.2　MTG および MTO 反応

ゼオライトを触媒として，メタノールを反応させると炭化水素が生成する．この反応に Mobil 社の発明した ZSM-5 型ゼオライトを使用すると，その細孔により生成物分布が制御され，炭素数 11 以上の炭化水素が生成しないのでガソリン留分が高収率で得られる．しかも芳香族の含有率が大きいため高いオクタン価を示す．そこで，このプロセスを開発した Mobil 社は MTG（methanol to gasoline）法と命名した．

メタノールの炭化水素への転化反応はゼオライトの酸点が活性点として働き，次のような反応経路で進行すると考えられている．近年この反応で，メタノールからプロピレンなど有用な石油化学原料であるオレフィンを合成するプロセスも開発されている．MTO（methanol to olefin）反応*とよばれている．

$$CH_3OH \rightleftarrows CH_3OCH_3 \longrightarrow C_2 \sim C_5 \text{オレフィン}$$
$$\longrightarrow \text{パラフィン，芳香族，} C_6^+ \text{オレフィン} \qquad (3\text{-}44)$$

メタノールの転化反応の生成物分布は表 3-5 に示したように，ゼオライトの細孔構造（1 章参照）の影響を強く受ける．細孔径の小さいエリオナイトでは低分子量の脂肪族炭化水素が生成する．これに対して，大きな細孔径のモルデナイトでは生成物分布が高分子量側へ移行する．ZSM-5 は図 3-21 に模式的に示したような細孔構造を有している．まっすぐな細孔

* UOP 社は，ゼオライト様化合物であるシリコアルミノホスフェート SAPO-34 を触媒とする MTO 反応により，エチレンとプロピレンを約 1:1 でつくる方法を開発した．この方法に基づいたプラントが中国で多数稼働している．

表 3-5　各種のゼオライトによるメタノールの炭化水素への転化（370℃, 1 atm, LHSV = 1）

	炭化水素分布 /wt%		
	エリオナイト	ZSM-5	モルデナイト
脂肪族 C_1	5.5	0.1	4.5
C_2	0.4	0.6	0.3
$C_2^=$	36.3	0.5	11.0
C_3	1.8	16.2	5.9
$C_3^=$	39.1	1.0	15.7
C_4	5.7	24.2	13.8
$C_4^=$	9.0	1.3	9.8
C_5^+	2.2	14.0	18.6
芳香族 A_6	—	1.7	0.4
A_7	—	10.5	0.9
A_8	—	18.0	1.0
A_9	—	7.5	1.0
A_{10}	—	3.3	2.0
A_{11}^+	—	0.2	15.1

とジグザグな細孔とが交差している 3 次元的な構造で，細孔の大きさは酸素の 10 員環により規定されている．エリオナイトの細孔の入口は酸素の 8 員環，モルデナイトでは 12 員環なので，ZSM-5 の細孔はその中間の大きさとなる．このため ZSM-5 では，$C_5 \sim C_{10}$ の脂肪族，芳香族炭化水素が主に生成する．このように触媒の細孔構造により規制される選択性を形状選択性という．

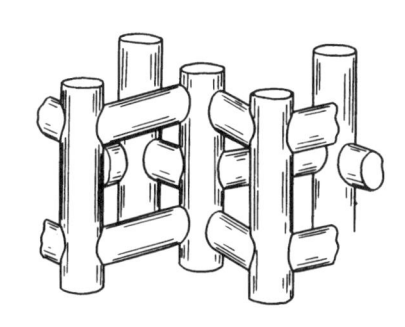

図 3-21　ZSM-5 の細孔構造模型
(G. T. Kokotailo, S. L. Lawton, D. H. Olson, *Nature*, 272, 437 (1978))

3.7.3　ケミカルズの合成

C_1 化学では，有機含酸素化合物が合成される．含酸素化合物の合成では，FT 合成とは異なり，C-O 結合非解離の素反応が必要である．例えばメタノール合成に必要な反応は，C-O 結合を保ちながら C-H 結合および O-H 結合を生成することである．しかも C_2 以上の含酸素化合物では，これに加えて C-O 結合の解離と C-C 結合の生成が必要となる．すなわち C-O 解離と非解離の素反応が 1 つの反応に含まれなければならない．したがって，高機能な触媒が要求される．

例えば図 3-22 をみてみよう．C_2 の含酸素化合物の生成には，この図に示されるように CO の活性化，解離，脱水，CO 挿入，水素化などの要素反応が含まれている．1 つの生成物の生成にも多くの素反応の組合わせが必要なため，反応は複雑である．したがって選択的に特定な化合物を合成するのは極めて困難で，高い選択性をもつ触媒を開発することが重要となる．触媒活性や選択性は，触媒の微妙な変化，反応条件に対して敏感である．各要素反応をコントロールする因子を明らかにし，最適な触媒を設計することは困難な課題であるが，解決されれば新しい触媒化学の分野が拓けてくる．

固体触媒として Rh が優れているが，活性や選択性は担体の種類を変えたり，少量の助触媒を添加することで著しく変化する．Rh/SiO_2 に Fe 塩を少量添加した触媒あるいは ZrO_2 や La_2O_3 などの金属酸化物を担体とし

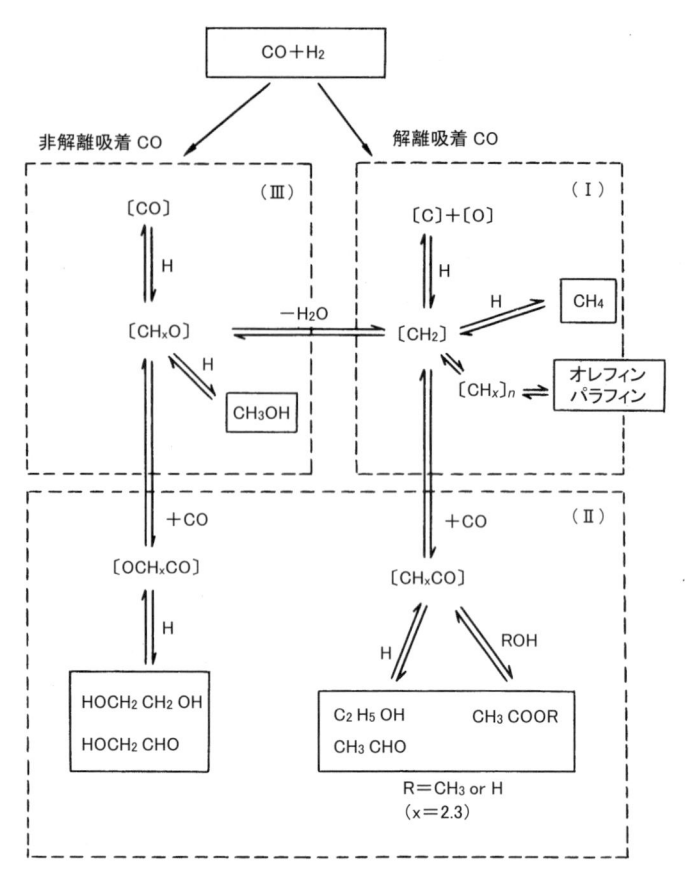

図 3-22 CO 水素化反応の経路
(市川 勝, 表面, 19(10), 555(1981))

た触媒はエタノールを高い選択率で生成する.

　COの水素化における生成物と, CO吸着種との間には密接な関係がある. 代表的なFT合成用触媒であるRu, Fe, Co, Ni 上ではCOは解離吸着し, 主に炭化水素が生成する. 一方, Pt, Pd, Ir 上ではCOは非解離吸着し, メタノールが生成する. Rh はこれらの中間の性質をもっており, C_2含酸素化合物を合成する特異的な性質をもつことが知られている.

　均一系触媒では, COの水素化に活性な触媒はなかったが, 1980年代にUCC社はCOとH_2とからエチレングリコールが合成できるRhクラスター化合物を開発し注目されている.

4章 石油化学工業の概要

　石油化学工業は，原油を起源とする主にオレフィン類（エチレン，プロピレン，ブテン，ブタジエン），芳香族化合物（ベンゼン，トルエン，キシレン）および，水素と一酸化炭素を原料とし，化学的に変換し有用な化学品を生産する基幹有機化学工業である．石油精製プロセスで生産される石化用ナフサ（軽質ナフサ）を原料とし，オレフィン，芳香族，水素，一酸化炭素を製造するプロセス以降を石油化学工業プロセスと呼ぶ．

　オレフィン類，芳香族は，主にナフサの熱分解により生産される．特に，エチレンは酸触媒によるクラッキングでは生成しにくいので，熱分解による生産割合が大きい．プロピレン，ブテン，ブタジエンは，熱分解のほか，精製プロセスの接触分解（FCC）から，芳香族は接触改質プロセスからも生産される．水素と一酸化炭素は，ナフサの水蒸気改質で生産される．ただし，米国など天然ガスの豊富な国では，メタンの水蒸気改質で生産される割合が大きい．

　これらの炭化水素類は，他の炭化水素類に変換し，あるいはヘテロ原子の導入で官能基を付加し，以降の2次的，3次的な化学反応に供される．炭化水素の変換には，異性化，アルキル化，脱アルキル化，環化，開環，オリゴメリゼーション，メタセシス，トランスアルキル化，水素化などの反応を用い，酸素の導入には，酸化，水和，ヒドロホルミル化，カルボキシル化，窒素の導入には，アンモ酸化，アミノ化，ヒドロシアノ化，ニトロ化，塩素の導入には，塩素化，オキシ塩素化，硫黄の導入には，スルホン化が用いられる．これらの反応はすべて触媒反応であり，必要に応じて均一系，不均一系触媒反応を行う．反応生成物の多くの割合は，最終的には重合反応でプラスチック（合成樹脂，合成繊維，機能性ポリマー）に変換される．洗剤，溶剤などの化学製品をはじめ，医薬，農薬の原料にいたるまで，石油を原料として生産されている．

　図4-1に，エチレン，プロピレン，ベンゼンがどのように用いられているか，量的関係を示す．図4-2～4-4には，エチレン，プロピレンおよびベンゼンからいろいろな触媒反応を経由して導かれる化学品の系統図を示す．

ナフサ

　ナフサとは，原油を常圧蒸留して得られる分留範囲がガソリンと同じくおおよそ30～230℃の留分で，粗製ガソリン，あるいは直留ガソリンとも呼ばれている．軽質ナフサは，分留範囲30～140℃で，熱分解，水蒸気改質による石油化学原料の生産に用いられる．重質ナフサは，接触改質により芳香族化合物生成に用いられる．

エチレン製造は熱分解

　エチレンを酸触媒によるクラッキングで生成するには，末端のCに正電荷を持つカルベニウムイオン，すなわち1級のカルベニウムイオンのβ開裂によるか，β開裂により生成するC_3の1級カルベニウムイオン経由によらなければならない．しかし，1級のカルベニウムイオンは，2級，3級のカルベニウムイオンに比べ不安定なので，酸触媒反応によるエチレンの生成は遅い．国によってはエタンの脱水素などで生産されているところもあるが，日本では，主にナフサを無触媒で水蒸気とともに780～870℃に加熱する熱分解法で生産されている．

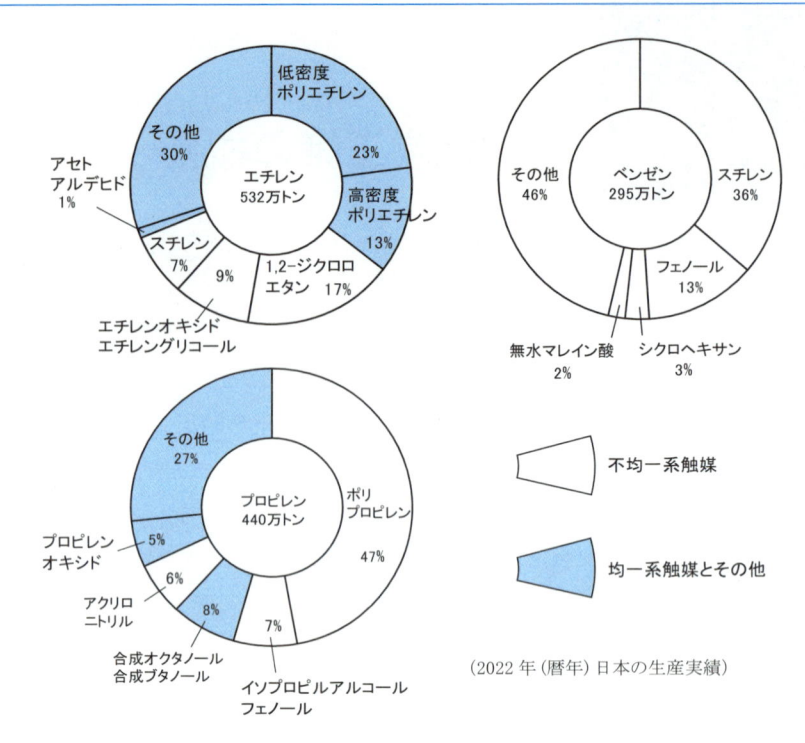

図4-1 エチレン，プロピレン，ベンゼンを原料とした化学品の製造（2022年(暦年)日本の生産実績）

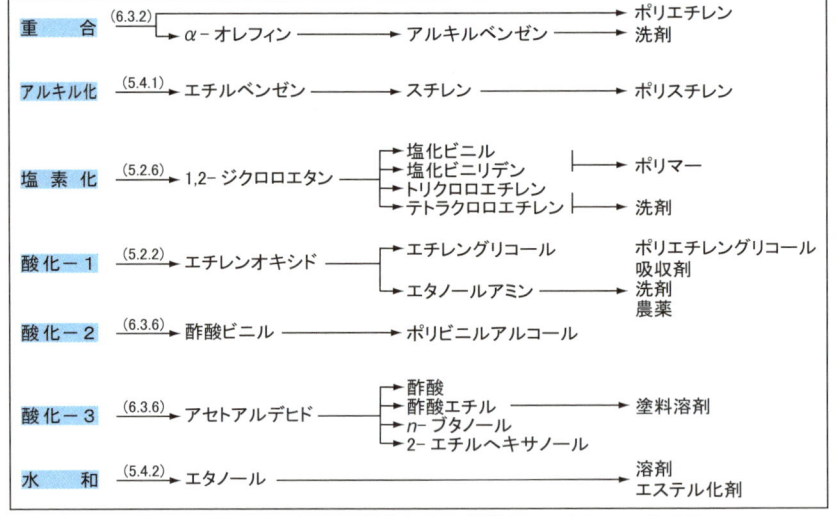

エチレン 532万トン
- 低密度ポリエチレン 23%
- 高密度ポリエチレン 13%
- 1,2-ジクロロエタン 17%
- エチレンオキシド エチレングリコール 9%
- スチレン 7%
- アセトアルデヒド 1%
- その他 30%

ベンゼン 295万トン
- スチレン 36%
- フェノール 13%
- シクロヘキサン 3%
- 無水マレイン酸 2%
- その他 46%

プロピレン 440万トン
- ポリプロピレン 47%
- イソプロピルアルコール フェノール 7%
- 合成オクタノール 合成ブタノール 8%
- アクリロニトリル 6%
- プロピレンオキシド 5%
- その他 27%

凡例：不均一系触媒／均一系触媒とその他

図4-2 エチレンから誘導される化学製品（( )内は章・節番号）

- 重合 (6.3.2) → α-オレフィン → アルキルベンゼン → ポリエチレン／洗剤
- アルキル化 (5.4.1) → エチルベンゼン → スチレン → ポリスチレン
- 塩素化 (5.2.6) → 1,2-ジクロロエタン → 塩化ビニル／塩化ビニリデン／トリクロロエチレン／テトラクロロエチレン → ポリマー／洗剤
- 酸化-1 (5.2.2) → エチレンオキシド → エチレングリコール／エタノールアミン → ポリエチレングリコール吸収剤／洗剤／農薬
- 酸化-2 (6.3.6) → 酢酸ビニル → ポリビニルアルコール
- 酸化-3 (6.3.6) → アセトアルデヒド → 酢酸／酢酸エチル／n-ブタノール／2-エチルヘキサノール → 塗料溶剤
- 水和 (5.4.2) → エタノール → 溶剤／エステル化剤

エチレン*の約半分はそのまま重合され，ポリエチレンを生産する．その他は，1,2-ジクロロエタンに塩素化し，各種塩化物を経てポリマーや洗剤を生産したり，エチレンオキシドに酸化し，エチレングリコールやエタノールアミンを経てポリマーや洗剤，農薬を生産する．触媒を変えて酸化し，酢酸ビニルやアセトアルデヒドを合成し，ポリマーや溶剤に導かれる．あるいは，ベンゼンのアルキル化剤として用い，エチルベンゼン，スチレ

---

* シェールガスに含まれるエタンを分解するとエチレンが生産される．北米では大規模なエチレンプラント建設が相次いでいる．サソール社は，ルイジアナ州にシェールガスを利用したエチレンコンプレックスを建設した．このコンプレックスはエタンクラッカーの下流に設置された6基のエチレン誘導体製造プラントから成る．2019年から2020年にかけて，エタンクラッカーを含め，直鎖低密度ポリエチレン（LLDPE），低密度ポリエチレン（LDPE），エチレンオキシド/エチレングリコール，エトキシレート，Ziegler アルコール，および Guerbet（ゲルベ）アルコールの各製造プラントが商業運転を開始した．

ンを経てポリスチレンを生産する.

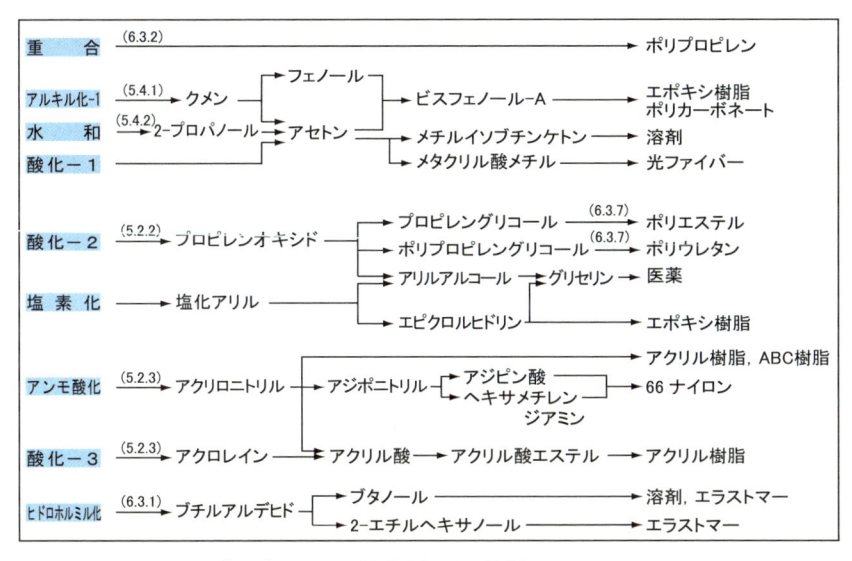

図 4-3 プロピレンから誘導される化学製品 (( )内は章・節番号)

プロピレンもその半分はそのまま重合され,ポリプロピレンとなる.最近は,プロピレンの需要が拡大している.エチレンと同じように,適切な酸化触媒を目的生成物に応じて選択し,アセトン,プロピレンオキシド,アクロレインやアクリロニトリルを生成し,光ファイバーやアクリル樹脂などのポリマーを生産する.ヒドロホルミル化すると炭素数が増えたアルデヒドを生成し,最終的に溶剤や弾力性を有するポリマー(エラストマー)に導かれる.

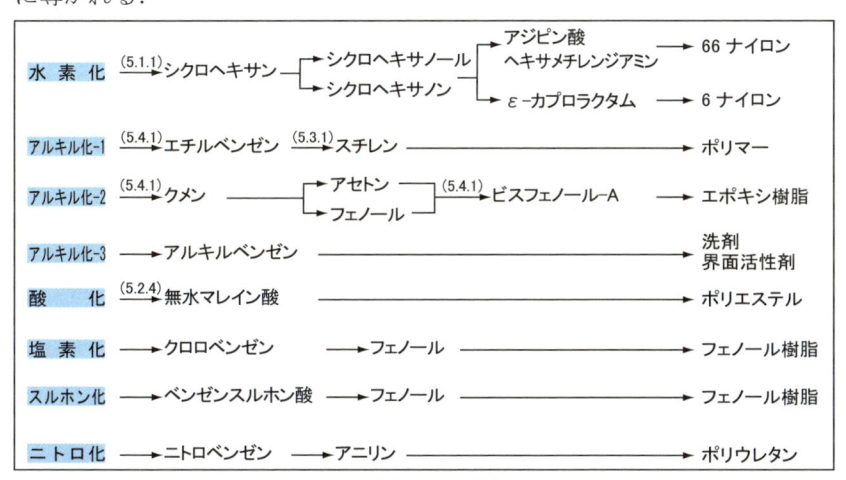

図 4-4 ベンゼンから誘導される化学製品 (( )内は章・節番号)

ベンゼンもほとんどが最終的にポリマーとなる.なかでも,アルキル化と脱水素を経てスチレンを合成し,ポリスチレンに変換される割合が高い.

水素化によりシクロヘキサンとし，アジピン酸，ヘキサメチレンジアミンを経て66ナイロン，ベックマン転位でε-カプロラクタムを生成する過程を経て6ナイロンを生成する．エチレンやプロピレンでアルキル化し，エチルベンゼンやクメンを生成し，ポリマーを生産する．その他，酸化，塩素化，スルホン化やニトロ化を経て，いずれも最終的にはエンジニアリングプラスチックに導かれる．

　ベンゼン以外の芳香族，トルエンとキシレンも多量に生産され，利用されている．特にトルエンは，ベンゼンより多く生産されている．トルエンの1/3程度はそのまま溶剤（シンナー）として使用されている．その他，トリレンジイソシアナートを経由し，ウレタンフォームを生産したり，m-, p-クレゾール生産に用いられている．また，不均化し，ベンゼン，キシレンを製造する原料に用いられている．キシレンは3つの異性体のうちo-キシレンから無水フタール酸を，p-キシレンからテレフタル酸を合成し，それぞれ可塑剤，ポリエステル生産に利用されている．トルエン，キシレンとも，芳香核を持つ有機化合物の原料として用いられている．

5章 化学品製造のための触媒プロセス
―不均一系固体触媒反応―

　石油化学工業では，ナフサ（粗製ガソリン）から得られるオレフィン（エチレン，プロピレン，ブテンなど）や芳香族（ベンゼン，トルエン，キシレンなど）を化学的に変換し，また必要に応じて酸素，窒素，塩素などいろいろな元素を含む化学品にも変換している．

　化学原料を望み通りの化学品に変換するには，水素化，酸化，水和，アルキル化などの化学反応を合理的に利用するが，このプロセスのほとんどが触媒反応である．本章では不均一系固体触媒を用いた重要なプロセスについて反応別に説明する．

　化学原料はナフサに限らない．天然ガス中のメタンやエタンはすでに利用されている．天然ガスと組成が似ているシェールガスも，天然ガスと同じように利用できるので大いに注目されている．木質バイオマスは，ガス化改質法で合成ガスに変換できるので化学原料の候補になる．またバイオマスを発酵法でメタン，エタノール，プロパノール，ブタノール，酢酸などに変換すれば化学原料として利用できる．これらの非ナフサ原料を化学品に変換するプロセスのほとんどが触媒反応であり，触媒化学の応用分野はますます広がっている．

5.1 水素化

　水素ガスが反応系に共存する水素化，水素化脱アルキル，水素化分解などの反応は工業的に重要である．水素化の対象となる化合物は，不飽和炭化水素，ケトン，アルデヒド，ニトリル，芳香族（フェノール類，アニリン類を含む）などである．これらの反応における触媒の主な役割は，水素分子を触媒表面上で活性な水素原子に解離させることである．

5.1.1 ベンゼンの水素化によるシクロヘキサンの製造

　シクロヘキサンは，その90%がε-カプロラクタム，10%がアジピン酸の原料として利用されている（ε-カプロラクタムの製造についてはコラム(p.74)を参照）．このシクロヘキサンは，ベンゼンを水素化することによって製造される．ベンゼンの水素化が起こっている触媒金属表面上では，ベンゼンがπ吸着，水素分子が解離吸着し，続いてベンゼン吸着種に水素原

子が段階的に付加して最終的にシクロヘキサンが生成する．

触媒としては8族金属が用いられ，その活性はRh > Ru ≫ Pt ≫ Pd ≫ Ni > Coの順である．RhやRuは高活性であるが高価なため，工業的にはPtやPdをAl$_2$O$_3$，SiO$_2$-Al$_2$O$_3$，活性炭などの担体に担持した触媒，Niを珪藻土やAl$_2$O$_3$に担持した触媒，Coに6A族，7A族の金属を添加した触媒，ラネーニッケル触媒などが用いられる．原料に含まれる硫黄分は，Ni系触媒では表面に不可逆吸着するため触媒毒となるが，貴金属系触媒では不可逆吸着した硫黄原子が水素によってH$_2$Sとして除去されるので触媒毒とならない．

反応は，170～220℃の高温，20～40 atmの加圧下で行なわれる．反応温度が225～250℃を越えると，脱水素，骨格異性化，水素化分解などの副反応が起こり，シクロヘキサンからベンゼン，メチルシクロペンタン，炭素数3～5のパラフィンが生成する．副生成物をシクロヘキサンから分離するのは困難なため，最適な触媒や反応条件（温度，接触時間，圧力）を選び，水素化の段階で副反応を制御している．その結果，現在では99.5％の純度でシクロヘキサンが得られている．

5.1.2　ベンゼンの部分水素化によるシクロヘキセンの合成

シクロヘキサノールの原料となるシクロヘキセンは，ベンゼンの部分水素化で製造される．ベンゼンの水素化は，ベンゼン→シクロヘキセン→シクロヘキサンのように逐次的に進行し，シクロヘキセン生成の段階で止める（部分水素化）ことは一般的に難しい．シクロヘキセンよりもシクロヘキサンが熱力学的に安定だからである．

ベンゼンの部分水素化プロセスは，水素（気相），ベンゼン（油相），およびRu微粒子触媒（固相）を分散させた水相から成る4相系を，全圧30～100気圧，反応温度120～180℃に保つことによって達成された．成功のポイントは，水を共存させたことにある．水に対する溶解度は，シクロヘキセンの方がベンゼンより桁違いに小さいため，水相にある触媒近傍のシクロヘキセン濃度が低く保たれ，結果的にシクロヘキセンのシクロヘキサンへの逐次水素化が抑制されるからである．

Ru微粒子触媒の活性，およびシクロヘキセンへの選択率を高めるために亜鉛化合物などを助触媒として加えたり，金属酸化物を添加してRu微粒子触媒の水相における分散性を向上させたりすることも行われる．

バッチ反応では，ベンゼン転化率50～60％，シクロヘキセン選択率80％程度（残りはシクロヘキサン）である．

ε-カプロラクタムの製法

 6ナイロンの原料であるε-カプロラクタムは，以前，フェノール→シクロヘキサノン→オキシム→ε-カプロラクタムのルートで製造されていた．この方法では，シクロヘキサノンのオキシム化にヒドロキシルアミンの硫酸塩（($NH_2OH)H_2SO_4$）を使うため，商品価値の低い硫酸アンモニウム（硫安）が大量に副生する．しかもヒドロキシルアミンをつくる過程でも硫安が生成する．したがって副生する硫安をいかにして減らすかがプロセス開発のポイントであった．

 わが国で独自の技術としては，式(5-1)によるプロセスでシクロヘキサンから製造されている．

$$\text{(5-1)}$$

 このプロセスは前段のオキシム化と後段のBeckmann転位からなる．シクロヘキサンを紫外光照射下で塩化ニトロシル（O=N-Cl）ガスと反応させると，シクロヘキサンは室温でオキシム化される．したがって原理的に硫安を副生しない．この画期的なプロセスはPNC法（photonitrosation of cyclohexane）とよばれ，東レが実用化した世界的な技術である．

 後段のBeckmann転位，すなわちオキシムからアミド（ラクタム）への異性化は硫酸中で行なわれる．

$$\text{(5-2)}$$

 オキシムを強酸中で処理してOH基を水として除去すると，OH基とトランスの位置にある基が転位して窒素で置換された炭素陽イオンとなり，次いで水と反応してアミドが生成する．ε-カプロラクタムを製品として取り出すにはアンモニアで中和する必要があるため，やはり硫安が副生する．

 硫酸を使わないBeckmann転位の技術開発は，環境負荷およびコストを低減するために重要な課題である．これに応える技術として担持ホウ酸を触媒として気相で加熱するBASF法や，鐘紡のSiO_2-Al_2O_3を触媒とする方法が開発されている．

 住友化学はBeckmann転位の触媒として，高シリカMFIゼオライトを主成分とする触媒を開発した．同社は，さらに，オキシム製造の原料としてシクロヘキサノンとアンモニアおよび過酸化水素を用いるアンモキシメーション（ammoximation）法を導入した．この方法は，イタリアのEniChemが開発した技術であり，触媒にはTS-1（MFI型チタノケイ酸ゼオライト，骨格中に4配位のTi原子を含むゼオライト）を用いている．すなわち，高シリカMFIゼオライト系触媒およびTS-1触媒の開発が，硫安副生を伴わない，シクロヘキサノンからε-カプロラクタムへの製造プロセスを可能にした（2.3参照）．

5.1.3 油脂の選択的水素化

 油脂は，炭素鎖の炭素数8〜24（16と18が大部分）や二重結合の個数が異なる種々の脂肪酸とグリセリンから生成した種々エステルの混合物である．普通1つの炭素鎖には0〜3個の二重結合が含まれている．油脂の不飽和度が高いほど，融点が低くなり，熱安定性が劣り，また酸化を受けやすくなる．これらの問題は，油脂の不飽和結合の一部あるいは全部を水

素化して飽和結合に変えることによって克服できる．C_{18} 不飽和脂肪酸の水素化はつぎのように段階的に進む．なお括弧内には二重結合の個数を示した．

リノレン酸(3) ⟶ リノール酸(2) ⟶ オレイン酸(1) ⟶ ステアリン酸(0)

(1) 選択的水素化

マーガリン，ショートニング等の原料となる食用硬化油には適度な硬さが必要である．しかしステアリン酸の割合が 4.5% 以上になると生成物が硬くなり過ぎる．

食用油には，コレステロールの蓄積予防に効果のあるリノール酸を多く含むことが求められる．

さらに原料油脂の炭化水素鎖はシス型であり，水素化に伴って天然油脂には存在しないトランス型が生成するが，米国では最近トランス型の含有量が少ない加工油脂製品が求められるようになっている．

これらの要求を満たすため選択的水素化活性の高い触媒が用いられる．触媒は Raney Ni または珪藻土担持 Ni[*] が多く用いられる．Pd は活性も選択性も高いが高価である．

反応条件は原料や目的生成物を考慮して決められる．反応温度は 80〜150℃，水素圧は 1〜10 atm である．

(2) 完全水素化

工業用硬化油の製造では，通常リノレン酸をステアリン酸にまで完全水素化するため，水素化活性の高い触媒が用いられる．

5.1.4 オレフィンの水素化精製

オレフィン（エチレン，プロピレン，ブテンなど）の原料ガスは，微量のアセチレン，ジエン類などを含んでいる．これらを選択的に水素化して取り除くプロセスがオレフィンの水素化精製である．

(1) エチレンの水素化精製

エチレンの原料ガスは 0.4〜2.5 mol% のアセチレンを含む．このアセチレンは，重合触媒の触媒毒となるばかりか，製品のポリエチレンの品質を低下させる．そこで，ほとんどのエチレンプラントは，エチレン中のアセチレンを水素化してエチレンに変える工程（エチレンの水素化精製）を採用し，アセチレンを通常 1 ppm 以下（最近は 0.3 ppm 以下）に減少させている．

アセチレンの水素化は通常エチレンを経てエタンを生成するが，これをエチレン生成の段階で止めなければならない（選択的水素化）．またエチレンやアセチレンの重合が起こらないようにしなければならない．そのた

---

[*] 珪藻土担持 Ni は，担体として珪藻土を用い，沈殿法で製造される．

め活性，選択性ともに優れた 0.03〜0.05% Pd-Ag/Al$_2$O$_3$ が一般に用いられている．なお Ag は助触媒である．フィードガス中に硫黄化合物を含む場合には硫化 Co-Mo 系触媒が使用されている．運転温度は 170〜230℃である．

アセチレン水素化は発熱反応なので，反応熱による温度上昇を制御するために断熱型反応器を 2〜3 基直列に配置したプラントが用いられることが多い．

(2) プロピレンの水素化精製

プロピレン原料ガス中のメチルアセチレン，プロパジエンをプロピレンに選択的に水素化するプロセスには，液相法・気相法のいずれでも Pd/Al$_2$O$_3$ 触媒が使用される．

5.1.5 水素化脱アルキル

芳香族炭化水素原料油中のベンゼン，トルエン，キシレンの存在割合と，それらの需要割合は一般に一致しないことが多い．ベンゼンの需要が多い場合には，トルエンやキシレンのアルキル基を脱離させてベンゼンが製造される．この脱アルキルプロセスには水素化脱アルキルのほかに水蒸気脱アルキルがある．

水素化脱アルキルの反応次数はトルエンまたはキシレンについて1次，水素については0.5次である．トルエンの場合の主反応は式（5-3）のように起こると考えられる．

$$
\begin{aligned}
&H_2 \longrightarrow H\cdot + H\cdot \\
&C_6H_5CH_3 + H\cdot \longrightarrow C_6H_5\cdot + CH_4 \\
&C_6H_5\cdot + H_2 \longrightarrow C_6H_6 + H\cdot
\end{aligned}
\quad (5\text{-}3)
$$

平衡転化率は，水素過剰にすると反応温度 550〜650℃でほぼ 100% になる．なお，ビベンジルやジフェニル，また炭素質の生成が副反応として起こる．

水素化脱アルキルプロセスは無触媒法と触媒法に大別され，触媒法では Cr$_2$O$_3$-Al$_2$O$_3$，MoO$_3$-CoO-Al$_2$O$_3$ が触媒として使用される．水素化脱アルキル反応は発熱反応のため，省エネルギーの観点から反応熱の効率的回収が重要である．

水素のかわりに水蒸気を用いる水蒸気脱アルキルプロセスもある．

$$C_6H_5CH_3 + 2H_2O \longrightarrow C_6H_6 + CO_2 + 3H_2$$

反応温度は 400〜500℃，水/トルエン比 3〜6，圧力 5〜20 atm，触媒は担持 Ni 系，担持 Rh 系などである．H$_2$ が得られる利点はあるが，熱回収率が低いため，経済的には水素化脱アルキルよりも不利とされている．

5.2 酸化反応

酸化反応は，空気の酸素を酸化剤として用い，炭化水素原料をアルデヒド，ケトン，エポキシ，酸，エステルなどの含酸素化合物に変換する反応であり，石油化学工業において最も重要な反応プロセスの1つである．

5.2.1 酸化反応プロセスの種類と触媒の機能

酸化反応の工業プロセスとその触媒を表 5-1 と 5-2 に示した．酸化プロセスは気相酸化と液相酸化とに分けられる．触媒の主な役目は，気相酸化では酸素分子の活性化であり，液相酸化では，配位による基質分子の活性化とヒドロペルオキシドの分解促進である．液相酸化と関連するプロセスについては 6.3 で説明する．

表 5-1 気相接触酸化反応とその触媒

原料	主生成物	触媒	反応条件	備考
エチレン	エチレンオキシド	Ag-添加物/担体	200〜280℃ 20 atm	固定床・多管式
プロピレン	アクロレイン	多元系 Mo-Bi-O, 多元系 Sb-O, Cu_2O/担体	280〜350℃	固定床・多管式アクリル酸用
イソブテン	メタクロレイン	多元系 Mo-Bi-O	300〜400℃	固定床・多管式メタクリル酸用
n-ブタン n-ブテン	無水マレイン酸	V-P-O-添加物	390〜450℃	固定床，流動床
ベンゼン	無水マレイン酸	V_2O_5-MoO_3-添加物	350〜370℃	固定床
o-キシレン ナフタレン	無水フタル酸	V_2O_5-添加物	350〜370℃	固定床，流動床
ナフタレン or アントラセン	ナフトキノン or アントラキノン	V_2O_5	380〜420℃	固定床
メタノール	ホルムアルデヒド	Mo-Fe-O, Ag/担体	280〜380℃ 600〜720℃	固定床・多管式・空気過剰法 固定床・マット式，メタノール過剰法
アクロレイン	アクリル酸	多元系 Mo-V-O	240〜300℃	固定床・多管式，連続エステル化
メタクロレイン	メタクリル酸	多元系 Mo-V-P-O*	270〜350℃	固定床・多管式，連続エステル化

＊：ヘテロポリ酸系触媒　　　　　　　　　　（諸岡良彦，ペトロテック，**8**, 76 (1985)）

表 5-2　アンモ酸化・酸化的アセトキシル化とその触媒

主原料	同伴原料	主生成物	触　媒	反応条件	備　考
プロピレン	NH_3	アクリロニトリル	多元系 Mo-Bi-O 多元系 Sb-Fe-O	450～520℃	流動床，固定床
イソブテン or 三級ブタノール	NH_3	メタクリロニトリル	多元系 Mo-Bi-O		流動床
⌬-$(CH_3)_n$	NH_3	⌬-$(CN)_n$	V_2O_5-添加物 W-Mn-O	400～450℃	トルエン，各種キシレン，固定床，流動床
エチレン	酢酸	酢酸ビニル	Pd-添加物/担体	150～200℃	固定床・多管式
プロピレン	酢酸	酢酸アリル	Pd-添加物/担体	150～200℃	固定床，多管式
ブタジエン	酢酸	1,4-ジアセトキシ-2-ブテン	Pd-Te/担体	60～80℃ 70 atm	固定床液相不均一系反応

(諸岡良彦，ペトロテック，**8**，77（1985））

酸化反応は，平衡論的には有利な反応であり，活性酸素による脱水素を起こして CO，CO_2 を生成しやすい．このため選択的酸化によって目的生成物を得るには，不飽和炭素に対する酸素付加と，脱水素がバランスよく進む触媒を開発しなければならない．

酸素分子は触媒上で様々な酸素種に活性化される．

$$O_2 \xrightarrow{e^-} O_2^- \xrightarrow{e^-} 2O^- \xrightarrow{e^-} 2O^{2-}$$

反応に有効な活性種は O^-，O^{2-} であり，O_2^- が有効な例（Ag 触媒によるエチレンからエチレンオキシドの生成）はまれである．O^-，O^{2-} は求核性であるが，求核性が強すぎると脱水素だけが進んでしまう．選択的酸化に V_2O_5，MoO_3，Sb_2O_4 などがよく用いられるのは，これらの酸化物のオキソ酸素の求核性が比較的小さく，酸素付加反応にも活性なためである．

選択的酸化は，①炭化水素の酸化的脱水素反応（式(5-4)など），② C-C 結合の開裂を伴わない含酸素化合物の生成反応（アリル酸化），③ C-C 結合の開裂を伴う含酸素化合物の生成反応（ナフタレンから無水フタル酸の合成など）の3つに分けられる．

$$CH_2=CHCH_2CH_3 + 1/2\,O_2 \longrightarrow CH_2=CHCH=CH_2 + H_2O \quad (5\text{-}4)$$

5.2.2　エチレンオキシドやプロピレンオキシドの製造

(1)　エチレンオキシド

エチレンオキシドは，不凍剤やポリエステル原料となるエチレングリコールの原料である．

従来，エチレンオキシド（オキシラン）は式（5-5）のクロロヒドリン法で製造されていたが，塩素の消費でコストがかさみ，また廃水処理の問題もあって現在では姿を消している．

$$CH_2=CH_2 + Cl_2 + H_2O \longrightarrow HOCH_2CH_2Cl + HCl$$
$$2\ HOCH_2CH_2Cl + Ca(OH)_2 \longrightarrow 2\ \underset{\underset{O}{\smile}}{CH_2\text{-}CH_2} + CaCl_2 + 2\ H_2O \tag{5-5}$$

現在は，銀触媒を用いてエチレンを酸素で直接酸化する方法（エチレンのエポキシ化反応）で製造されている．

$$CH_2=CH_2 + 1/2\ O_2 \xrightarrow{Ag} \underset{\underset{O}{\smile}}{CH_2\text{-}CH_2} \tag{5-6}$$

この反応は発熱下で進むので，冷却面積の広い多管式反応器を用いて，除熱対策が行なわれる．また純酸素を用いて酸化する方が温度制御しやすい．空気を使うと余分の N_2 まで冷却しなくてはならない．さらに部分酸化は完全酸化よりも活性化エネルギーが数十 kJ 低いので，低い反応温度ほどエチレンオキシドの生成には有利である．

実用触媒としては，反応物が滞留する時間を短くして選択性を向上させる*ために，開いたマクロ細孔を持つ α-アルミナに粒径が $0.1 \sim$ 数 μm の銀を $5 \sim 50$ wt% 担持したものを用いる．選択性，触媒寿命を向上させるためにアルカリ金属などを添加する．1980 年代には，Ag-Cs/α-Al$_2$O$_3$ という基本形がほぼ完成した．選択性は $80 \sim 82\%$ であった．

反応機構としては，分子状で吸着した 2 つの酸素のうちの 1 つの酸素がエポキシド生成に使われ，残存した 1 つの酸素がエチレンの完全酸化をもたらすという，いわゆる分子状酸素説が 1980 年代まで有力であった．これは，選択率が 80 数％以上の触媒は得られなかったということが大きな理由になっていた．すなわち，反応は以下の式のようになり，7 モルのエチレンのうちエチレンオキシドを生成するのは 6 モルのエチレンであり，選択率 $6/7 = 85.7\%$ を超えることがない．

$$\text{エポキシド生成}\quad C_2H_4 + O_2 \longrightarrow C_2H_4O + O \tag{5-7}$$
$$\text{完全酸化}\quad C_2H_4 + 6O \longrightarrow 2CO_2 + 2H_2O \tag{5-8}$$
$$\text{全体の反応}\quad 7C_2H_4 + 6O_2 \longrightarrow 6C_2H_4O + 2CO_2 + 2H_2O \tag{5-9}$$

ところが，選択率 85.7% を超える触媒が見出され，分子状吸着酸素説に疑問が投げかけられた．

1980 年代になると，分光法，計算化学，同位体の使用，過渡応答法などの方法を駆使して，反応機構が見直された．その結果，エポキシ化に有効なのは原子状酸素であるとする説が優勢になってきた．ただし，いまだ統一的な結論は得られておらず，これからも議論は続くものと思われる．なお，選択率 85.7% を超える触媒として，α-アルミナ上の銀に，Cs, Re, S を適量加えた触媒が公表されている．

---

* エチレンよりも反応性が高いエチレンオキシドがさらに酸化されて CO, CO_2 になるのを抑える．

　エチレンオキシド（EO）は，加水分解によってエチレングリコール（EG）に変換される．

$$\underset{\underset{O}{\smile}}{CH_2\text{-}CH_2} \xrightarrow{H_2O} HOCH_2CH_2OH$$

　三菱化学（現三菱ケミカル）は，大過剰な水を用いた加水分解に代わり，EO と二酸化炭素からいったんエチレンカーボネートを合成し，続いて水 1.2 倍モルで加水分解して EG と二酸化炭素を得る方法（Omega Process）を開発し，Green and Sustainable Chemistry Award（2011）を受賞した．

word 過渡応答法
一定の条件下で反応が定常的に進行している系に，反応条件の急激な変化を与えると，系は新しい定常状態になるまで非定常的挙動（過渡応答）をする．この応答を解析することにより反応分子の吸着，中間体の濃度変化，生成物の脱離の挙動を求める方法．

(2) プロピレンオキシド

プロピレンをエチレンと同様に直接酸化しても,プロピレンオキシド(エポキシプロパン)は得られない.これは次のようなアリル共鳴安定化により水素原子の引き抜きが容易となり,二重結合よりも隣接するメチル基上で酸化(アリル酸化とよぶ.次項参照)が進むためである.

$$CH_2=CH\text{-}CH_2 \longleftrightarrow CH_2\cdots CH\cdots CH_2$$

そのため従来,プロピレンオキシドは,クロロヒドリンを経る間接酸化(式5-10)か,ヒドロペルオキシドを酸化剤とする均一エポキシ化(6.3.6(2)参照)によって製造されている.

$$CH_3CH=CH_2 + HOCl \longrightarrow \underset{OH}{CH_3CHCH_2Cl} \xrightarrow{NaOH} CH_3\underset{O}{CH\text{-}CH_2} \quad (5\text{-}10)$$

住友化学は2003年より,副生成物が排出されないクメン法プロピレンオキシド(PO)製造プロセスの操業を開始した.このプロセスでは,クメンを空気酸化して生成するクメンハイドロパーオキシド(CMHP)を酸化剤とし,プロピレンを酸化して,プロピレンオキシド(PO)とα,α-ジメチルベンジルアルコール(クミルアルコール,CMA)を得る.CMAは水素化してクメンとして回収する(図5-1).触媒はメソポーラスな構造を持つTi含有ゼオライトである.

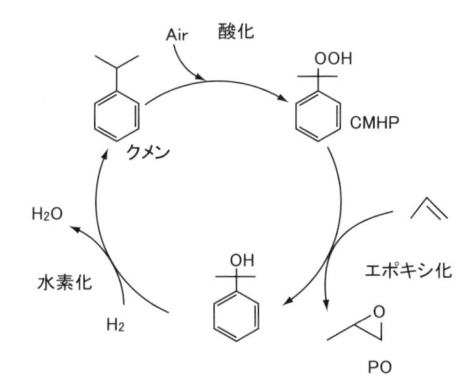

図5-1 クメン法のプロピレンオキシド製造プロセス
住友化学株式会社
Green and Sustainable Chemistry Award (2008)

5.2.3 プロピレンのアリル酸化とアンモ酸化

(1) プロピレンからのアクリロニトリル合成

プロピレンを部分酸化し,メチル基をアルデヒド基に変化させるとアクロレインが得られる(式5-11).この反応はアリル酸化と呼ばれる.

$$CH_2=CHCH_3 \xrightarrow[\text{Bi-Mo-O}]{O_2} CH_2=CHCHO \quad (5\text{-}11)$$

またプロピレンの部分酸化をアンモニア共存下で行ない,メチル基をシ

アノ基に変化させるとアクリロニトリルが得られる（式5-12）．この反応はアンモ酸化（ammoxidation）と呼ばれる．

$$CH_2=CHCH_3 \xrightarrow[Bi-Mo-O]{NH_3, O_2} CH_2=CHCN \qquad (5\text{-}12)$$

このプロセスは，1957年，Standard Oil of Ohio（SOHIO）社がアンモ酸化用に Bi_2O_3-MoO_3 系複合酸化物触媒（コラム参照（p.83））を開発して工業化した．このためアンモ酸化はSOHIO法[*1]とも呼ばれる．

従来，アクリロニトリルは，アセチレン法（式5-13），エチレンシアノヒドリン法（式5-14），ラクトニトリル法（式5-15）で製造されていたが，現在は全てアンモ酸化で製造されている．

$$CH\equiv CH + HCN \xrightarrow[CuCl-NH_4Cl]{80\sim 90℃} CH_2=CHCN \qquad (5\text{-}13)$$

$$\underset{O}{CH_2\text{-}CH_2} + HCN \xrightarrow{塩基触媒} HOCH_2CH_2CN \xrightarrow[200℃]{-H_2O} CH_2=CHCN \qquad (5\text{-}14)$$

$$CH_3CHO + HCN \longrightarrow \underset{OH}{CH_3CHCN} \xrightarrow[\substack{H_3PO_4 \\ 600\sim 700℃}]{-H_2O} CH_2=CHCN \qquad (5\text{-}15)$$

アクリロニトリルの製造コストが劇的に低下したため，アクリロニトリルから，ポリアクリロニトリル（PAN）繊維，PAN系炭素繊維[*2]，ABS（アクリロニトリル-ブタジエン-スチレンの共重合ポリマー）など多くの製品が生まれた．

プロピレンのアンモ酸化は，触媒を流動床反応器に入れ，プロピレン，アンモニア1：1および小過剰の空気との混合物を流し，約1気圧，反応温度450℃で行なう．使用される触媒は，Mo系複合酸化物とSb系の複合酸化物に分けられ，前者にはMo-Bi-P，Mo-Bi-Fe，Mo-Bi-V，Mo-Te-Ceなど，後者にはSb-Fe，Sb-U，Sb-Snなどがある．実際にはさらに多くの成分が添加され，Mo-Bi-Fe-Ni-Co-Cr-Mn-K-Cs-Pのような例もある．特に各成分の比率が重要で，バランスを崩すと活性や選択性が低下する．なおアンモ酸化は，プロピレン[*3]の他に芳香族にも適用され，トルエンからベンゾニトリル，o-キシレンからフタロニトリル，またm-キシレンからイソフタロニトリルが製造されている．

（2）プロピレンからのアクリル酸合成

アクリル酸は高吸水性樹脂の原料であり，またアクリル酸のポリマー，エステル類の原料である．プロピレンからアクリル酸を製造するプロセスはプロピレンからアクロレインを製造（式5-16）し，アクロレインからアクリル酸を製造（式5-17）する2段気相酸化法が唯一のプロセスである．

[*1] SOHIO法は，1996年，アメリカ化学会により National Historic Chemical Landmark の一つとして認定された．

[*2] PAN炭素繊維は，ポリアクリロニトリル（PAN）繊維を不活性雰囲気中，200～3000℃で多段熱処理して黒鉛化した繊維であり，鉄に比べて比重が約1/4，強度が約10倍である．そのため，従来の金属材料に代わる軽量化材料として，航空機や自動車の構造材料への採用が急拡大している．

[*3] 旭化成（株）は，プロピレンに代わりプロパンを原料とするアンモ酸化触媒として，Mo, V, Nbを含む複合酸化物を開発し，2013年より商業運転を開始している．

この2段酸化法は，日本で開発された．

$$CH_2=CH-CH_3 + O_2 \longrightarrow CH_2=CH-CHO \qquad (5\text{-}16)$$

$$CH_2=CH-CHO + 1/2\, O_2 \longrightarrow CH_2=CH-COOH \qquad (5\text{-}17)$$

プロピレンの酸化には，BiとMoを主成分とした複合酸化物触媒が用いられている．開発初期の触媒はBi-Mo系酸化物であったが，Fe添加により反応温度が50℃低下し，選択率も40%から60%に向上した．その後CoとNiの添加により反応温度が100℃低下し，選択率が大幅に向上した．さらにアルカリやP，W，Vなどの添加により活性，選択性が一段と向上した．

アクロレインの酸化にはMoとVを主成分とした多成分系触媒が用いられている．初期のMo-V系酸化物は活性が低い触媒であったが，Moを過剰にすることでMo-V触媒の活性が著しく向上した．この触媒にW，Cu，Asなどを添加すると触媒性能をさらに向上した．2段酸化法の各段階に最適な触媒を開発することによって，プロセス全体の収率は90%以上になっている．

(3) イソブテンからのメタクリル酸合成

イソブテンをアリル酸化してメタクロレインに変え，さらに酸化してメタクリル酸を製造する固定床2段気相酸化（直接酸化法ともいう）が日本では主流である．

$$CH_2=C(CH_3)CH_3 \xrightarrow{O_2} CH_2=C(CH_3)CHO \xrightarrow{O_2} CH_2=C(CH_3)COOH \qquad (5\text{-}18)$$

1段目の触媒はMo-Bi-Fe-Co-(Ni)を基本的成分とする複合酸化物が多い．プロピレン酸化の触媒と似ているが，イソブテンはプロピレンよりも塩基性が強く，またメチル基をもっているので副反応を起こしやすい．触媒の酸性が強すぎるとイソブテンが強く吸着し，選択性が低下するので，酸性を弱めるためにアルカリ金属（特にRb，Cs）やTe，Tlなどを添加する．

2段目の触媒としては，アクロレイン酸化用触媒が活性，選択性ともに不十分なので，Mo，V，Pを含むヘテロポリ酸[*1]（アルカリ金属塩を含む）にCu，Asなどの元素を添加したものが用いられる．特にPを含むことがアクリル酸合成触媒と異なる点である．

メタクリル酸をメタノールでエステル化するとメタクリル酸メチル（MMA：methyl methacrylate）[*2]が生成する．メタクリル酸メチルのポリマー（PMMA：poly methyl methacrylate）は透明度の高い合成樹脂で，光ファイバーの素材や磁気ディスクの基板として用いられている．

---

*1 8.1.1(7)参照．

*2 Lucite社（現・三菱ケミカルUK）は，エチレン，メタノール，およびCOからプロピオン酸メチルを合成し，ホルムアルデヒドとの縮合反応でMMAを製造するプロセスを開発し，2008年に工業化した．1段目ではPd錯体触媒が，2段目では助触媒のZrあるいはAlを組み合わせたCs/SiO₂系の固体塩基触媒が用いられている．

* 旭化成(株)は，Pd-Pb系触媒に代わり，Au-NiOx触媒を開発し，2008年より導入している．この触媒は，金ナノ粒子の表面が高酸化型酸化ニッケルで被覆され，2〜3 nmの複合ナノ粒子を形成している．

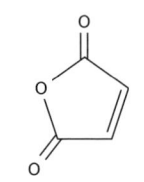

無水マレイン酸

このようにメタクリル酸の多くがMMA原料として使用されるため，メタクロレインを，メタクリル酸を経る2段法によらないで，一段で酸化・エステル化させてMMAを製造する方法も実用化されている．この反応はPd-Pb系触媒*を用い，液相不均一系で行われている．

5.2.4 無水マレイン酸および無水フタル酸の製造
(1) 無水マレイン酸

無水マレイン酸は，その化学構造上，反応性が良い物質なので，不飽和ポリエステル樹脂，アクリル酸との共重合体，塗料，インキ，塩ビ安定剤などの原料として幅広く使用されている．

無水マレイン酸は，ベンゼン，n-ブタン，n-ブテンなどを原料として気相酸化により製造されている．

ベンゼン酸化法の触媒としては，α-Al_2O_3やSiCに担持されたV_2O_5-MoO_3系が用いられ，さらにP_2O_5などが添加される．最大収率はバナジウムの酸化数が+4のときに得られ，MoO_3の添加はV^{4+}状態を安定化するのに有効であり，P_2O_5はMoO_3の昇華を制御するとされている．MoO_3はV_2O_5に固溶して$Mo_4V_6O_{25}$のような固溶相をつくり，これが活性相となると考えられる．反応は350〜370℃で行なわれる．転化率は98%以上であるが，ベンゼン中の6個のCのうち，2個はCO_2となるので収率は67%を越えない．

n-ブタンやn-ブテンの酸化は固定床あるいは流動床反応器で行なわれ，触媒はいずれの場合もα-Al_2O_3やTiO_2などに担持されたV_2O_5-P_2O_5系（ピロリン酸ジバナジルが主成分）である．V_2O_5にP_2O_5を添加していくと，選択率は増加し，V/P＝1〜1.8で最大となるが，V/P＝2では不活性となる．n-ブテン酸化の場合，活性相は式(5-19)の2つの化合物であり，酸化はレドックス機構で起こると考えられている．

$$2\,VOPO_4(\beta) \rightleftarrows (VO)_2P_2O_7 + 1/2\,O_2 \qquad (5\text{-}19)$$

一方，n-ブタン酸化の場合，活性相はβ-$VOPO_4$ではなく，α-$VOPO_4$とされている．

固定床方式は，温度390〜450℃で行なわれ，転化率80%，収率52〜56 mol%である（n-ブタンの場合）．

(2) 無水フタル酸

無水フタル酸は可塑剤，高分子化合物，染料などの原料として大きな需要をもっている．その合成原料は当初ナフタレンであったが，供給不足のため1946年頃からo-キシレンも使用されている．

プロピレンのアリル酸化とアンモ酸化の触媒化学

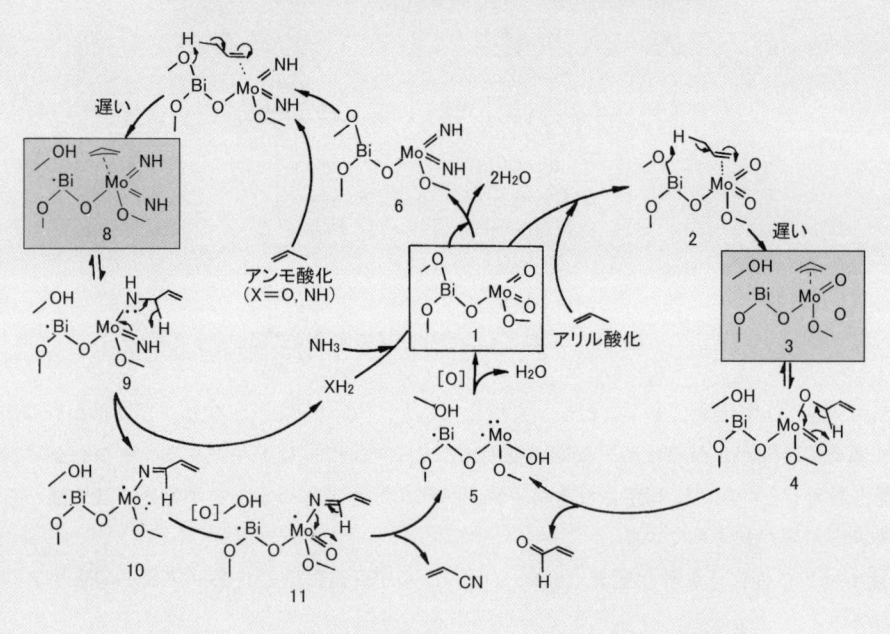

図 5-2 プロピレンのアリル酸化とアンモニア酸化の反応機構
(R. K. Grasselli, *J. Chem. Educ.*, **63**, 216 (1986))

　プロピレンのアリル酸化は，図 5-2 のようにアンモ酸化と共通のπ-アリル中間体を通って進むと考えられている．まずプロピレンのアリル位水素が触媒表面の酸素イオン(Bi-O)によって引き抜かれπ-アリル中間体が Mo^{6+} 上に生成する．この過程が全反応の律速段階と考えられている．続いて格子酸素($Mo^{6+}=O$)が付加し，σ-アリル中間体となり，最後に水素原子が引き抜かれ，アクロレインが生成する．アンモ酸化では，格子酸素が NH_3 を $Mo^{6+}=NH$ に変え，この NH がπ-アリル中間体に付加してアクリロニトリルが生成する．このようにプロピレンを活性化する場所には，アリル位水素の引き抜きと，π-アリル中間体に酸素原子を与える2つの機能がある*．　　(* Mo と Bi のどちらがπ-アリル中間体に酸素原子を与えるかは，議論がありまだ決着をみていない．)

　π-アリル中間体の両端の炭素原子は区別のできない炭素原子なので，プロピレンのメチル基もメチレン基も，どちらも区別なくアルデヒド基あるいはシアノ基に変換される．このようなπ-アリル中間体の性質は実験的に確認でき，プロピレンのメチル基を ^{12}C の同位体 ^{13}C などで標識して酸化すると，メチル基かアルデヒド基のどちらか一方の炭素が50%ずつで標識されたアクロレインが得られる．

$$CH_2=CH^{13}CH_3 \longrightarrow [CH_2-CH-^{13}CH_2] \longrightarrow CH_2=CH^{13}CHO(50\%)$$
$$^{13}CH_2=CHCHO(50\%)$$

　触媒表面上では図 5-3 に模式的に示したように，プロピレンの活性化（触媒の還元）と酸素分子の活性化（触媒の酸化）とが別々の場所で起こっている．この酸化と還元の反応を互いに結び付け触媒サイクルにしているのが，格子酸素イオンのバルク内移動である．格子酸素イオンはバルク内を移動して，還元されたプロピレンの活性化サイトを再酸化する．一方，酸素イオンがバルク内部を移動すると，陰イオン空孔 V_O'' が生じて逆方向に移動することになる．この V_O'' が触媒表面に移動し，酸素ガスを O^{2-} に還元する．

図 5-3　プロピレン酸化触媒の作用模式図

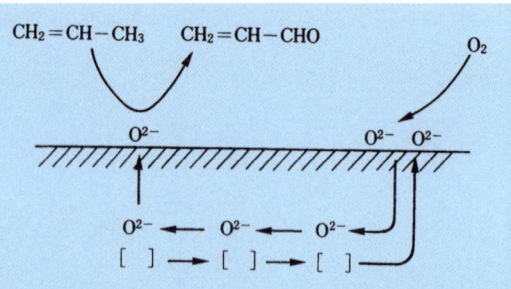

分子状酸素が活性化される場所とプロピレンが酸化される場所は異なる．
[ ] は O^{2-} の格子欠陥（空孔）

　実際，酸素ガスを ^{18}O で標識してプロピレンを酸化すると，$^{18}O_2$ が $^{18}O^{2-}$ となり，プロピレンの活性化サイトまでやってくるのに時間がかかるため，反応の初期には $CH_2=CHCH^{16}O$ が生成する．アクロレイン中に含まれる ^{16}O の全量を数えると，反応に利用される格子酸素の層の厚さを求めることができ，数十層から場合によっては千層にも及ぶ触媒が知られている．
　SOHIO 触媒では，このような酸化還元（redox）サイクルが円滑に進むため，アンモ酸化やアリル酸化の優れた触媒になる．

　o-キシレンの酸化では，主生成物の無水フタル酸（式 5-20）の他に，無水マレイン酸（式 5-21）や CO，CO_2 が生成する．

$$\text{o-xylene} + 3O_2 \longrightarrow \text{phthalic anhydride} + 3H_2O \qquad \Delta H = -1548\text{kJ} \qquad (5\text{-}20)$$

$$\text{o-xylene} + \frac{15}{2}O_2 \longrightarrow \text{maleic anhydride} + 4H_2O + 4CO_2 \qquad \Delta H = -2954\text{kJ} \qquad (5\text{-}21)$$

　o-キシレンの酸化は固定床反応器により，約 350℃で行なわれ，転化率は 100％，収率約 80 mol ％である．
　触媒は SiC 担持 V_2O_5-TiO_2 系である．通常，0.1〜0.5％のアルカリ金属（K，Rb，Cs），0〜3％の P，0〜5％の希土類元素（Nd など）が添加される．V_2O_5 と TiO_2 の組み合わせが効果的なのは，V_2O_5 が TiO_2 に良く分散し，TiO_2 から酸素が供給されてバナジウム触媒の再酸化が起こり，常に高酸化状態が維持されるためと考えられている．
　ナフタレンの酸化では，無水フタル酸（式 5-22）の他に，無水マレイン酸（式 5-23），フタリド（式 5-24）や CO，CO_2 が副生する．

$$\text{ナフタレン} + \frac{9}{2}O_2 \longrightarrow \text{無水フタル酸} + 2H_2O + 2CO_2 \quad \Delta H = -1778 \text{kJ} \quad (5\text{-}22)$$

$$\text{ナフタレン} + 9O_2 \longrightarrow \text{無水マレイン酸} + 3H_2O + 6CO_2 \quad \Delta H = -3636 \text{kJ} \quad (5\text{-}23)$$

$$\text{ナフタレン} + \frac{7}{2}O_2 \longrightarrow \text{フタリド} + H_2O + 2CO_2 \quad \Delta H = -485 \text{kJ} \quad (5\text{-}24)$$

ナフタレンの気相酸化プロセスには固定床方式と流動床方式がある．固定床プロセスは温度340〜360℃で行われ，転化率は100％，収率は約90 mol％である．触媒はSiO_2担持$V_2O_5\text{-}TiO_2$系であり，助触媒としてアルカリ金属，アルカリ土類金属，Va族，Vb族，VIb族等の元素が添加される．

一方，流動床プロセスは340〜360℃で行なわれ，転化率は100％，収率は81〜85 mol％である．触媒は，SiO_2担持V_2O_5系である．SiO_2担体としては数十〜数百μmの微小粒径のものが使われ，アルカリ金属，アルカリ土類金属が添加されている．担体としてはTiO_2の方がSiO_2よりも高収率を与えるが，耐摩耗性の点でSiO_2が使用されている．

5.2.5 メタノールからのホルムアルデヒド製造

ホルムアルデヒドは，フェノール樹脂・尿素樹脂・メラミン樹脂などの原料，メチレンジアニリン（MDA）など各種試薬の原料として使用される．また，ホルムアルデヒドの水溶液は殺菌剤，防カビ剤に使用される．

ホルムアルデヒドは，メタノールの酸化により製造される．反応は，メタノールと空気の混合ガスの爆発範囲（メタノール6.7〜36.5 vol％）を考慮して，メタノール過剰，または空気過剰の条件で行なわれる．

メタノール過剰法は，銀触媒により反応温度600〜720℃で行われるが，メタノールの酸化反応（式5-25）以外に，脱水素反応（式5-26）も起こる．

$$CH_3OH + 1/2\, O_2 = CH_2O + H_2O + 159 \text{ kJ} \quad (5\text{-}25)$$
$$CH_3OH = CH_2O + H_2 - 84 \text{ kJ} \quad (5\text{-}26)$$

空気過剰法は250〜350℃で行なわれ，収率は93％以上である．近年，メタノール過剰法に代わって高濃度のホルマリンが製造できる空気過剰法が主流になっている．触媒はMoO_3(80〜92％)$\text{-}Fe_2O_3$(8〜20％)である．この触媒は高活性，低選択性であるMoO_3と低活性，高選択性であるFe_2O_3を組み合わせて活性，選択性ともに優れた触媒を得た典型的な例である．活性相はMoO_3相と$Fe_2(MoO_4)_3$相が共存する状態とされている．

5.2.6 塩化ビニルの製造（オキシ塩素化法）

塩化ビニル（ビニルクロリド，VC）はポリ塩化ビニル（PVC），いわゆる塩ビのモノマーであり，VC は，わが国では，低分子有機化合物としてはエチレン，プロピレン，ベンゼンに次いで4番目に製造量が多い．

VC は，1,2-ジクロロエタン（EDC）を熱分解して製造される．

$$ClCH_2CH_2Cl \xrightarrow{\Delta} CH_2=CHCl + HCl \tag{5-27}$$

EDC は，式（5-28）のようにエチレンに塩素を付加して製造できるが，熱分解時に副生する等モルの塩化水素の処理が問題になる．この余分の塩化水素を塩化ビニル製造に組み入れたプロセスをオキシ塩素化 (oxychlorination) 法（式 5-29）と呼ぶ．

$$CH_2=CH_2 + Cl_2 \longrightarrow ClCH_2CH_2Cl \tag{5-28}$$

$$CH_2=CH_2 + 2\,HCl + 1/2\,O_2 \longrightarrow ClCH_2CH_2Cl + H_2O \tag{5-29}$$

このオキシ塩素化プロセスは，$CuCl_2$（$CuCl_2$-KCl/Al_2O_3）を触媒とする気相法である．エチレンは $CuCl_2$ により EDC に変えられ，$CuCl_2$ は CuCl に還元される（式 5-30）．Wacker 法（6.3.6(1)参照）での $CuCl_2$ の使われ方と同様に，CuCl は HCl と空気中の酸素で酸化されて $CuCl_2$ に戻され（式 5-31），図 5-4 のような触媒サイクルになる．

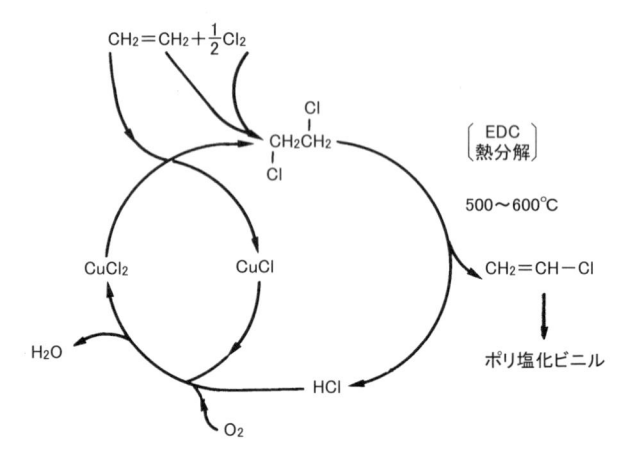

図 5-4 塩化ビニルの製造

$$CH_2=CH_2 + 2\,CuCl_2 \longrightarrow ClCH_2CH_2Cl + 2\,CuCl \tag{5-30}$$

$$CuCl + HCl + 1/4\,O_2 \longrightarrow CuCl_2 + 1/2\,H_2O \tag{5-31}$$

塩素ガスが手に入りやすい場合には，エチレンの塩素化による EDC 製造の後，オキシ塩素化法を行なえるので，反応全体は式（5-32）のようになる．

$$CH_2=CH_2 + 1/2\,Cl_2 + 1/4\,O_2 \longrightarrow CH_2=CHCl + 1/2\,H_2O \tag{5-32}$$

また塩化水素が直接入手可能であれば，式（5-29）のようにオキシ塩素化法だけで操業することができる．

5.2.7 塩化水素の酸化による塩素製造プロセス

塩ビモノマー，ウレタン原料であるイソシアネート，その他の各種有機塩化物の製造において，Cl原料として塩素Cl_2を利用すると塩化水素HClが副生する．この副生HClからCl_2を製造するのが塩化水素酸化プロセスである．

HClからCl_2を回収する従来技術にはいろいろな難点があった．それらを解決する，HCl酸化の流動床プロセスが1988年に三井東圧化学（現・三井化学）によって実用化された．触媒は$Cr_2O_3 \cdot SiO_2$で，反応温度350～400℃での転化率は75％以上である．

$$Cr_2O_3 + 1/2\, O_2 \longrightarrow Cr_2O_3 \cdot O \tag{5-33}$$
$$+)\ Cr_2O_3 \cdot O + 2\,HCl \longrightarrow Cr_2O_3 + Cl_2 + H_2O \tag{5-34}$$
$$2\,HCl + 1/2\,O_2 \longrightarrow Cl_2 + H_2O \tag{5-35}$$

なお，式（5-33）中の$Cr_2O_3 \cdot O$は過剰酸素を保持した，酸化状態にあるクロミアを示す．式（5-35）の反応は$+59\ kJ\ mol^{-1}$の発熱反応なので，反応速度を上げるために反応温度を高くするとHCl酸化の平衡転化率が低下したり，触媒寿命が低下したりする．また流動床反応器では，触媒飛散なども起る．

これらの問題は，$Cr_2O_3 \cdot SiO_2$触媒よりも高活性な触媒の開発とともに固定床反応技術の開発によって解決できる．住友化学は低温域で高活性なRuO_2/ルチル型TiO_2触媒を開発し，固定床プロセスを2003年に実用化している．RuO_2系触媒は従来触媒よりも高活性で，TiO_2に担持することにより特異的に活性が向上する．しかもTiO_2をアナタース型からルチル型にかえると活性がいっそう向上する．この触媒活性向上は，RuO_2の粒子径が著しく小さくなることに起因し，RuO_2/ルチル型TiO_2触媒では超微粒子RuO_2（0.9 nm × 0.3 nm 程度）がTiO_2の一次粒子表面を薄層状に覆った構造をしていると考えられている．式（5-35）の反応は発熱反応なので，固定床反応器で行なうためには十分な除熱対策に加えて触媒の熱伝導性確保が必要となる．住友化学はこれらの諸問題を克服し，固定床反応器の実用化に世界で初めて成功した．

5.3 脱水素触媒

5.3.1 エチルベンゼンの脱水素によるスチレンの製造

スチレンはポリスチレン，ABS樹脂，合成ゴムSBRなどの製造用モノマーとして重要である．スチレンの大部分は，エチルベンゼンの脱水素により製造されている．

この反応は吸熱反応（約126 kJ）であり，また分子数が増加する反応な

ので，反応温度は高く，エチルベンゼン分圧は低い方が化学平衡上有利である．そこで一般的な断熱型反応器による反応は入口温度610～650℃，多量のスチーム共存の下で行われる．エチルベンゼン転化率は62～69 wt%，スチレン選択率は96～98 wt%である．副生成物はベンゼン，トルエンなどである．

触媒には，単流収率が高く選択性が高いことのほかに，エネルギーコスト低減のためのスチーム比の低下や寿命の延長が求められている．このような触媒への要求の多様化にともなって，触媒成分は多成分化している．

ここでは，「Fe-Mg-K-その他」から成る触媒について説明する．主触媒活性種はFe_3O_4の上に形成された$K_2Fe_2O_4$であり，$K_2Fe_2O_4$の塩基点がβ-水素引き抜き（律速段階とされている）を行うと考えられている．スチーム比を減らすと還元雰囲気が強まり$Fe^{2+} \rightarrow Fe^0$に伴う酸化鉄のシンタリングが起こるが，Mgが酸化鉄に固溶し還元および表面積減少を防止すると考えられている（構造安定化剤として作用する）．その他にはCe, Mo, W, Crなどが含まれている．

5.3.2 アルコールの脱水素
(1) 2-ブタノールの脱水素によるメチルエチルケトンの製造

溶剤として広く使われているメチルエチルケトン（MEK）は，2-ブタノールの脱水素により製造される．気相法では銅・亜鉛触媒を用い，液相法ではスポンジニッケル触媒や銅クロム触媒を用いる．

(2) シクロヘキサノールの脱水素によるシクロヘキサノンの製造

シクロヘキサノンは，6ナイロンの原料であり，シクロヘキサノールの脱水素によって製造されている．

Zn-Ca系触媒を用いるプロセスの，350～450℃，常圧下における選択率は98%以上である．Cu-Zn系やCu-Cr系の触媒を用いるプロセスの，200～280℃，常圧下における転化率は65%，選択性は99%以上であり，Ru/カーボン触媒を用いるプロセスにおける収率は320℃で70%と言われている．

5.3.3 *n*-ヘキサンの脱水素環化によるベンゼンの製造

n-ヘキサンの脱水素環化によるベンゼン製造用触媒としては，Pt-K-L型ゼオライトやF-L型ゼオライトがある．

5.4 酸触媒反応
5.4.1 炭化水素の変換
（1） ベンゼンのアルキル化

ベンゼンのアルキル化は，重合反応やオキソ法と並び重要な炭素 - 炭素結合の形成反応であり，エチレン，プロピレンなどのオレフィンをアルキル化剤として，ベンゼンからエチルベンゼンやクメン（イソプロピルベンゼン）が大量に製造されている．エチルベンゼンはスチレンに脱水素され，クメンはフェノールの製造にふり向けられる．

ベンゼンのアルキル化は，カルボカチオン（R^+）の芳香環での求電子置換反応によって起こる．

$$R^+ + \text{ベンゼン} \longrightarrow \text{中間体} \longrightarrow R\text{-ベンゼン} + H^+ \tag{5-36}$$

Friedel-Crafts 触媒 $AlCl_3$-HCl を用いた液相アルキル化プロセスは 1930 年代に開発されたが，$AlCl_3$-HCl 触媒には，反応器を腐食する，廃酸の中和を必要とするなどの問題がある．このような背景から，固体酸触媒であるゼオライト触媒を用いた気相アルキル化プロセスが開発された[*1]．

1） エチルベンゼンの製造

エチレンによるベンゼンのアルキル化で製造されるエチルベンゼンのほとんどがスチレンの製造に利用される．

まず，1980 年に ZSM-5 を用いた気相法（第 1 世代 Mobil-Badger プロセス）が開発された．ZSM-5 の特徴は，細孔径がエチルベンゼン生成に適しており，また，炭素質の生成による活性低下が非常に少ないという点にある．その後，気相法よりも炭素質生成による活性低下が少ない液相法への適用が試みられたが，ZSM-5 は細孔内の液相拡散が遅く使えなかった．

液相法は，より大きな細孔を持つ Y 型ゼオライトを用いることによって開発された（1989 年，Lummus/Unocal/UOP）．さらに，1995 年に特殊な細孔構造を持つ MCM-22 ゼオライトを用いた液相法（Mobil-Raytheon EBMax），1996 年には β ゼオライトを用いた液相法が開発された．

2） クメンの製造

クメン（イソプロピルベンゼン）は，クメン法によるフェノール製造の原料であり，プロピレンによるベンゼンのアルキル化によって製造される[*2]．

クメンの製造プロセスは，現在でも固体リン酸触媒を用いるプロセスが多いが，リン酸による反応器腐食の問題があるので，急速にゼオライト触媒（MCM-22, MCM-56 など）を用いる液相プロセスに置き替わりつつある．なお，エチルベンゼン合成に高性能を示す ZSM-5 は，細孔内でクメン分子を生成できないため使えない．

[*1] アルカンのアルケンによるアルキル化では，未だフッ酸，硫酸に代わる固体酸プロセスの工業化は実現していない．

[*2] フェノールのアルキル化（例 t-ブチルフェノールやノニルフェノールの合成）は容易に進行するため，アルミナやシリカアルミナなども用いられる．

(2) m-キシレンの異性化

m-キシレン異性化の目的は，ポリエチレンテレフタレート（PET）樹脂の原料となるp-キシレンを他の異性体（エチルベンゼンやm-キシレンなど）から変換して得ることである．

C_8芳香族留分はo-, m-, p-キシレンおよびエチルベンゼンからなり，それぞれ無水フタル酸，イソフタル酸，テレフタル酸，スチレンの原料として使用されているが，特に需要の多いp-キシレンを得るためにm-キシレン異性化プロセスが実施されている．

Friedel-Crafts触媒は強い酸性をもっているので，反応温度を120℃以下にすることができエチルベンゼンの生成は抑えられ，また他の副反応もほとんど起きないが，触媒の腐蝕性のため特別な装置材料が必要となる．

一方，シリカ-アルミナ触媒では，異性化を起こすために反応温度を450〜550℃と高くしなければならない．しかも原料中に含まれるエチルベ

クメン法

クメンは空気酸化するとクミルヒドロペルオキシドとなり，これをH_2SO_4で分解して，等モルのフェノールとアセトンに導かれる．

$$\text{(5-37)}$$

このプロセスはクメン法と呼ばれ，現在フェノールはこの方法で製造されている．フェノールの用途はフェノール・ホルムアルデヒド樹脂やビスフェノールAの原料である．ビスフェノールAは，クロロメチルオキシランとの反応でエポキシ樹脂製造に，またホスゲンとの反応でポリカーボネート製造に使用される．

ビスフェノールA

クメン法ではフェノールとアセトンが等モル生成するが，その市場や需要は必ずしも一致しない．そこで，フェノールはアニリンへ，また，アセトンはメチルイソブチルケトンへ部分的にそれぞれ転用され，市場の要求に合わせている．

ンゼンはキシレンに異性化せず，炭素質析出の原因となるのでエチルベンゼン除去塔が必要となる．

このような問題を解決するために，Pt/ゼオライト系触媒が主に用いられる．特に ZSM-5 は，その細孔径が p-キシレン生成に適しているためキシレンの不均化やトランスアルキル化などの副反応を抑制し，p-キシレンを選択的に生成させることができる．さらに，ZSM-5 触媒（Ni や Pt を含む）はエチルベンゼンを不均化によって，蒸留分離しやすいベンゼンとジエチルベンゼンに転換させたり，脱アルキル化によってベンゼンとエタンに転換させたりする．

(3) アルキル芳香族の不均化，トランスアルキレーション

同種のアルキル芳香族間のアルキル基の移動反応を不均化といい，異種の分子間でのアルキル基移動をトランスアルキル化というが，一般的にこれらを不均化と総称することが多い．

ベンゼン・トルエン・キシレン（BTX 成分）の中ではトルエンの需要が少ないため，トルエンの不均化や，トルエンと C_9 芳香族のトランスアルキル化によってベンゼンとキシレンに転換するプロセスが重要である．

触媒としては無定形固体酸（SiO_2-Al_2O_3, Al_2O_3-B_2O_3 など）やゼオライト（モルデナイト，脱 Al モルデナイト，Pd/モルデナイト，HZSM-5 など）が使用される．前者では反応中の炭素質析出が問題となり，移動床方式を採用しなければならないが，後者では固定床反応器による長時間運転が可能である（例えば東レの Tatoray 法）．X 型 - および Y 型 - ゼオライトは不均化よりも脱アルキルに高活性であるが，形状選択性を有するモルデナイトは高い不均化活性を示す．脱 Al モルデナイト，Pd/モルデナイトでは炭素質析出が少なくなり，活性持続性がより改良されている．ZSM-5 ゼオライトでは形状選択性の効果がさらに著しく，例えばトルエンの不均化において p-キシレン（キシレン中で分子径が最小）の生成割合がキシレン異性体の熱力学的平衡値を大幅に上回る．

5.4.2 オレフィンの水和

オレフィンの水和プロセスには液相プロセスと気相プロセスがある．液相プロセスでは一般的に硫酸が使用される．この場合，硫酸による反応器の腐食，廃硫酸の処理，複雑な装置などの問題点が発生する．硫酸使用に伴う問題を解決するためには，固体酸を用いる気相プロセスが有利であり，生成物の分離も容易になる．

しかし，気相プロセスは高い反応温度を必要とするが（例 エチレン水

和：180℃，プロピレン水和：290℃），その自由エネルギー変化の符号は50〜100℃で負から正に変わるため平衡的に不利である．これに対し，オレフィン水和生成物であるアルコールが高い水溶性を持つ場合には液相プロセスの方がオレフィン転化率が高くなり，有利である．

(1) エチレンやプロピレンの水和によるアルコール合成プロセス
1) エチレンの水和
気相固定床では固体リン酸などの固体酸触媒が用いられる．固体リン酸触媒はオレフィンの重合などの副反応をあまり起こさず，また反応中に揮散するリン酸の補給も容易であるので気相水和に用いられる．

2) プロピレンの水和
気相固定床では固体リン酸などの固体酸触媒が用いられる．

気液混相固定床では，WO_3触媒や陽イオン交換樹脂が用いられる．WO_3は低活性のため気相水和には適さないが，水に不溶なため液相水和に用いられる．陽イオン交換樹脂は耐熱性（約130℃）が低いため気相水和には使用できない．

液相均一系では，ヘテロポリ酸が用いられる．担持ヘテロポリ酸は反応中に溶出するため液相水和には適さない．

(2) 混合ブテンの選択的水和によるtert-ブチルアルコール合成
ナフサクラッキング生成物中のブテン，ブタン留分にはイソブテンが40〜50％含まれる．このイソブテンは主に，硫酸を用いてイソブテンをtert-ブチルアルコールあるいは硫酸エステルとして抽出した後，抽出液を加熱してイソブテンを生成させる方法で分離されている．しかしこの方法には硫酸の濃縮あるいは装置の腐食などの問題がある．

そこで硫酸の代わりに強酸性イオン交換樹脂を触媒として用いてtert-ブチルアルコールを合成する方法が実用化された．水に対する原料の溶解度を高めるために酢酸を共存させる点がポイントである．

その後，強酸性を有するヘテロポリ酸触媒を高濃度水溶液の状態で用いてイソブテンのみを選択的にtert-ブチルアルコールに変える方法が登場した（n-ブテンの水和が抑制される）．この方法の特色は，tert-ブチルアルコールだけが生成すること（ヘテロポリ酸とのエステルが生成しない），装置に高耐食性をもつ材料を使う必要がないこと，などである．

(3) シクロヘキセンの水和によるシクロヘキサノールの合成

シクロヘキサノールは，66ナイロンの原料であるアジピン酸や，6ナイロンの原料であるカプロラクタムをつくるための重要な中間原料である．

シクロヘキサノールは一般的には，ベンゼンの水素化生成物であるシクロヘキサンを液相空気酸化（コバルト塩触媒）して製造されるが，ここではオレフィンの水和の例としてシクロヘキセンの水和法を説明する．

プロセス概念図を図5-5に示す．この水和反応には酸触媒が使われ，生成したシクロヘキサノールはシクロヘキセン相に抽出される．この場合，液体の酸触媒を用いるとシクロヘキサノールが水相（触媒相）に分配し，蒸留分離の際に逆反応が進行するため収率が悪くなるが，固体酸触媒を用いると転化率は10～15％，選択率99％以上となる．

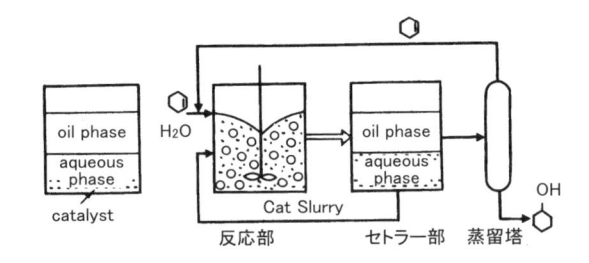

図5-5 ゼオライト触媒を用いたシクロヘキセンの水和プロセス
（石田浩，ペトロテック，19巻，p.1030 (1996) より改変）

固体酸プロセスは，シクロヘキセンと高シリカゼオライト触媒ZSM-5（親油性）を水に分散させた液相中で，100℃以上で行われる．なお，このゼオライト触媒（強酸性）は微結晶の集合体より成る特殊なものである．触媒は水相に存在し，水に溶解したシクロヘキセンは触媒が疎水性であるために吸着可能であり，水中でも反応が進行する．生成したシクロヘキサノールは大部分シクロヘキセン相（油相）に分配する．水相と油相を分離し，油相の蒸留によって生成物シクロヘキサノールを得て，未反応シクロヘキセンはリサイクルされる．

(4) n-ブテンの水和による2-ブタノールの合成

2-ブタノールの製造は，一般的には硫酸を使用する間接水和法（硫酸エステルの生成とその加水分解）で行われている．硫酸を使用するプロセスの諸問題を解決するため，ヘテロポリ酸の水溶液を触媒とする，n-ブテンの直接水和技術が確立された（出光興産）．

2-ブタノールは，塗料・接着剤等の溶剤や有機合成原料として重要なメ

チルエチルケトンの原料であり，脱水素反応によってメチルエチルケトンに変換されている．

5.5 固体塩基触媒反応

　固体塩基触媒を用いた工業プロセスの例は，固体酸触媒を用いた例に比べると著しく少ない．オレフィンの二重結合移行，アルコール類の脱水，アルコールによるアルキル化，側鎖アルキル化，ティシチェンコ反応，芳香族カルボン酸のアルデヒドへの還元などのプロセスに用いられている．

5.5.1　2,6-キシレノールの合成（フェノールのメタノールによるアルキル化）

　2,6-キシレノールはPPO樹脂の原料となる．MgOを触媒としてフェノールのメタノールによるアルキル化によって合成される．固体塩基触媒が工業的に用いられた最も古い例の1つであり，1970年にGEにより開発された．固体酸触媒でもアルキル化は進むが位置選択性は低い．MgOを用いると反応温度は約400℃と高いが，2,6-位置選択性が高い．固体酸では吸着フェニル基のπ電子が固体表面と相互作用をし，芳香核が表面と平行になり，いずれの位置もメチル化されるが，固体塩基では芳香核が表面と垂直になり，オルト位のみが表面と近く選択的にメチル化が起こり，2,6-選択性が高くなるとされている．

$$\text{PhOH} + CH_3OH \longrightarrow \text{2,6-(CH}_3\text{)}_2\text{C}_6\text{H}_3\text{OH} + 2 H_2O$$

5.5.2　5-エチリデンビシクロ[2.2.1]ヘプト-2-エンの合成（5-ビニルシクロ[2.2.1]ヘプト-2-エンの二重結合移行）

　5-エチリデンビシクロ[2.2.1]ヘプト-2-エンは合成ゴムの添加剤として有用な物質であり，均一の塩基触媒を用いる以下の二重結合反応により合成されてきた．反応物，生成物ともに熱的に不安定なので，低温で二重結合移行反応を起こす強い固体塩基触媒が必要である．住友化学はアルミナをNaOHで処理し，さらに金属Naを添加した固体超強塩基触媒を用いて工業化に成功した．廃液が発生せず，生

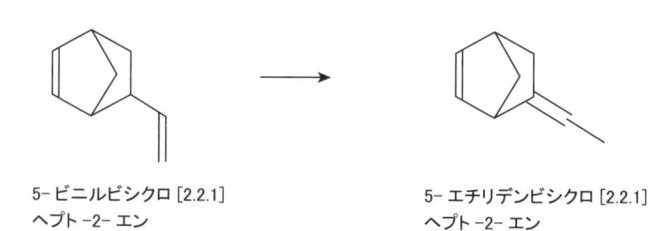

5-ビニルビシクロ[2.2.1]　　　　　　5-エチリデンビシクロ[2.2.1]
ヘプト-2-エン　　　　　　　　　　　ヘプト-2-エン

成物と触媒の分離が容易なプロセスとなった．反応は−30℃で行われる．反応は高転化率（99.8％），高選択率（99.7％）で，生成物の精製は不要である．1986年に年間2000 t の生産規模で工業化された．

5.5.3　o-トリルペンテンの合成（ブタジエンによる o-キシレンの側鎖アルキル化）− Amoco プロセスの第1段階

エンジニアリングプラスチック製造の原料として価値の高い 2,6-ナフタレンジカルボン酸ジメチル（2,6-DMNA）は，次のように o-キシレンから固体塩基触媒で o-トリルペンテンを合成する反応を第1段階とする合計6段階の反応を経て合成される（Amoco プロセス）．

第1段の反応は，CaO に K，あるいは，K_2CO_3 に Na を担持した触媒を用い，固定床反応器を用い 140℃で行われる．生成した o-トリルペンテンは，固体酸による環化，貴金属触媒による脱水素，ゼオライトによる異性化，Co, Mn 錯体触媒による酸化，そして最後に硫酸を用いたエステル化を経て，2,6-DMNA へと変換される．

5.5.4　ビニルシクロヘキサンの合成（シクロヘキシルエタノールの脱水）

ビニルシクロヘキサンの重合により生成するポリビニルシクロヘキサンは，ポリプロピレンの添加剤として用いられる．住友化学は ZrO_2 を触媒とするシクロヘキシルエタノールの選択的脱水による合成プロセスを開発した．固体塩基触媒による脱水は，E1cB 機構により進行し，α-オレフィンを選択的に生成することを利用したものである．酸性があると E1 機構で脱水が起こり，内部オレフィンが生成するので，工業的に用いられている ZrO_2 はアルカリで処理し，酸性点を消滅させてある．反応は 400℃で行われる．

アルコールの脱水反応機構

アルコールは，触媒の酸点と塩基点の作用で，脱水してオレフィンを生成したり，脱水素でアルデヒドやケトンを生成する．エタノールの脱水，脱水素を例にとると，下図のような経路でエチレンやアセトアルデヒドを生成する．(B：塩基点，A：酸点) 酸点が作用すると E1 機構（E1(1)，E1(2) 経路）でカルベニウムイオン中間体を経由してエチレンが生成する．塩基点が作用すると E1cB 機構（E1cB(1)，E1cB(2) 経由）でカルバニオン中間体を経由してエチレンが生成する．カルバニオンからプロトンが取れるとアルデヒドが生成する．酸点，塩基点が協奏的に作用すると E2 機構でエチレンが生成する．

E1cB 機構で脱水が起こるときには，中間体のカルバニオンは一級のアニオンの方が2級のアニオンより安定であるので，2の位置に OH 基をもつアルコールからは末端に二重結合を持つオレフィンが生成する．

エタノールの脱水，脱水素における酸点，塩基点の作用

5.5.5　ジイソプロピルケトンの合成

ZrO$_2$ を触媒として用い，イソブチルアルデヒドと水の当モル混合物からジイソプロピルケトンを製造するプロセスがチッソにより 1974 年に工業化された．このプロセスは ZrO$_2$ を触媒として用いた最初の工業プロセスである．このプロセスは，ティシチェンコ反応，脱炭酸，脱水を必要とするプロセスで，ZrO$_2$ はこれらの単位反応に触媒として働く．プロセス完成当時は ZrO$_2$ の作用は不明であったが，後に ZrO$_2$ の塩基性が明らかにされ，このプロセスが ZrO$_2$ の塩基触媒作用によることが判明した．

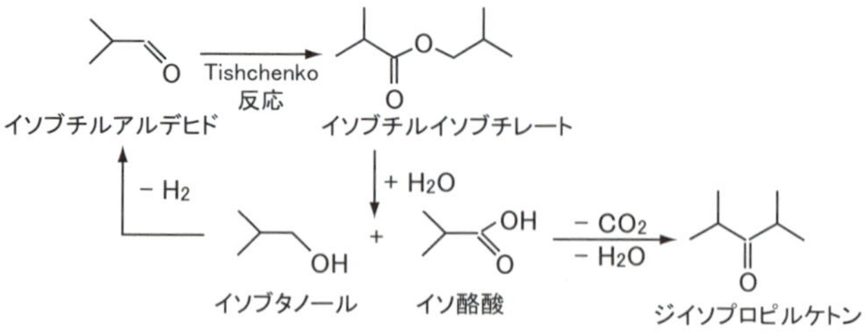

図 5-6　ジイソブチルケトンの合成経路

これまで工業プロセスにはあまり多くは用いられていなかった固体塩基触媒ではあるが，最近 20 数年の間に実用化されたプロセスは多い．固体塩基触媒単独ではなく，次項のメタセシスプロセスにみられるように，他の機能を持った触媒と組み合わせて用いる例も多い．固体酸触媒に比べ研究されることが少なかったことがプロセスに使用された例が少ない理由であるが，これからは大いに工業プロセスにいろいろな形でつかわれることが期待される．

5.6　オレフィンのメタセシス

オレフィンは，式 (5-38) に示すように，オレフィンのアルキリデン基 ($=$ CRR') の組み替えによって新しいオレフィンに変換される．このユニークな反応は，均一系触媒の発見者 Calderon によりメタセシス (metathesis) と名付けられた．工業的には，1964 年に Banks らにより開発されたプロピレンからのエチレンと 2-ブテンの製造 (Triolefin プロセス) がきっかけとなり，β-オレフィンとエチレンとから付加価値の高い α-オレフィンを製造する反応 (エテノリシス) として注目されるようになった．この反応には，均一系，不均一系ともに，Mo, W, Re の化合物が触媒として活性を示す．

$$R_1R_2C=CR_3R_4 + R_1R_2C=CR_3R_4 \rightleftarrows R_1R_2C=CR_1R_2 + R_3R_4C=CR_3R_4 \quad (5\text{-}38)$$

メタセシスを利用したプロセスの最初の例は，前述の Triolefin プロセスで，WO_3/SiO_2 を触媒として，固定床反応器により 315～480℃で行なわれたが，天然ガスから安価なエチレンが生産され始めたため，現在中止されている．

近年はプロピレンの価値が増したため，Triolefin プロセスの逆反応，すなわちエチレンとブテンからメタセシス反応によりプロピレンを製造するプロセスが稼働している．n-ブテンの3つの異性体のうちエチレンと反応してプロピレンを生成できるのはシスおよびトランス-2-ブテンで，1-ブテンからはメタセシスが起こっても，非生産的メタセシスでありプロピレンは生成しない．反応相では 2-ブテンは消費されるが，1-ブテンは消費されず蓄積していく．そこで 1-ブテンから 2-ブテンへの異性化を促進する触媒をメタセシス触媒（WO_3/SiO_2）と共存させることにより，プロピレンの収率を上げることができる．異性化触媒として Banks は MgO を用いたが，現在は活性低下の少ない固体塩基触媒が開発されている（三井化学）．WO_3/SiO_2 は確立された触媒なので，エチレンとブテンからプロピレンを製造するプロセスでは，異性化触媒の設計がメタセシスプロセスのポイントとなる．

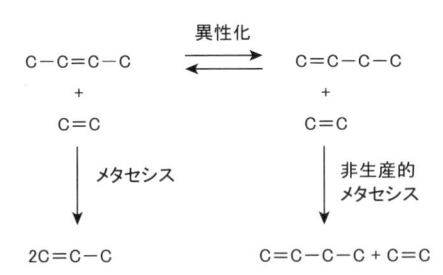

```
C-C=C-C         異性化         C=C-C-C
   +         ⇄              +
  C=C                         C=C

  ↓ メタセシス                 ↓ 非生産的
                                メタセシス
2C=C-C                        C=C-C-C + C=C
```

メタセシスを使うプロピレン製造プロセスには，ペンテンとエチレンのメタセシス，$C_5H_{10} + 2C_2H_4 \rightarrow 3C_3H_6$，また，エチレンだけを初期原料とする次の2段法，$2C_2H_4 \rightarrow C_4H_8$（2量化），$C_4H_8 + C_2H_4 \rightarrow 2C_3H_6$（メタセシス）がある．これらメタセシスを利用したオレフィンの転換技術は Olefin Conversion Technology（OCT）（Phillips 社で開発され 1996 年に Lummus 社にライセンス実施権が移行）と呼ばれ，種々のオレフィン製造に用いられている．この技術によるプロピレン生産は，全体の 5～10％にのぼる．

Shell 社の higher olefines プロセスは，洗剤用原料として C_{10} から C_{18} の

直鎖アルコールやα-オレフィンを製造するプロセスである．エチレンの重合後，得られたα-オレフィン中の不用なC_{10}以下，C_{20}以上の留分を，いったん内部オレフィンに異性化させ，これをCoO-MoO_3/Al_2O_3，WO_3/γ-Al_2O_3を触媒とし，メタセシスで必要なC_{10}からC_{18}留分へと導く．

ネオヘキセンプロセスでは，式（5-39）のようにイソブテンの二量化で得られるジイソブテンを MgO と WO_3/SiO_2 を触媒として，異性化とエテノリシスでネオヘキセンに導く．ネオヘキセンは石鹸用などの香料の原料に用いられる．

$$\begin{array}{c}
CH_3\text{-}\underset{\underset{CH_3}{|}}{\overset{\overset{CH_3}{|}}{C}}\text{-}CH\text{=}\overset{\overset{CH_3}{|}}{C}\text{-}CH_3 + CH_2\text{=}CH_2 \rightleftharpoons CH_3\text{-}\underset{\underset{CH_3}{|}}{\overset{\overset{CH_3}{|}}{C}}\text{-}CH\text{=}CH_2 + CH_2\text{=}\overset{\overset{CH_3}{|}}{C}\text{-}CH_3 \\
\updownarrow \text{異性化} \hspace{7cm} \text{ネオヘキセン} \\
CH_3\text{-}\underset{\underset{CH_3}{|}}{\overset{\overset{CH_3}{|}}{C}}\text{-}CH_2\text{-}\overset{\overset{CH_3}{|}}{C}\text{=}CH_2
\end{array} \quad (5\text{-}39)$$

その他 Monsanto 社のトルエンの酸化的二量化（PbO/Al_2O_3 触媒）により得られるスチルベンのエテノリシスによるスチレンの製造，また均一系触媒では，シクロオクテンの開環重合による工業ゴム製品の製造などが知られている．

6章 化学品製造のための触媒プロセス
―均一系触媒反応―

本章では，化学品を製造するために用いられる均一系触媒プロセスの主なものを説明する．その前にまず，均一系触媒プロセスの現在までの発展の歴史を眺め，このプロセスを理解するために必要な有機金属錯体の基本反応について解説する．

6.1 均一系触媒プロセスの歴史

均一系触媒プロセスは，現在主に高純度のモノマー製造に用いられており，1950年代以後に起こった数々の技術革新を経て表6-1のようなプロセスに至っている．均一系触媒は1910年代から工業プロセスに使用され始めたが，その後1950年代中頃までは使用量は伸びず，主にアセチレンを原料とするビニルモノマーやアセトアルデヒドの合成に利用されるだけであった．

表6-1 主な均一系触媒プロセス

一酸化炭素を含む反応：
$$CH_3CH=CH_2 + CO + H_2 \xrightarrow{Co \text{ または } Rh} C_3H_7CHO$$

炭化水素酸化反応：
$$n\text{-}C_4H_{10} + O_2 \xrightarrow{Co} CH_3CO_2H$$
$$c\text{-}C_6H_{12} + O_2 \xrightarrow{Co} c\text{-}C_6H_{11}OH + c\text{-}C_6H_{10}O$$
$$\left.\begin{array}{l}c\text{-}C_6H_{11}OH \\ c\text{-}C_6H_{10}O\end{array}\right] \xrightarrow[V, Cu]{HNO_3} \text{アジピン酸}$$
$$C_6H_5CH_3 + O_2 \xrightarrow{Co, Cu} C_6H_5CO_2H$$
$$C_6H_5CO_2H \xrightarrow[Cu]{O_2} C_6H_5OH + CO_2$$
$$CH_3C_6H_4CH_3 + O_2 \xrightarrow{Co, Mn} HO_2CC_6H_4CO_2H$$
$$CH_2=CH_2 + O_2 \xrightarrow{Pd} CH_3CHO$$
$$CH_3CHO \xrightarrow[Co]{O_2} CH_3CO_2H$$
$$CH_3CH=CH_2 + ROOH \xrightarrow{Mo} CH_3CH\underset{O}{-}CH_2$$

重合反応：
$$RO_2CC_6H_4CO_2R + HOCH_2CH_2OH \xrightarrow[2)\text{ Sb}]{1)\text{ Co,Mn,Zn,Ti}} \text{ポリエステル}$$
$$CH_2=CHCH=CH_2 \xrightarrow{Co,Ni,Ti} cis\text{-}1,4\text{-ポリブタジエン}$$
$$CH_2=CH_2 \xrightarrow{Ti} \text{ポリエチレン}$$

オレフィン，ジエンの反応：
$$CH_2=CH_2 \xrightarrow{Ni} \alpha\text{-オレフィン類}$$
$$C_2H_4 + C_4H_6 \xrightarrow{Rh} 1,4\text{-ヘキサジエン}$$
$$2C_4H_6 \xrightarrow{Ni} 1,5\text{-シクロオクタジエン}$$
$$3C_4H_6 \xrightarrow{Ti} 1,5,9\text{-シクロドデカトリエン}$$
$$C_4H_6 + 2HCN \xrightarrow{Ni} NC(CH_2)_4CN$$

水素化：
$$C_6H_6 + 3H_2 \xrightarrow{Ni} C_6H_{12}$$

* ポリブタジエンのシス-1,4結合の含有量が99％以上の超高シスブタジエンゴムが，低燃費タイヤ用に，Nd系チーグラー触媒（たとえば，ネオデカン酸ネオジム，水素化ジイソブチルアルミニウム，および塩化tert-ブチルの混合物）を用い製造されている．

ブリヂストンは，ゴムと樹脂の特性を併せ持つ複合材料として，合成ゴム成分のイソプレンと樹脂成分のエチレンの共重合体を，Gd（ガドリニウム）触媒を用いて製造し，商品化している．

1950年代になると石油化学工業の急速な展開を背景に，学術上の新発見や技術革新が相次いで起こった．1952年にはZieglerにより$TiCl_4$と$AlEt_3$を組み合わせたZiegler触媒が発見された．この発見は，常温常圧下でポリエチレンの製造を可能にしたばかりでなく，工業的にも学術的にも大きな波及効果を及ぼした．ポリエチレンに次いでポリプロピレンがNattaにより合成された．この触媒は$TiCl_4$の代わりに$TiCl_3$を$AlEt_3$と組み合わせたもので，得られるポリマーはメチル基が立体規則的に配列した構造をもち，イソタクチックポリプロピレンとよばれる．この結果，ポリエチレン，ポリプロピレンの生産はたちまち大規模になり，石油化学工業の発展を促進した．さらに1,3-ブタジエン重合による合成ゴムの製造*も始まった．またZiegler触媒の改良研究の過程で，Wilkeにより1,3-ブタジエンの環化重合に優れたNi触媒が発見され，8員環や12員環化合物が簡単に合成できるようになった．$MoCl_5$と$AlEt_3$を触媒とするシクロオレフィンの重合も研究された．この重合はその後，式(6-1)のようにオレフィンのメタセシス反応（5.6参照）であることが明らかになり，開環メタセシス重合（ROMP: ring-opening metathesis polymerization）とよばれる．

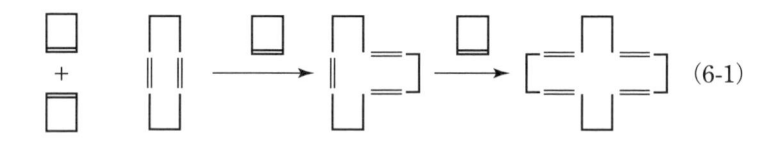

$$\square + || \longrightarrow ||\square \longrightarrow \square|\square \tag{6-1}$$

1956年にはSmidtとWacker社の技術陣によりWacker法が開発された．このプロセスは$PdCl_2$と$CuCl_2$を触媒としてエチレンからアセトアルデヒドを合成する革新的技術であり，その後オレフィンのアセトキシル化にも応用された．

また，この時期は，繊維，プラスチック，フィルムなどを製造する合成高分子化学工業の発展期でもあった．ナイロンの原料であるカプロラクタム，アジピン酸，ヘキサメチレンジアミン，あるいはポリエステルの原料であるテレフタル酸やエチレングリコールなどのモノマーには高い純度（99％以上）が要求される．このためこれらの製造に，温和な反応条件下，優れた選択性を示す均一系触媒の特性が生かされることになった．

1960年代には，均一系触媒プロセスの開発を支える有機金属化合物（オルガノメタリックス）の基礎研究が目覚ましく進歩した．なかでも，Wilkinsonらによる Rh錯体の研究は，その後の均一系触媒プロセス開発に大きな影響を与えた．活性なRhをホスフィン配位子で安定化したRh錯体は優れた触媒性能を示す．$RhCl(PPh_3)_3$はWilkinson錯体とよばれるオレフィンの水素化触媒である．また$RhH(CO)(PPh_3)_3$はオレフィンの

表 6-2　1970 年代に工業化された主な均一系触媒プロセス

プロセス	触　媒	開始年
ブタジエン $\xrightarrow{\text{HCN}}$ アジポニトリル	$Ni[P(OPh)_3]_4$	1971
エチレン $\longrightarrow$ 直鎖 α-オレフィン	$Ni(OOCCH_2PPh_2)_2$	1977
α-オレフィン $\xrightarrow{H_2/CO}$ 直鎖アルデヒド	$Rh(H)(CO)(PPh_3)_3$	1976
メタノール $\xrightarrow{\text{CO}}$ 酢酸	$[Rh(CO)_2I_2]^-$	1970
桂皮酸誘導体 $\longrightarrow$ 光学活性 l-DOPA 前駆体	$[RhL_2(PR_3)_2]^+$	1974

L＝配位子，Ph＝C_6H_5

ヒドロホルミル化でノルマル体を選択的に生成する触媒である．これらの成果は 1970 年代に入って次々に新プロセスとして工業化された（表 6-2）．

1970 年代になると，均一系触媒反応の機構や触媒の構造に関するこれまでの知識が次第に集積され，設計開発される触媒はより高度で洗練されたものとなった．Ziegler-Natta 触媒は $TiCl_4/MgCl_2/AlEt_3/C_6H_5COOC_2H_5$ の担持型多成分系に改良され，重合活性が飛躍的に向上した．Union Carbide 社は一酸化炭素を直接水素化し，エチレングリコールを製造する Rh カルボニル化合物を開発した．反応条件下では $[Rh_{12}(CO)_{34}]^{2-}$ が生成することが明らかとなり，これを契機に金属間に結合を 3 個以上もつ金属クラスター化合物の研究が活発となった．Monsanto 社は光学活性ホスフィン配位子をもつ Rh 錯体による不斉水素化を利用して，l-DOPA を製造するプロセスを開発した．

1970 年代半ばを過ぎると，石油を原料とする化学工業は市場，技術ともに成熟し，転換期を迎えた．まず 1973 年と 1979 年の 2 度にわたって経験した石油危機が転機となり，石油に代わって石炭やバイオマスを原料とするプロセスの研究が進んだ．Monsanto 社は Wacker 法に代わる酢酸製造法として，Rh 錯体を触媒とするメタノールの一酸化炭素によるカルボニル化を開発した．このプロセスの一部は，1983 年から Tennessee Eastman 社での石炭を原料とする無水酢酸*の製造にも生かされている．

1980 年代になると，化学工業の関心は汎用化学品の大量生産から，付加価値の高い精密化学品（ファインケミカルズ）の多品種少量生産へと移る．現在，先の l-DOPA 合成について，Rh 触媒による抗生物質チェナマイシン合成，銅触媒による低毒性の殺虫剤菊酸不斉合成，Rh 触媒による香料 l-メントール合成などが知られている．そして 1990 年代以降になると，ファインケミカルズ，医薬品，機能性高分子の製造に有用なクロスカップリング反応，開環メタセシス重合，不斉酸化反応，不斉水素化反応などの触媒が次々と開発されている．今後も選択性の優れた均一系触媒プロセスは益々重要な役割を果たすと期待されている．

* このプラントは米国で石炭を原料として用いた初めての化学プラントとして，1995 年，アメリカ化学会により National Historic Chemical Landmark の一つとして認定された．

6.2 有機金属化合物の基本反応

均一系触媒プロセスでは，主に遷移金属原子と炭素原子が結合した有機金属化合物（錯体）が触媒として用いられる．この化合物を用いると普通の化合物では実現できない新しい反応が開拓でき，数々の新しい均一系プロセスが開発されてきた．有機金属化合物には4つの基本的反応があり，均一系触媒プロセスはこれらの基本反応を巧みに組み合わせることによって成り立っている（表6-3）．

表6-3 有機金属化合物の基本反応

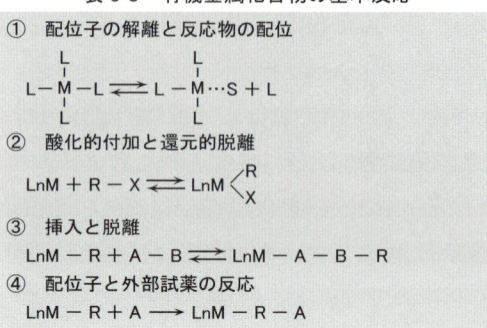

① 配位子の解離と反応物の配位

$$\begin{array}{c} L \\ | \\ L-M-L \\ | \\ L \end{array} \rightleftarrows \begin{array}{c} L \\ | \\ L-M\cdots S + L \\ | \\ L \end{array}$$

② 酸化的付加と還元的脱離

$$L_nM + R-X \rightleftarrows L_nM\begin{array}{c} R \\ X \end{array}$$

③ 挿入と脱離

$$L_nM-R + A-B \rightleftarrows L_nM-A-B-R$$

④ 配位子と外部試薬の反応

$$L_nM-R + A \longrightarrow L_nM-R-A$$

① **配位子の解離と反応物の配位** 反応物は配位子と交換反応を行なって，金属原子上に配位し活性化される．配位子の解離のしやすさは電子的効果と立体的効果で決まる．触媒反応が進行するためには，配位に必要な空間があり，配位により十分活性化されること，また反応後すばやく金属原子上から脱離することが必要である．配位子交換反応には，配位子が解離した後で反応物が配位する機構と反応物が配位した後で配位子が解離する機構がある．さらに，有機金属化合物 M−R と M′−X が配位子交換するトランスメタル化が知られている．

$$M-R + M'-X \rightleftarrows M-X + M'-R \tag{6-2}$$

M は Mg, Zn, Zr, Sn, B, Al, Li などであり，X はハロゲンや電気陰性度の大きい配位子である．Pd を触媒とするクロスカップリング反応（6.3.4節）では，触媒サイクルにトランスメタル化が組み込まれ，Pd 上で R−Pd−R′ が生成する．

② **酸化的付加と還元的脱離** 反応物（RX）の結合が切れ，金属原子に付加する反応（R-M-X）を酸化的付加という．中心金属の原子価が見かけ2だけ増加するので，この名がある．逆反応は原子価が減少し還元的脱離という．有機遷移金属化合物は低原子価状態をとることができるため，通常の金属錯体にないこのような性質を示す．H_2 分子の酸化的付加によるジヒドリド錯体の生成は水素化の素反応の1つである．また Monsanto 法酢酸合成プロセス（図6-4）では，最初の過程が Rh への CH_3I の酸化

的付加であり，最後は Rh に結合したアセチル基と I が還元的脱離して CH$_3$COOI が生成する．

③ 挿入と脱離　挿入反応と脱離反応は，不飽和分子 A-B が M-R 結合に入り込む反応とその逆反応の入っていた A-B が出てくる反応である．

$$M-R + A-B \underset{脱離}{\overset{挿入}{\rightleftarrows}} M-A-B-R \tag{6-3}$$

オレフィンの挿入，脱離反応は，オレフィンの重合，異性化，水素化などの素反応の1つである．

Ni ヒドリド錯体によるエチレン二量化反応は図 6-1 のような反応サイクルで進行する．エチレンはまずヒドリド錯体に π-配位し，Ni-H 結合に挿入してエチル基（Ni-C$_2$H$_5$）を形成する．次いで第2のエチレンが配位し，Ni-C$_2$H$_5$ 結合に挿入してブチル基（Ni-(CH$_2$)$_3$CH$_3$）を形成する．最後にブチル基の2番目の炭素原子，すなわち β 位の H 原子が引き抜かれ，1-ブテンが脱離しヒドリド錯体が再生する．またエチレンの挿入がブチル基で止まらず，繰り返し挿入が起こるとポリエチレンが生成する（式6-4）．これが Ziegler 触媒によるエチレンの重合である．

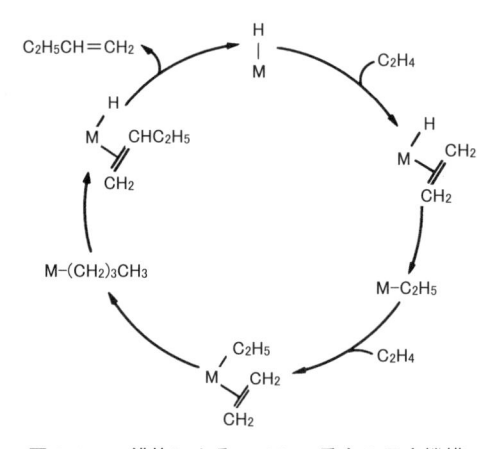

図 6-1　Ni 錯体によるエチレン重合の反応機構

$$Ti-R \xrightarrow{C_2H_4} Ti-C_2H_4-R \xrightarrow{C_2H_4} Ti-(CH_2)_2-R \xrightarrow{C_2H_4} \xrightarrow{C_2H_4} \cdots\cdots \to Ti-(CH_2)_n-R \tag{6-4}$$

Ni 錯体でエチレンの挿入がブチル基で止まるのは，反応サイクル（図6-1）で時計の8時の位置にあるブチル基から10時の位置の π 配位 1-ブテンへの β ヒドリド脱離の過程が速く，ブチル基への第3のエチレンの挿入の機会がないためである．しかし，1995年エチレン重合に高活性なカチオン性ジイミン Ni 錯体（図 6-2）が Brookhart らにより合成された．この

錯体では β-水素脱離の可逆性に着目し，配位子に嵩高いジイミンを用いた．ヒドリド錯体ではないので，図 6-1 の反応サイクルを一部修正し，10 時の位置から 2 時の位置へと直接変換される．π 配位 1-ブテンへエチレンが近づくと，1-ブテンは追い出され π 配位エチレンとなる．ここで配位子に嵩高いジイミンを用いると，立体障害によりエチレンが接近しづらくなり，その結果，β-水素脱離（連鎖移動）が抑制され，エチレンの挿入が順調に進行し，Ni 錯体でも高分子量のポリエチレンが得られると考えられている．このような後期周期金属錯体を用いると極性モノマーの共重合が進行する．

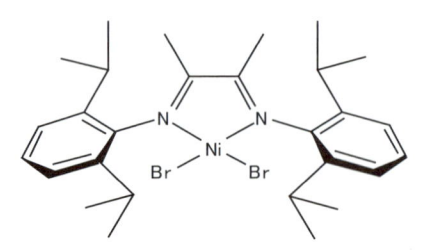

図 6-2　Brookhart 触媒

オレフィンの挿入反応が，カルベン錯体の M＝C 結合間に起きると 4 員環メタラサイクルが生成する．この反応はオレフィンメタセシスの素反応の 1 つである（式 6-5）．

$$\begin{matrix} C \\ \| \\ M \end{matrix} + \begin{matrix} C \\ \| \\ C \end{matrix} \rightleftharpoons \begin{matrix} C-C \\ | \quad | \\ M-C \end{matrix} \tag{6-5}$$

オレフィンのヒドロホルミル化や Monsanto 法酢酸合成では，一酸化炭素が M-R 結合に挿入して炭素-炭素結合を形成する（式 6-6）．

$$M-R + CO \longrightarrow M-\overset{O}{\underset{\|}{C}}-R \tag{6-6}$$

④　配位分子と外部試薬の反応　金属錯体に配位して活性化された反応分子は，遊離の分子とは異なる反応性を示す．Wacker 法では，Pd^{2+} に π 配位したエチレンは，二重結合の π 電子が Pd^{2+} に流れこみ，二重結合上の電子密度が低下するため，配位圏の外から H_2O の求核攻撃を受けやすくなる．

$$H_2O \longrightarrow \begin{matrix} CH_2 \\ \| \cdots\cdots Pd \\ CH_2 \end{matrix} \xrightarrow{-H^+} \begin{matrix} HO-CH_2 \\ | \\ CH_2-Pd \end{matrix} \tag{6-7}$$

6.3　均一系触媒反応プロセス

6.3.1　一酸化炭素を用いるプロセス

一酸化炭素は不飽和結合をもつが，反応性に乏しく，反応原料として利

用するには触媒により活性化することが必要である．工業化されているプロセスは，オレフィンのヒドロホルミル化，メタノールのカルボニル化，オレフィンからのカルボン酸合成などである．

(1) オレフィンのヒドロホルミル化

オレフィンのヒドロホルミル化は，オレフィンに一酸化炭素と水素を付加させ，炭素数の1つ多いアルデヒドを製造するプロセスである．オキソ合成ともよばれ，歴史の古い大規模なプロセスである．主にプロピレンからブチルアルデヒドが製造される．

$$CH_3CH=CH_2 + H_2 + CO \longrightarrow CH_3CH_2CH_2CHO \qquad (6\text{-}8)$$

n-ブチルアルデヒドはアルドール縮合，水素化を経て2-エチル-1-ヘキサノールに転化した後，フタル酸ジオクチルとしてポリ塩化ビニルの可塑剤に用いられる．また1-オクテンなどの末端オレフィンからは高級アルコールが製造され，生分解性の洗剤や高温用潤滑剤，可塑剤に用いられる．

ヒドロホルミル化の触媒には，1938年Roelenにより見出されたCo触媒が主に用いられてきた．粒子状の金属コバルトかCo(II)塩を反応器に入れ，合成ガスで処理すると活性種$HCo(CO)_4$が生成する．

$$Co^{2+} \xrightarrow{H_2, CO} Co^0 \xrightarrow{CO} Co_2(CO)_8 \xrightarrow{H_2} HCo(CO)_4 \qquad (6\text{-}9)$$

反応温度を120～140℃，圧力を200 atmとすると，プロピレンから選択率60～70%でn-ブチルアルデヒドが合成される．副生成物は主にイソブチルアルデヒドであり，C_4アルコール，ジイソプロピルケトンも生成する．

Shell社はコバルトカルボニル触媒の性能を改良するため，$P(n\text{-}Bu)_3$などの三級ホスフィンを添加している．選択率は，ノルマル／イソ比7:1（改良前4:1）となり，また触媒の安定性が増し，100 atmでも使用可能になった．この触媒では，ホスフィン配位子が嵩高いので生成するアルキル中間体がノルマルアルキルになりやすく，このためノルマル選択性が向上する．

$$\begin{array}{c} H \\ | \\ Co \\ \vdots \\ H_2C=CHCH_3 \end{array} \begin{array}{c} \nearrow CoCH_2CH_2CH_3 \\ \longrightarrow CoCH(CH_3)_2 \end{array}$$

Union Carbide社で開発した$HRh(CO)(PPh_3)_3$は選択性，反応条件とも優れた触媒である．プロピレンのヒドロホルミル化では，反応温度100℃，反応圧力10～20 atmで90%以上の高選択率でn-ブチルアルデヒドを合成できる．この触媒サイクルを図6-3に示す．Rh触媒は高価であるので，現在このプロセスは限られた範囲で用いられている．

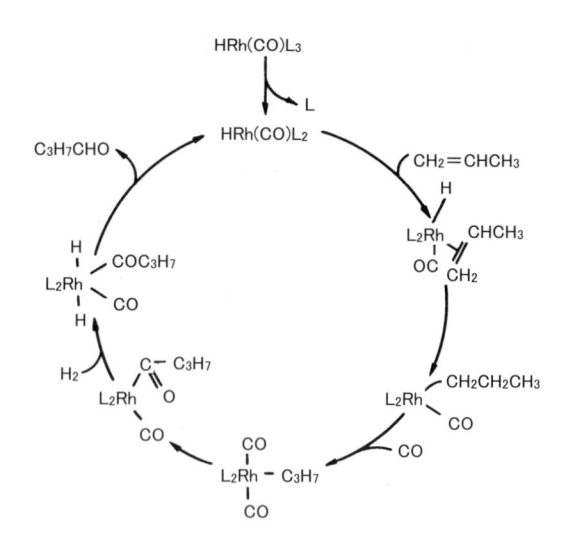

図 6-3　Rh 錯体によるプロピレンのヒドロホルミル化の反応機構

(2) オレフィンのカルボキシル化

オレフィンのヒドロホルミル化における水素の代わりに，水，アルコール，アミンを水素供与体として用いると，カルボン酸誘導体が生成する（式6-10）．

$$\text{H}-\text{M} \xrightarrow[\text{CO}]{\text{C}_2\text{H}_4} \text{C}_2\text{H}_5\underset{\underset{\text{C}}{\parallel}}{\text{C}}-\text{M} \underset{\xrightarrow{\text{R}_2\text{NH}}}{\overset{\xrightarrow{\text{H}_2\text{O}}}{\xleftarrow{\text{ROH}}}} \begin{array}{l}\text{C}_2\text{H}_5\text{COOH}\\ \text{C}_2\text{H}_5\text{COOR}\\ \text{C}_2\text{H}_5\text{CONR}_2\end{array} \qquad (6\text{-}10)$$

現在，$Co_2(CO)_8$ を触媒としてエチレンからプロピオン酸が製造されているが，その他のカルボン酸はこのプロセスを用いず，アルデヒドの酸化により製造される．

(3) メタノールのカルボニル化による酢酸合成

酢酸は無水酢酸と並びビニルアセテート，アセチルセルロース，染料，可塑剤などの中間原料であり，また酢酸は p-キシレンからテレフタル酸への酸化反応の主な溶媒である．現在メタノールを原料とするカルボニル化が主な合成プロセスである．

触媒は BASF 社の $Co_2(CO)_8$/HI と Monsanto 社の $[Rh(CO)_2I_2]^-$/HI が開発されているが，Rh 系が反応条件，選択性ともに優れている．Rh の錯体を用い 180℃，30〜40 atm 下の反応では 99% 以上の選択率で酢酸が得られる．触媒のモル濃度が 10^{-3} M と小さいため高価な Rh を使用しても十分経済的に成り立つプロセスであり，Monsanto 法として工業化されている．

この反応は，図 6-4 のように，CH_3I の酸化的付加，CO の挿入，還元的脱離，そして CH_3COI の加水分解から成り立っている．メタノールはそのままでは CH_3-Rh 結合をつくれないので，HI を助触媒にして Rh に酸化的

付加できる CH₃I に変えられる．またこの Rh 錯体は水素化触媒でもあるが，ヨウ素を添加したため水素化能力は抑えられ，CO 原料に H₂ ガスが混ざっていても酢酸が高選択率で得られる．

このプロセスを利用して，無水酢酸が酢酸メチルのカルボニル化で合成される．反応の過程を式（6-11）と図 6-4 に示す．

$$\begin{aligned}
CH_3COOCH_3 + HI &\longrightarrow CH_3I + CH_3COOH \\
CH_3I + CO &\longrightarrow CH_3COI \\
CH_3COOH + CH_3COI &\longrightarrow (CH_3CO)_2O \\
\hline
CH_3COOCH_3 + CO &\longrightarrow (CH_3CO)_2O
\end{aligned} \quad (6\text{-}11)$$

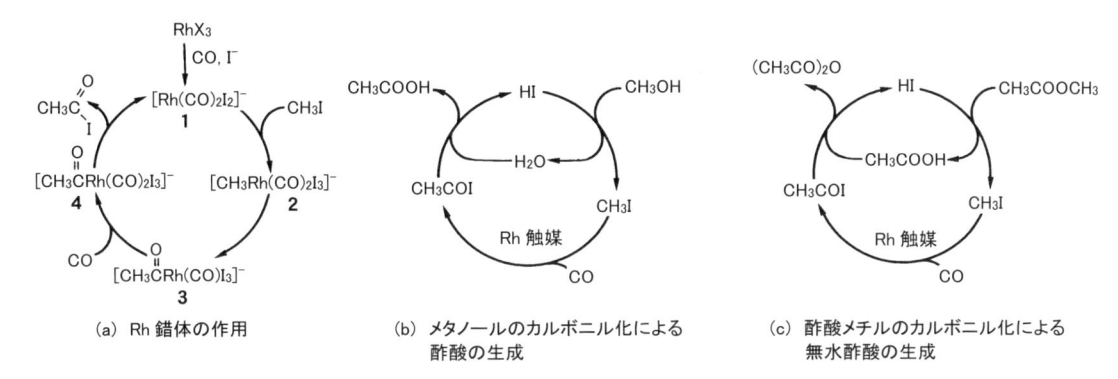

図 6-4　Rh 錯体によるメタノールおよび酢酸メチルのカルボニル化の反応機構
Rh 錯体はいずれの反応でも CH₃I と CO から CH₃COI を生成する作用をする．

酢酸合成での CH₃OH の代わりに CH₃COOCH₃ を原料とすると，CH₃I と CH₃COOH が生成し，CH₃COI の CH₃COOH によるカルボニル化で (CH₃CO)₂O が製造される．酢酸合成と同様に，活性種 3 の生成が重要な鍵になっている．

6.3.2　オレフィンの重合プロセス

プラスチックなどの高分子材料は様々な重合反応で製造されるが，Ziegler 触媒の発見を契機に，オレフィンを原料にして有機金属化合物の挿入反応を利用する重合プロセスが発展した．実際に使用される Ziegler 触媒は固体であり，したがってポリオレフィンの製造は不均一系触媒プロセスに属するが，触媒開発が均一系触媒に密接に関連して行なわれたので，本章で取り上げた．

（1）　ポリエチレンの製造

ポリエチレンには用途に応じて高圧，中圧，低圧ポリエチレンの3種がある．高圧ポリエチレンは 1,000 atm 以上の圧力下，微量の酸素を開始剤とするラジカル重合により製造される．中圧法では，30～100 atm 下，シ

* 1951年にPhillips社の研究員により発見されたことからPhillips触媒と呼ばれる。1956年から商業プラントが稼働した。世界のHDPE生産量の40～50%がこの触媒で製造されている。1999年、アメリカ化学会によりNational Historic Chemical Landmarkの1つとして認定された。

リカ担持クロミア触媒*が用いられる。Ziegler触媒を用いる低圧法では高密度ポリエチレン（HDPE: high density polyethylene）が製造される。触媒は溶媒中で四塩化チタン（$TiCl_4$）とトリエチルアルミニウム（$AlEt_3$）から調製される。このポリエチレンは密度（0.96），融点（136℃）が高く，直鎖性に優れ，分子量の分布幅が狭い．

さらに，エチレンと数モルパーセントのα-オレフィン（1-ブテン，1-ヘキセン，1-オクテン）を共重合させ，分岐を作ることで，ポリエチレンの物性が制御されている．この共重合体は直鎖低密度ポリエチレン（LLDPE: liner low density polyethylene）とよばれる．

(2) ポリプロピレンの製造

$TiCl_3/AlR_3$を触媒としてプロピレンを重合すると結晶性のよいポリプロピレンが得られる．Nattaらは図6-5のようにポリマー主鎖を平面におくと，ポリマーの構造がメチル基が片側から揃って突き出す配置であることを明らかにした．これはイソタクチック構造とよばれる．このような立体特異性が生じるのは，図6-6のように$TiCl_3$の表面の立体的環境が一方向でのモノマーの配置に適しているためと考えられる．

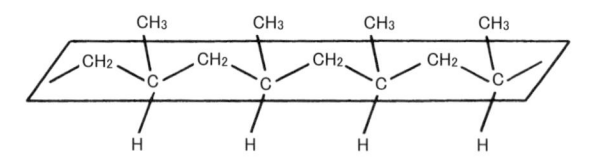

図6-5 イソタクチックポリプロピレンの構造

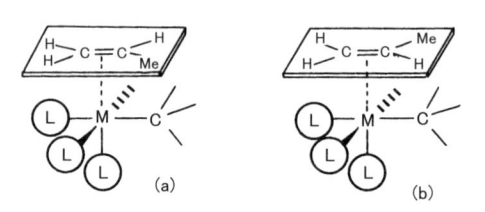

イソタクチック重合が起きる場合
(a), (b) どちらかの配位が有利になる

図6-6 Tiサイトへのプロピレンの配位の方向

$TiCl_3$は$TiCl_4$をアルキルアルミニウムで還元して調製されるが（式6-12）イソタクチック性の低いβ-$TiCl_3$が生成するため，さらに熱処理してγ-$TiCl_3$へ相転移させる必要がある．このほかに$TiCl_3$の結晶にはα, δの計4つの結晶変態があり，立体選択性を決めている．深紫色のα, γ, δ-$TiCl_3$は活性サイト生成に必要なCl^-の格子欠陥を安定につくるためイソタクチック性が高いが，構造の大きく異なるβ-$TiCl_3$のイソタクチック性は低い．

$$TiCl_4 + \frac{1}{3}AlEt_3 \longrightarrow TiCl_3 \cdot \frac{1}{3}AlCl_3 + \frac{1}{2}C_2H_6 + \frac{1}{2}C_2H_4 \quad (6\text{-}12)$$

この触媒の性能はその後著しく改良されたが，その方法は極めて論理的であった（コラム（p.111）参照）．現在では第3世代の触媒として $TiCl_4/MgCl_2/AlEt_3/C_6H_5COOC_2H_5$ が開発されている．この第3世代の触媒は，Ti 1 g あたりポリプロピレンが 1～2 t 製造できる（図6-7）．このためポリマー製造工程からの触媒除去は不要となり，操業コストは一気に 3/20 に下がった．その他多くの技術開発が進み，触媒技術として最先端に位置する．

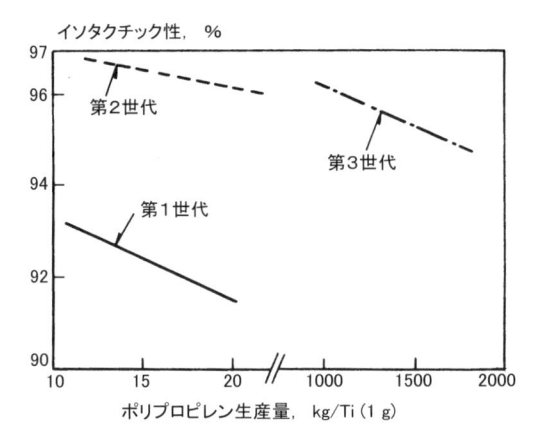

図6-7 ポリプロピレンの製造量と立体選択性
(B. L. Goodall, *J. Chem. Educ.*, **63**, 191 (1986))

(3) メタロセン触媒

1980年，ドイツ・ハンブルグ大学の Kaminsky 博士と Sinn 博士はエチレン重合に高活性な均一触媒を発見した．この触媒はジシクロペンタジエニルジルコニウムジクロリド（Cp_2ZrCl_2）と助触媒メチルアルミノキサン（MAO）とで構成され，メタロセン触媒あるいは Kaminsky 型触媒とよばれる（図6-8）．エチレン重合活性は 1 t g^{-1} 以上と極めて高く，従来の Ziegler-Natta 触媒系ではみられない優れた特徴を数多く持っている．

メタロセンはシクロペンタジエニル（Cp）環が金属原子にπ配位した有機金属化合物の総称であり，Fe 原子の上下に Cp 環 2 個が配位したフェロセンなど多くの化合物が知られている．触媒の原型は Cp_2ZrCl_2/AlR_3 で，$TiCl_3/AlR_3$ の発見者である Natta と Breslow によりすでに 1950 年代に検討されていた．しかし，シクロペンタジエニル基が有用な配位子として盛んに利用されていたのと対照的に，Cp_2ZrCl_2/AlR_3 の組み合わせはエチレン重合活性が低いために注目されず，AlR_3 の代替として MAO が発見されるまで 30 年間待たなければならなかった．MAO は，$AlMe_3$ の部分加水分解

物である．Kaminskyらの独創的な点は，不活性ガス雰囲気下で取り扱うべきAlMe$_3$にあえて水分を加えたことである．調製は1当量の水でAlMe$_3$を加水分解して行われ，構造はAl(-O-)$_3$，Al(-O-)$_4$やAlMe$_2$種とAlMe$_3$を含むとされている．この助触媒の存在下ではじめてCp$_2$ZrCl$_2$が活性化される．

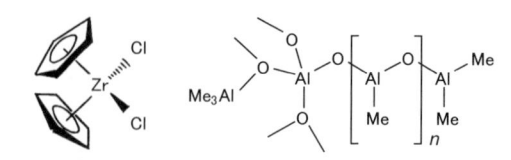

図6-8 メタロセン触媒とメチルアルミノキサン（MAO）

メタロセン触媒の優れた特徴の1つは，Ziegler-Natta触媒に比べ，生成したポリエチレンの分子量分布が狭く（重量平均分子量と数平均分子量の比が2程度），しかも共重合体のコモノマー組成の分布は均一でランダムな点であり，このため引っ張り強度が大きい，ベタツキが少ない，透明性が高いなど，優れた特性のポリエチレンが得られる．これは溶液中にただ1種類の活性種しか存在しないためであり，メタロセン触媒は別名シングル-サイト触媒ともよばれている．

メタロセン触媒の第2の特徴は，構造が比較的単純なため，金属や配位子の工夫次第で，分子量，立体規則性，分岐割合などポリエチレンの構造特性が精密に制御できることである．たとえば，Cp環に置換基を導入したり，あるいは1個にしたりと分子設計されたさまざまな配位子が検討され，これまで利用できなかった環状オレフィンをコモノマーとして用いたLLDPE（直鎖低密度ポリエチレン）は，結晶性や融点の調節が自在となった．すでに光学特性に優れたものやポリ塩化ビニル（PVC）より優れた性質を持つものなどが製造されている．

モノマーとしてエチレンの他，プロピレンやスチレンを用いた立体規則的重合も検討されている．Cp環2個をつなぎCp環の中心金属に対する回転を固定すると，C_{2v}対称からC_2対称となりキラルな反応中心が形成され，イソタクチックポリプロピレンが製造できる．またスチレンからは，主鎖に対して交互にフェニル基が配列した（シンジオタクチック）ポリスチレン樹脂がメタロセン触媒を用いてはじめて製造された．その他，メチルアルミノキサンに代わるホウ素系の助触媒も開発されている．さらにZrをSmなどの希土類元素に代えたメタロセン触媒では，助触媒なしに重合が進行することも報告されている．

このようにメタロセン触媒の研究開発は短期間のうち精力的に進められ，触媒性能が飛躍的に向上し，工業化が進んでいる．

ポリプロピレン製造用触媒の改良

活性は表面にある Ti サイトの濃度で決まるので，まず結晶子径の大きな TiCl$_3$ を細かくするため，ボールミルで機械的に粉砕する．次に立体選択性を改良するため，還元力が強すぎて TiCl$_2$ まで還元してしまう AlEt$_3$ に代わって，AlEt$_2$Cl が選ばれた．こうしてイソタクチック性は 70〜80％から 90〜95％まで向上した．ところが Et$_2$AlCl からは触媒毒のルイス酸 EtAlCl$_2$ が生じてしまった．

$$AlCl_3 + Et_2AlCl \rightarrow 2EtAlCl_2 \tag{6-13}$$

そこでルイス塩基を添加し EtAlCl$_2$ を取り除いた．

$$2\ EtAlCl_2 + 塩基 \rightarrow Et_2AlCl + AlCl_3・塩基 \tag{6-14}$$

またルイス塩基に立体障害能をもつフェノールを用いると，Ti サイトのまわりが嵩高くなり，ブロック効果でイソタクチック性が向上した．このように改良された触媒は第 1 世代の触媒とよばれる．

次の課題は β-TiCl$_3$ から γ-，δ-TiCl$_3$ へ相転移させる温度を下げることであった．従来の熱処理温度（160〜200℃）では，結晶子径がどうしても大きくなってしまう．開発された方法では，TiCl$_4$ からアルキルアルミニウムで還元して得られた β-TiCl$_3$・xAlCl$_3$ からエーテルで AlCl$_3$ を抽出除去した後，過剰の TiCl$_4$ で熱処理（60〜100℃）した．TiCl$_4$ が触媒として働き $\beta \rightarrow \delta$ の相転移が低温（<100℃）で可能になった．第 2 世代の触媒である．

第 3 世代の触媒は MgCl$_2$ を担体として調製された．担持金属触媒と同様に担持すると活性成分の無駄が少ないためである．MgCl$_2$ は構造上最適の担体であった．MgCl$_2$ は γ-TiCl$_3$ と同じ層状の結晶構造をもち，またイオン半径も Mg^{2+}（0.066 nm）と，Ti^{4+}（0.068 nm）とが接近している．また β-TiCl$_3$ は鎖型構造であり，MgCl$_2$ の表面上で構造的にうまく馴染まないのも好都合であった．触媒は無水 MgCl$_2$ をボールミルで粉砕後，TiCl$_4$ の溶液を含浸し還元し調製した．TiCl$_2$ は MgCl$_2$ 上に安定に結合するため，還元剤には今度は還元力の強い AlEt$_3$ が選ばれた．またルイス塩基として安息香酸エチルなどが用いられた．このようにして高活性，高選択性の触媒 TiCl$_4$/MgCl$_2$/AlEt$_3$/C$_6$H$_5$COOC$_2$H$_5$ が開発された．それぞれの成分はみな重要な役割を果たしている．

この触媒の登場により，触媒設計の考え方が明らかとなった．式（6-15）に触媒活性種の生成機構を示す．L は複数の配位子を表す．アルキル化剤により錯体はアルキル化され，さらにルイス酸（Y）により 1 つのアルキル基が引き抜かれ，活性種であるカチオン錯体が生成する．アルキル化剤は AlR$_3$ や MAO である．

$$L-M\begin{smallmatrix}Cl\\Cl\end{smallmatrix} \xrightarrow[AlR_3]{アルキル化} L-M\begin{smallmatrix}R\\R\end{smallmatrix} \xrightarrow[Y(ルイス酸)]{引き抜き} L-\overset{+}{M}-R + Y^--R \tag{6-15}$$

この機構に基づき，配位子としてシクロペンタジエニル基を持たない触媒（非メタロセン触媒）が設計され合成されている．Brookhart 触媒や FI 触媒（図 6-9）が知られている．FI 触媒はフェノキシイミン（サリシルアルジミン）配位子を有する八面体錯体であり，これまでに知られているエチレン重合触媒のうちで最も高活性な触媒である．

さらに FI 触媒の特徴であるエチレン選択性が高いことを応用し，ダウ・

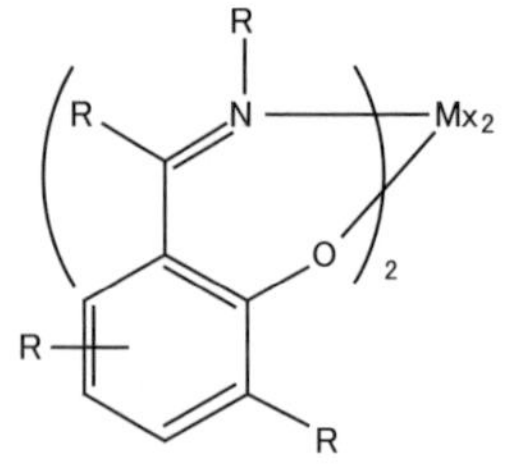

図 6-9 FI 触媒

ケミカル社は可逆的連鎖移動法とよばれる共重合体の合成法を開発した．エチレンと 1-オクテンの共重合を行う際，オクテン含有量の低い耐熱性に優れた（融点 T_m の高い）ポリエチレンを合成する触媒としてジルコニウムビス（フェノキイミン）を，またオクテン含有量の高い弾力性に優れた（ガラス転移点 T_g の低い）ポリエチレンを合成する触媒としてハフニウムピリジルアマイドをそれぞれ開発した．この二種類の触媒に Et_2Zn を共存させて重合反応を行うと，一方の触媒上で成長したポリマー鎖は，まず Et_2Zn の Et 基と交換して Zn 上に移動し，その後 Zn 上から離れて元に戻るかもう一方の触媒上に移動し，さらに重合反応が進行する．その結果，Et_2Zn がシャトルとして二種類の触媒間を往復し，オクテン含有量の低いブロックとオクテン含有量の高いブロックが交互に成長したポリエチレン鎖が生成する．合成したオレフィンブロック共重合体は高い融点を有する部分と低いガラス転移点を有する部分から成ることから，耐熱性に優れたエラストマーとなり，すでに商品化されている．

（4）オレフィンの低重合プロセス

オレフィンの炭素鎖連鎖成長が頻繁に停止すると，二量体，三量体，あるいはオリゴマーが得られる．このうち α-オレフィンは LLDPE，潤滑剤，界面活性剤などの中間原料となる．

エチレンは簡単に Al-H に結合挿入し Al-C 結合を形成して C_4〜C_{40} の有機アルミニウムを生成する．この反応は触媒反応ではないが，生成した有機アルミニウムは酸素と反応してアルミニウムアルコキシドとなり，加水分解して脂肪酸アルコールになる．この偶数個の炭素数をもつ直鎖アルコールの合成法は，Alfol プロセス*とよばれている（式 6-16）.

$$\text{Al-H} + n\text{C}_2\text{H}_4 \longrightarrow \text{Al}\begin{smallmatrix}R^1\\-R^2\\R^3\end{smallmatrix} \xrightarrow{O_2} \text{Al}\begin{smallmatrix}OR^1\\-OR^2\\OR^3\end{smallmatrix} \xrightarrow{H_2O} \begin{cases}R^1OH\\R^2OH\\R^3OH\end{cases}$$
(6-16)

Ni ヒドリド錯体（図 6-10）による α-オレフィン製造プロセスは，Shell

---

* 合成されるアルコールは Ziegler アルコールとよばれる．サソール社はアメリカに世界最大の合成プラントを建設し，2020年に商業運転を始めた．同時に，合成した Ziegler アルコールを Guerbet（ゲルベ）反応により二量化し，β-分岐アルコールの生産も始めた．

higher olefins プロセスとして知られている．溶媒中，100℃，40 atm でエチレンを低重合させる．C_{10}〜C_{18} 留分以外の α-オレフィンも異性化，メタセシス，ヒドロホルミル化を順次経てオキソアルコールに変えられ，エチレンの完全利用が行なわれる（図 6-11）．メタセシスは α-オレフィンに対しては十分働かないので，異性化反応でまず内部オレフィンへ変えられる．

図 6-10 Ni ヒドリド錯体

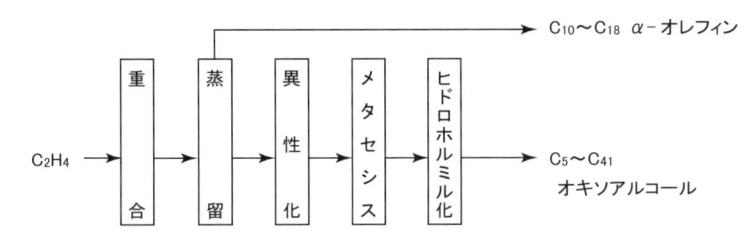

図 6-11 Shell higher olefins プロセスの系統図

　エチレンとブタジエンを共二量化すると 1,4-ヘキサジエンが生成する．トランス体は加硫による架橋処理が可能なエチレン-プロピレン-非共役ジエン系の重合ゴムの原料として用いられており，Du Pont 社は $RhCl_3$ を用いたプロセスを 1960 年代に工業化している．共重合は $RhCl_3 \cdot 3 H_2O$ のメタノール溶液中にエチレンとブタジエンの等量混合物を通して行なわれる．1,4-ヘキサジエンはより安定な 2,4-ヘキサジエンに異性化しやすいので，異性化する前に生成物を分離することが必要である．

　最近，α-オレフィン生産量の約半数が LLDPE のコモノマーに用いられることから，選択的オリゴメリゼーション，とくに 1-ブテン，1-ヘキセン，および 1-オクテン製造用触媒の開発が盛んとなっている．1-ブテン製造には IFP の alphabutol プロセスの $Ti(OBu)_4/AlEt_3$ が，また 1-ヘキセン製造[*]には Chevron Phillips 社の Cr-ピロール錯体/$AlEt_3$ が用いられている．さらに電子供与性ペンダント基付きフェノキシイミン Ti 錯体/MAO（図 6-12）が開発され，2011 年に工業化されている．

[*] 三菱ケミカルは，1-ヘキセン選択率が 95% を超える高活性均一系触媒を開発した．触媒は，Cr 塩，2,5-ジメチルピロール，$AlEt_3$，およびハロゲン含有有機化合物からなる 4 成分系であり，2018 年からタイの化学メーカーが生産を開始した．

図 6-12　エチレン三量化用 Ti 錯体触媒

　Ni 錯体を用いてブタジエンを重合すると 8 員環および 12 員環化合物が生成する．二量体は，1,5-シクロオクタジエン(COD)であり，三量体は 1,5,9-シクロドデカトリエン（CDT）である．反応は図 6-13 のように，ブタジエン 2 分子が Ni に配位して同じ中間体 1 を経て進むと考えられている．異性体 2，3，4 からは 2 つの Ni-C 結合が還元的に脱離し，対応するそれぞれの生成物が得られる．選択性は反応条件と配位子の種類で決まり，トリス（o-フェニルフェニル）ホスファイトを配位子とし，80℃，1 atm で反応させると 1,5-COD が 96% 生成する．ホスフィン配位子をもたない Ni(0) 錯体，例えば Ni(COD)$_2$ を用いると，中間体 1 の L が 3 番目のブタジエンになり 1,5,9-CDT が全てトランス配置で生成する．しかし工業的には TiCl$_4$/Al$_2$Cl$_3$Et$_3$ が用いられ，シス，トランス，トランス配置の 1,5,9-CDT

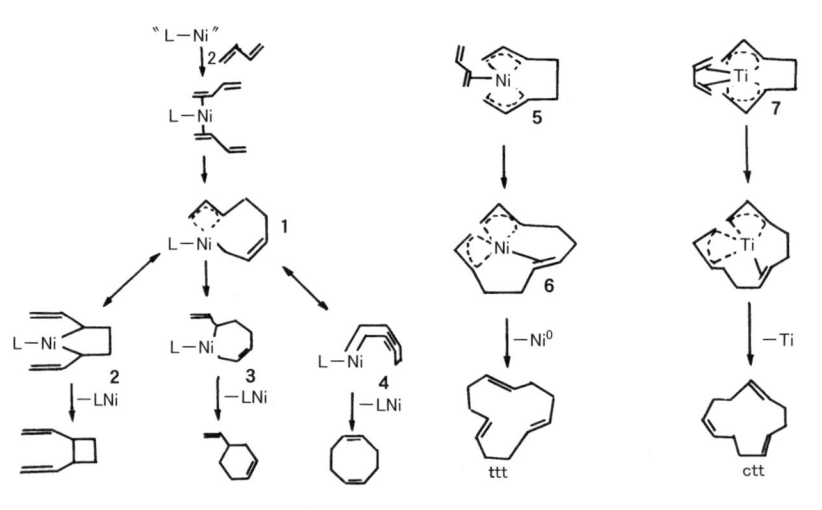

図 6-13　ブタジエンの環状環化反応の機構

が得られる．CDT はラウロラクタムを経て 12-ナイロンへと導かれる（図 6-14）．12-ナイロンは丈夫で寸法安定性が良く，水に馴染まないので，歯車などの工業部品に利用される．

図 6-14　1,5,9-CDT からの 12-ナイロン製造過程

6.3.3 オレフィンのメタセシス

オレフィンのメタセシス（5.6 参照）の反応機構は，式（6-17）に示すように，標識化合物を利用してオレフィンが二重結合のところで炭素鎖を組換える反応であることが知られていたが，どのような反応中間体を経て反応が進むのか明らかではなく，反応中間体として擬シクロプロパン，メタラシクロペンタン，カルベンなどが提案され，激しい論争がくり広げられた．

$$R-CH=CH-R' + H_2{}^*C={}^*CH_2 \longrightarrow R-CH={}^*CH_2 + R'CH={}^*CH_2 \quad (6\text{-}17)$$

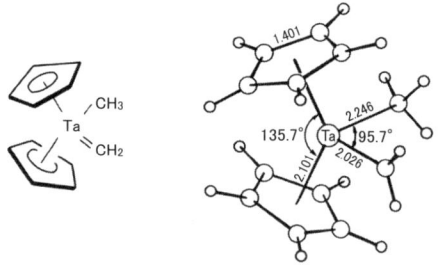

図 6-15　カルベン錯体（η-C$_5$H$_5$)$_2$Ta(CH$_3$)(CH$_2$) の構造（距離の単位は Å）
(L. H. Guggenberger and R. R. Schrock, *J. Am. Chem. Soc.*, **97**, 6578 (1975))

1970 年代半ばになると，提案された反応中間体のうち，図 6-15 に示すようなカルベン（アルキリデン）錯体が合成され，その後，実際にメタセシスに活性な錯体も合成されて，カルベン錯体が反応中間体となる説が定着した．現在オレフィンメタセシスは，Chauvin が最初に提唱したカルベンとメタラシクロブタンを順次経由する図 6-16 の機構で進むとされている．

反応機構の研究により活性種が明らかとなると，高活性錯体触媒が次々に合成された．図 6-17 に，Schrock 触媒，第 1 世代および第 2 世代 Grubbs 触媒を示す．Chauvin，Grubbs，および Schrock の 3 氏は 2005 年度ノーベル化学賞を受賞した．

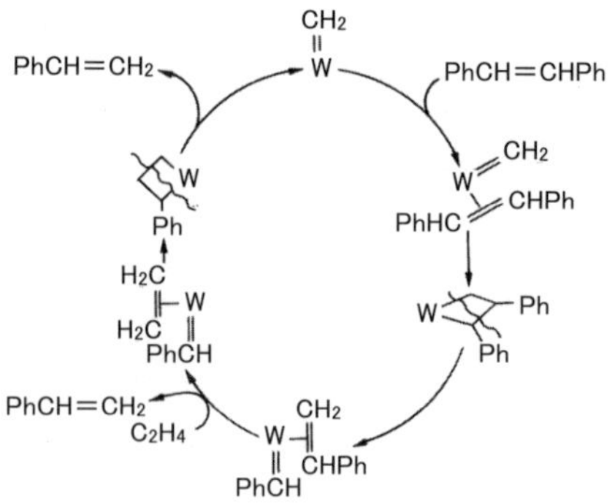

図 6-16　スチルベンとエチレンのメタセシス反応機構

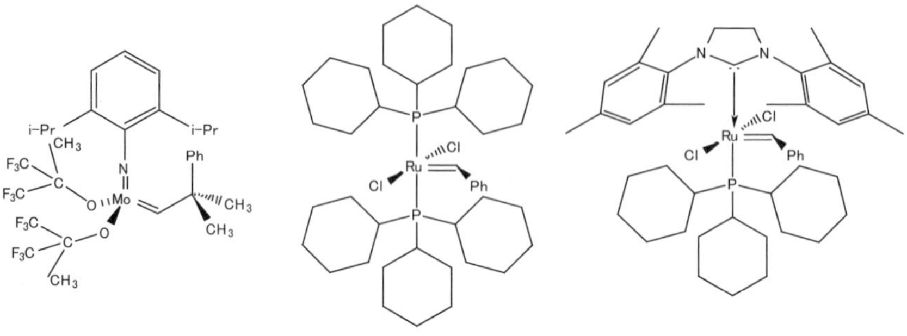

Schrock触媒　　　第1世代Grubbs触媒　　　第2世代Grubbs触媒

図 6-17　高活性メタセシス触媒

6.3.4　クロスカップリング反応

　遷移金属を利用して炭素－炭素結合生成を行う反応をクロスカップリング反応という．特に Pd を用いた反応が一般的であり，図 6-18 に触媒サイクルを示す．まず Pd(0) に R'X が酸化的付加し，R'－Pd(II)－X が生成する．次いで，RM とのトランスメタル化（6.2 参照）によりハロゲン配位子は R に置き換わる．最後に還元的脱離により R－R' が生成し，Pd(0) が再生される．RM として有機ボロン酸あるいはボロン酸エステル誘導体を用いる反応が鈴木－宮浦カップリングである．ホウ素上の有機基の求核性はトランスメタル化には不十分であるが，塩基存在下で反応が容易に進行する．RM として有機亜鉛化合物を用いた反応を根岸カップリングと呼ぶ．さらに，RM を用いず，直接アルケンを R'－Pd(II)－X と反応させると，アルケンの H 原子が R'X の R' と置き換わる．この反応を Heck－溝呂木反応と呼ぶ．最終段階で H－Pd(II)－X が生成し，用いた塩基の三級アミンにより脱ハロゲン化が進行し，Pd(0) が再生される．Heck，根岸英一，および鈴木章の 3 氏は 2010 年度ノーベル化学賞を受賞した．

　クロスカップリング反応と Wacker 法（6.3.6）は，ともに触媒として働く Pd が Pd(0) から Pd(II) に酸化され，さらに Pd(II) が Pd(0) に還元さ

れる反応である．クロスカップリング反応では，Pd(0) に R'X が酸化的付加し，R'−Pd(II)−X を生成するのに対して，Wacker 法では，$CuCl_2$ が Pd(0) を酸化して Pd(II) を生成する．

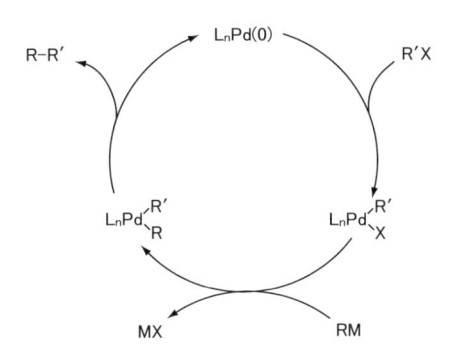

図 6-18　トランスメタル化を含むクロスカップリング反応の機構

6.3.5　オレフィンとジエンへの付加反応

炭素-炭素二重結合へ HX 分子が付加する反応では，HCN が付加するヒドロシアノ化と $HSiR_3$ が付加するヒドロシリル化が知られている．ブタジエンのヒドロシアノ化で製造されるアジポニトリルからは，ヘキサメチレンジアミンへ還元した後，アジピン酸と重縮合で66ナイロンが得られる．ヒドロシリル化はシリコーンポリマーの製造に用いられる．

(1)　アジポニトリルの製造

アジポニトリルは Ni(0) 錯体（$Ni[P(OPh)_3]_4$ など）を用いてブタジエンを2度ヒドロシアノ化して製造される（図 6-19）．

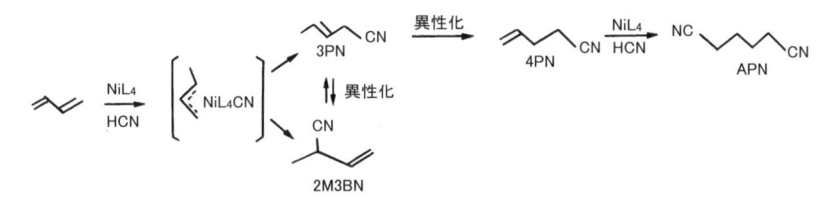

図 6-19　ブタジエンのヒドロシアノ化の反応機構

1番目のヒドロシアノ化ではブタジエンの1,4付加物である3-ペンテンニトリル（3PN）と1,2付加物である2-メチル-3-ブテンニトリル（2M3BN）が2：1で生成する．2M3BN は4-ペンテンニトリル（4PN）より Ni に強く配位し，そのため2番目の 4PN ヒドロシアノ化の毒物になるので，蒸留や 3PN への異性化により取り除かれる．4PN へ HCN がアンチ-Markovnikov 付加するとアジポニトリルが生成する．この場合，3PN は 4PN よりも配位力が弱いので過剰であっても問題にはならない．また

ルイス酸の BPh$_3$ を添加すると直鎖アジポニトリルの選択率が 77％から 98％に向上する.

(2) ヒドロシリル化

炭素 - 炭素二重結合のヒドロシリル化は，工業的にはシリコーンゴムを硬化させるために利用され，末端に SiH 基と C＝C 基をもつそれぞれのシリコンポリマー鎖同士が結合する.

$$\begin{array}{c} \text{O} \\ \diagdown \\ \text{O} \end{array} \!\!\! \text{Si} \!\!\! \begin{array}{c} \text{R} \\ \diagup \\ \text{H} \end{array} + \begin{array}{c} \text{R} \\ \diagup \\ \text{H}_2\text{C}=\text{C} \\ \diagdown \\ \text{H} \end{array} \!\!\! \text{Si} \!\!\! \begin{array}{c} \text{O} \\ \diagdown \\ \text{O} \end{array} \longrightarrow \begin{array}{c} \text{O} \\ \diagdown \\ \text{O} \end{array} \!\!\! \text{Si} \!\!\! \begin{array}{c} \text{R} \\ \diagup \\ \text{CH}_2\text{CH}_2 \end{array} \!\!\! \text{Si} \!\!\! \begin{array}{c} \text{R} \\ \diagdown \\ \text{O} \end{array} \quad (6\text{-}18)$$

典型的ヒドロシリル化はオレフィンとシランの混合物に H$_2$PtCl$_6$ の Spier 触媒を Pt/Si モル比 10^{-5} で加え, 2-プロパノールなどの極性溶媒中で行なう.

6.3.6 均一系酸化反応プロセス

均一系触媒を用いた酸化反応プロセスには，① Wacker 法に代表される Pd(II) 塩の特徴的な酸化能力を利用した反応，② Mo などを用いたオレフィンとヒドロペルオキシドからのエポキシドの合成，③ Co および Mn などを用いた液相自動酸化などがある．①，②の反応では，有機金属錯体が反応中間体として重要な役割を果たしているが，③の反応はラジカル連鎖反応であり，金属は主に電子移動に関与し，ヒドロペルオキシドの分解を促進する.

(1) Wacker 法

エチレンの酸化によるアセトアルデヒドの製造は Wacker 法として知られる有名なプロセスである (式 6-19)．全体のプロセスは 3 つの反応から成り立ち，まず Pd(II) を用いてエチレンに水を求核的に付加させてアセトアルデヒドを得る (1)．次に Pd(0) を CuCl$_2$ により酸化して Pd(II) に再生し (2)，さらに還元された Cu(I) を空気で Cu(II) へと酸化する (3)．したがって結局エチレンは酸素でアセトアルデヒドに酸化されたことになる (式 6-20).

$$\left. \begin{array}{l} \text{C}_2\text{H}_4 + \text{PdCl}_2 + \text{H}_2\text{O} \longrightarrow \text{CH}_3\text{CHO} + \text{Pd(0)} + 2\,\text{HCl} \quad (1) \\ \qquad\qquad \text{Pd(0)} + 2\,\text{CuCl}_2 \longrightarrow \text{PdCl}_2 + \text{Cu}_2\text{Cl}_2 \qquad\qquad (2) \\ \text{Cu}_2\text{Cl}_2 + 2\,\text{HCl} + 1/2\,\text{O}_2 \longrightarrow 2\,\text{CuCl}_2 + \text{H}_2\text{O} \qquad\qquad (3) \end{array} \right\} \quad (6\text{-}19)$$

$$\text{C}_2\text{H}_4 + 1/2\,\text{O}_2 \longrightarrow \text{CH}_3\text{CHO} \qquad (6\text{-}20)$$

式 (6-19) の各反応はすでに知られていたが，これらを組み合わせることにより，初めて大きな技術革新がなしとげられた．製造されるアセトアルデヒドの収率は 95％であり，アセトアルデヒドは空気酸化されて酢酸が合成される.

反応は Pd(II) の配位したエチレンが H$_2$O 分子に攻撃されて開始する (図

6-20).生成したβ-ヒドロキシエチル錯体(1)はビニルアルコール(2)を経てα-ヒドロキシエチル錯体(3)となり,OH基からH$^+$がはずれてアセトアルデヒドが生成すると考えられている.またエチレン以外のオレフィンではケトンが効率良く得られ,プロピレンからアセトンの製造が工業化されている.

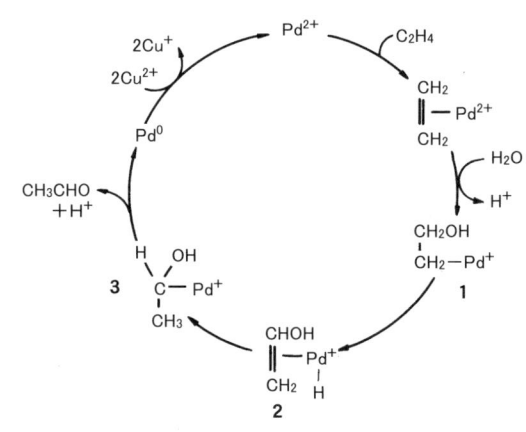

図 6-20 Pd触媒によるエチレンの酸化反応の機構

Wacker法による酢酸製造はふつう液相で実施される.気相法で実施するために,昭和電工はヘテロポリ酸担持Pd触媒を開発し,1997年より酢酸合成の運転を行っている.酸素存在下,ヘテロポリ酸の酸点が作用しPd(0)からPd(II)が再生する.この触媒系はエチレンと酢酸からの酢酸エチル合成にも有効である.

水の代りに酢酸中でエチレンを酸化すると酢酸ビニルが得られる.この反応では図 6-20 のWacker法のβ-ヒドロキシエチル錯体(1)に対応するβ-アセトキシエチル錯体から,β-水素脱離により酢酸ビニルが生成すると考えられている(式 6-21).酢酸ビニルが生成するのは,アセトキシエチル錯体がヒドロキシルエチル錯体のようにβ型からα型へ変換しないためである.

$$\text{XPd}\cdots\overset{\text{CH}_2}{\underset{\text{CH}_2}{\|}}^{\text{OAc}} \longrightarrow \text{XPd}-\overset{\text{CH}_2}{\underset{\text{CH}_2}{|}}^{\text{OAc}} \xrightarrow{\beta-\text{脱離}} \overset{\text{H}}{\underset{\text{X}}{}}\text{Pd}\cdots\overset{\text{CH}}{\underset{\text{CH}_2}{\|}}^{\text{OAc}} \longrightarrow \begin{matrix}\text{H}_2\text{C}=\text{CHOAc} \\ + \\ [\text{HPdX}]\end{matrix} \quad (6\text{-}21)$$

$$X = Cl^-, AcO^-$$

酢酸ビニルは主にポリ酢酸ビニルの原料として,現在はSiO$_2$に担持したPd-Au合金触媒を用いて気相法で製造されている.

プロピレンおよびブタジエンをアセトキシル化すると,酢酸アリルと1,4-ジアセトキシ-2-ブテンが得られる.

$$AcOH + \begin{cases} CH_2=CH_2 \longrightarrow CH_2=CHOAc \\ CH_3CH=CH_2 \longrightarrow CH_2=CHCH_2OAc \\ CH_2=CHCH=CH_2 \longrightarrow AcOCH_2CH=CHCH_2OAc \end{cases} \quad (6\text{-}22)$$

酢酸アリルは π-アリル Pd 錯体と AcO⁻ イオンとの反応で生成すると考えられており，アリルアルコールにけん化されグリセリン合成に用いられる．1,4-ジアセトキシ-2-ブテンは水素化および加水分解され，ポリエステル原料の 1,4-ブタンジオールに変えられる．後者のプロセスは三菱化成工業（現 三菱化学）で工業化された．

（2） オレフィンのエポキシ化反応（オキシラン法）

ヒドロペルオキシド（ROOH）はオレフィンに親電子的に付加してエポキシドを生成する．このヒドロペルオキシドと金属触媒（Mo, V, Ti）を組み合わせて用い，プロピレンからプロピレンオキシドを製造するプロセスはオキシランプロセスとよばれている．

$$CH_3CH=CH_2 + ROOH \longrightarrow CH_3CH\underset{O}{-}CH_2 + ROH \quad (6\text{-}23)$$

プロピレンオキシドはプロピレングリコール，グリセリン，ポリエステルの主な中間体であり，クロロヒドリンの脱 HCl 反応でも製造されている．酸化剤であるヒドロペルオキシドは，イソブタンあるいはエチルベンゼンを空気酸化して得られる．エポキシ化後，プロピレンオキシドとともに大量に副生する ROH は大きな需要をもつ．t-ブタノールはガソリンに助燃剤として添加され，また 1-フェニルエタノールは脱水してスチレンに変えられる．

反応機構については不明な点も多いが，Mo 系触媒について図 6-21 に示す触媒サイクルが考えられる．Mo に結合したペルオキシ酸素がオレフィ

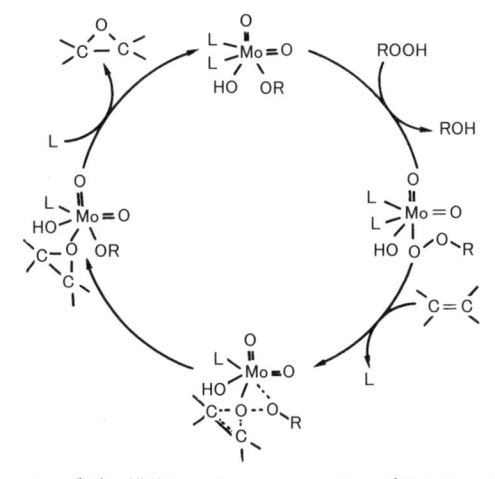

図 6-21　モリブデン錯体によるオレフィンのエポキシ化の反応機構

ンの二重結合に移行してエポキシ化が進む．

(3) 炭化水素の液相自動酸化

分子状酸素を酸化剤とする炭化水素の液相自動酸化は，工業的に最も良く使用されている均一系触媒プロセスである．この反応の金属触媒の役割は，前の2つの酸化反応と異なりラジカル連鎖により生成したヒドロペルオキシドの分解反応に作用すると考えられている．触媒にはCo，Mnなどが用いられる．

ナイロンの原料として重要なシクロヘキサノンは，表6-5のようなラジカル連鎖で進むシクロヘキサンの酸化で製造される．

$$\text{シクロヘキサン} \xrightarrow[\text{空気中, 140～165℃, 10 atm}]{\text{Co(II) 塩}} \text{シクロヘキサノール} + \text{シクロヘキサノン} \quad (6\text{-}24)$$

Coは主にヒドロペルオキシド（$C_6H_{11}OOH$）を分解し，2価と3価の状態を繰り返しながら触媒として作用し，反応速度を高め，酸化生成物の組成を制御する．

表6-5 シクロヘキサンの自動酸化反応

開始反応
$C_6H_{12} \longrightarrow C_6H_{11}\cdot$ (1)

成長反応
$C_6H_{11}\cdot + O_2 \longrightarrow C_6H_{11}OO\cdot$ (2)
$C_6H_{11}OO\cdot + C_6H_{12} \longrightarrow C_6H_{11}OOH + C_6H_{11}\cdot$ (3)
$C_6H_{11}O\cdot + C_6H_{12} \longrightarrow C_6H_{11}OH + C_6H_{11}\cdot$ (6)
$2\,C_6H_{11}OO\cdot \longrightarrow C_6H_{10}O + C_6H_{11}OH + O_2$ (7)

$C_6H_{11}OOH + Co(II) \longrightarrow$
$\quad C_6H_{11}O\cdot + OH^- + Co(III)$ (4)
$C_6H_{11}OOH + Co(III) \longrightarrow$
$\quad C_6H_{11}OO\cdot + H^+ + Co(II)$ (5)

p-キシレンの酸化によるテレフタル酸やテレフタル酸ジメチルの合成は，ポリエステルを製造するための重要な反応である．1段目のp-キシレンからp-トルイル酸への酸化は，一般に芳香環のメチル基が脂肪族よりも酸化されやすいため容易に進むが，次のテレフタル酸への酸化は，カルボキシル基が電子吸引性のため起こりにくくなる．そこでMid-Century/Amoco法では，Br原子の優れた水素原子引抜き能力を利用して直接テレフタル酸を得ている．この場合Co(III)はBrの酸化剤として働いている．

$$\underset{CH_3}{\underset{|}{C_6H_4}}\text{-}CH_3 \xrightarrow[\text{空気中, 200℃, 15～30 atm}]{Co(OAc)_2/Mn(OAc)_2/NH_4Br} \underset{CO_2H}{\underset{|}{C_6H_4}}\text{-}CO_2H \quad (6\text{-}25)$$

$$Br^- + Co(III) \longrightarrow Co(II) + Br\cdot$$

Dynamit Nobelプロセスでは Co(III) 塩を用い，2度酸化してテレフタル酸ジメチルを製造する（式5-26）．p-キシレンを酸化しただけではp-トルイル酸しか得られないが，このプロセスは，エステル化したp-トルイル

酸メチルを p-キシレン共存下で酸化するとテレフタル酸モノメチルが生成することを利用している．Co(III) は1段目の酸化の $H_3C\text{-}C_6H_4\text{-}CH_2OO\cdot$ の生成に関わり，このラジカルが Mid-Century/Amoco 法の Br 原子と同様な働きをして2段目の酸化が進むと考えられている（式6-26）．

$$\text{(6-26)}$$

6.3.7　ポリマーの製造プロセス

均一系触媒は，すでに述べたように合成高分子の高純度中間体の製造に用いられているが，ポリエステルやポリウレタンなどのポリマーの製造自身にも用いられている．このプロセスで用いられている触媒は，主にルイス酸として作用するが，反応機構には不明な点も多い．

(1) ポリエステルの製造

ポリエチレンテレフタレート（ポリエステル）は，テレフタル酸とエチレングリコールとからなる芳香族ポリエステルであり，テレフタル酸あるいはテレフタル酸メチルをエチレングリコールでエステル化やエステル交換し，さらに縮重合させて製造する（式6-27）．

$$\text{(6-27)}$$

エステル化やエステル交換の触媒としては，テレフタル酸ジメチルの場合には Zn，Co，Mn などの2価の金属イオンが，テレフタル酸の場合にはスズ化合物がそれぞれ用いられる．縮重合反応の触媒には Sb_2O_3 が用いられる．反応は図6-22のように Sb の配位圏で進むと考えられている．重合するポリマーの末端水酸基がまず Sb にそれぞれ配位し，エステル結合が切れ，ポリマー同士で新しいエステル結合を形成してポリマー鎖が成長する．Sb に結合したグリコールはポリマーと反応して脱離する．

図 6-22 アンチモン錯体による縮重合反応の機構

(2) ポリウレタンの製造

ポリウレタンはジイソシアナートと多価アルコールとの縮重合反応で製造される.

$$HO(CH_2)_4OH + OCN(CH_2)_6NCO \longrightarrow \text{-}[O(CH_2)_4O-\overset{O}{\underset{\|}{C}}-\overset{H}{\underset{}{N}}(CH_2)_6\overset{H}{\underset{}{N}}-\overset{O}{\underset{\|}{C}}]_n\text{-} \tag{6-28}$$

ウレタンはカルバミン酸のエステル H_2NCOOR および N-アルキル置換体である $R'NHCOOR$ の総称である.

触媒には3級アミンやポリエステル製造用と類似の金属錯体が用いられる.これはウレタンの構造や化学的性質がエステルに似ているからである.反応の機構も図 6-23 のようにポリエステル製造の場合と似かよっている.イソシアナート基の N 原子が Sn に配位して活性化され(1),アルコキシ

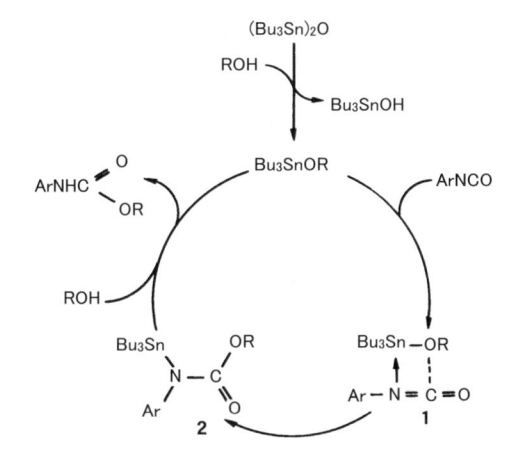

図 6-23 スズ化合物によるポリウレタン生成の機構

ドが付加して Sn カルバミン酸錯体を形成する（**2**）．次に ROH が Sn-N 結合に反応してポリマー鎖が成長する．

6.3.8 均一系不斉触媒反応

　光学活性な化合物は，医薬品，農薬，香料などに利用される重要なファインケミカルズである．従来は，天然物から抽出精製したり，酵素により発酵法で製造されていたが，現在，純粋に化学的手段で大量合成できる製品も現われている．これを可能にしたのが，均一系触媒である．

　一対の光学異性体（エナンチオマー）の一方だけを選択的につくるのが，いわゆる不斉合成である．両異性体の遷移状態間の自由エネルギー差は，わずかに 12.6 kJ mol^{-1} であり（これはエタンの回転障壁に匹敵するほど非常に小さい），このような小さな自由エネルギー差をいかにコントロールするかが，不斉合成の開発の最大の焦点である．なお，エナンチオマーの純度はエナンチオマー過剰率（enantiomer excess, % ee）で表わされる．

　均一系触媒では，不斉配位子を活性金属に配位させると，金属のまわりに不斉な環境がつくりだせる．このため表 6-6 のようなジホスフィンやアミノホスフィンに代表される不斉配位子が開発されている．しかし万能な配位子はなく，光学収率は配位子と基質（反応物）との組み合わせや反応条件により微妙に変化する．次に現在工業化されている代表的なプロセス

> **word エナンチオマー過剰率**
> キラルな化合物の光学純度を表す．ee は R 体あるいは S 体の多い方の物質量から少ない方の物質量を引き，R 体と S 体の合計物質量で割った値で表される．あるいは，化合物試料の旋光度を測定し，比旋光度から求める方法もある．
> $$ee = \frac{|R-S|}{R+S} \times 100$$
> $$ee = \frac{[\alpha]_{\text{obs}}}{[\alpha]_{\text{max}}} \times 100$$

表 6-6　不斉ホスフィン配位子の例

L–L*	略号	L–L*	略号
(構造式)	(−)-(R,R)- DIPAMP	(構造式)	(S)-(R)- PPFA
(構造式)	(−)-(R,R)- DIOP	(構造式)	(R)-(S)- BPPFOH
(構造式)	(S,S)- CHIRAPHOS	(構造式)	BPPM
(構造式)	(R)- PROPHOS	(構造式)	PPPM
(構造式)	(+)- NORPHOS	(構造式)	(+)-(R)- BINAP
(構造式)	DIOXOP		

を3つあげる.

第1はMonsanto社の不斉リン配位子DIPAMP-Rh錯体による不斉水素化を利用するアミノ酸 l-DOPA（1,3,4-ジヒドロキシフェニルアラニン）の製造である（式6-29）. 触媒0.45 kgで l-DOPA約1 tが製造できるといわれる. l-DOPAはパーキンソン病の治療薬である. Rhに配位した不斉リン配位子により, α-アミノケイ皮酸誘導体のオレフィン平面図の上下が識別され不斉水素化が進む.

$$(6\text{-}29)$$

第2は高砂香料の l-メントール合成である（式6-30）. ビス（BINAP*）Rh錯体を触媒として, ジエチルアミン誘導体の不斉異性化により化学収率98％, 光学収率98.5％で l-メントールが合成され, 年間800から1000 t程度の生産が行なわれている.

$$(6\text{-}30)$$

第3の例は住友化学の不斉銅触媒による不斉カルベノイド反応である. 式（6-31）のように, 抗生物質チェナマイシンの構成成分であるシラスタチンの中間体が製造される. 不斉カルベノイド反応を, 光学活性シクロプロパンカルボン酸誘導体の合成に利用したプロセスである.

化学量論反応ではあるが, チタン触媒 {Ti(OR)$_4$-酒石酸エステル} と t-BuOOHを用いるとアリルアルコールが不斉エポキシ化され, モレキュラーシーブスを共存させると, 5〜10％の効率で反応は触媒的に進行する.

* 1987年, 野依良治博士らはこの配位子を用いたRu-BINAP触媒の研究を発表した. この論文が2021年度アメリカ化学会の「歴史的化学論文大賞」を受賞した.

$$\text{olefin} + \text{N}_2\text{CHCOOR} \xrightarrow[\text{[Cu*]}]{} \text{cyclopropane-COOR} + \text{DCCA} \longrightarrow$$

$$\text{cyclopropane-CONH-...-NaOOC} \cdots \text{S} \cdots \overset{\text{NH}_2}{\text{COOH}} \quad (6\text{-}31)$$

シラスタチン

$[\text{Cu*}] = $ (サリチリデン-Cu錯体構造), $\text{Ar} = -\!\!\!\bigcirc\!\!\!- \text{O-}n\text{-C}_8\text{H}_{17}$

この酸化反応は Sharpless 酸化とよばれている．遊離オレフィンの不斉エポキシ化には，サレン錯体が優れている．また，窒素の複素環を含むフタラジンを配位子とすると，OsO_4 を用いたオレフィンのジヒドロキシル化（2つの水酸基が二重結合にシス付加）が不斉反応にできる．この配位子を用いると触媒活性が向上することから，この反応は配位子促進触媒作用とよばれている．さらに，Diels-Alder 反応，アルドール縮合付加など代表的な炭素 - 炭素結合生成反応が次々と不斉触媒反応化されている．2001 年度のノーベル化学賞は不斉酸化反応および不斉水素化反応の研究で，Knowles，野依良治，Sharpless*の3氏が受賞した．

---

* Shapless 博士は，1価の銅イオン（Cu^+）を触媒とする末端アルキン（$-\text{C}\equiv\text{CH}$）とアジド（$-\text{N}_3$）のヒュスゲン環化付加反応を代表例とするクリックケミストリーを推進し，自身2度目のノーベル化学賞（2022年度）を Bertozzi 博士，Meldal 博士とともに受賞した．

7章 環境関連触媒

　環境問題の解決には触媒技術が密接にかかわっている．化学プロセスなどから生じる物質の中には大気や水などの環境を汚染する物質が含まれることがある．そのような環境汚染物質を浄化し，あるいは発生しないように化学プロセスなどを改善することにより，環境を保全する技術に使われる触媒を環境触媒という．火力発電所（固定発生源）や自動車（移動発生源）から排出される排ガス中の窒素酸化物（NO_x）などの有害物質を除去し，無害化するための触媒などが代表例である．一方で，化学プロセスなどから有害物質が出ないように，環境負荷の少ない触媒プロセスにより，間接的に環境を保全する触媒技術がある．後述する触媒燃焼により窒素酸化物の生成を抑制する触媒技術がその例である．すでに 3.2 で述べた水素化脱硫も石油中の硫黄成分を取り除き，石油を燃焼したときに硫黄酸化物（SO_x）を発生させないための環境触媒技術である．本章では，水素化脱硫以外の主な環境触媒技術に加え燃料電池システム用触媒，光触媒その他について述べる．

7.1 脱硝触媒

7.1.1 NO_x の低減法

　1500℃以上の火炎燃焼反応では，空気中の酸素と窒素の反応によってサーマル NO_x と呼ばれる窒素酸化物 NO_x（NO が主，NO_2 はわずか）が発生する．NO_x と炭化水素が共存すると光化学反応でオキシダント（NO_2 を除く酸化性物質，主成分はオゾン）が生成する．オキシダントは光化学スモッグを起こすのみならず，森林の枯死の原因物質になると考えられている．したがって，なんらかの方法で無害化または除去する必要がある．NO_x 低減は，NO_x 発生量の少ない燃焼法の開発および排煙中の NO_x の除去によって達成されるが，日本では後者が大部分を占める．都市ごみは，以前は埋め立て処分されていたが，処分場適地が減少したので焼却処理が主流になっている．この場合燃焼温度が低いと，有毒なダイオキシンが発生するので燃焼温度を高くする必要がある．それに伴ってサーマル NO_x が発生するので，排煙脱硝装置が必要となる．

　排煙中の NO_x を除去する最も理想的な方法は，還元剤を必要としない NO の接触分解（$2NO \rightarrow N_2 + O_2$）である．Cu/ZSM-5 などの触媒が提案

されているが，酸素が共存する雰囲気下では活性が低下する問題点があり，まだ実用化されていない．他の方法は，適当な還元剤による NO_x の N_2 への還元である．

一般に重油だきボイラーの排ガス中の NO_x 濃度は数百 ppm であるが，残存 O_2 はその 10^2 倍も存在する．したがって，CO，H_2，炭化水素などを還元剤として NO_x を無害化しようとすると，還元剤は酸素と反応して無駄に消費されてしまう（NO_x の非選択的還元）．

アンモニアを還元剤に用いると過剰酸素の共存下でも NO_x と選択的に反応する（NO_x の選択的還元）．式（7-2）で表わされるアンモニア還元法は無触媒下でも可能であるが，脱硝率が低いため触媒法（脱硝率90%以上）が主流であり，火力発電ボイラー，焼結炉，コークス炉などの排煙脱硝に実用化されている．

また，炭化水素または含酸素有機化合物を還元剤とする選択接触還元法も実用化されつつある．

7.1.2　アンモニアによる NO_x の接触還元

アンモニアを還元剤として用いる選択接触還元法（SCR：selective catalytic reduction）は，70年代はじめに世界にさきがけて日本で実用化された．当初は酸化銅系のペレット状の触媒が用いられていた．この触媒は，SO_x による活性低下があるうえ，ダストによる触媒層の閉塞が起こりやすいという欠点があった．そこで，SO_x による被毒を受けず，SO_2 から SO_3 への酸化を起こさず，しかもダストによる閉塞を起こさない触媒をめざして開発研究が行われた．その結果，硫酸塩を形成し難いという特徴を有している TiO_2 をベースにしたハニカム状のモノリスあるいは板状の酸化物触媒 Ti-W，Ti-Mo，Ti-W-V が開発された．TiO_2 は，モノリスあるいは板状にすることにより，ダストによる閉塞という課題を解決した．Ti-W は低温領域での活性が低く，活性を向上させるために V を W の替わりに用いたり，あるいは Ti-W に添加したりする．しかし，V を添加すると活性は向上するが，SO_2 の酸化による SO_3 生成が多くなる．したがって，排ガスの温度，必要とする NO_x の除去率，および処理ガス中の SO_x 濃度に応じて，適切な触媒を選択して用いている．

反応は300～450℃で行われる．NO の還元は，始めは次式のように起こると考えられていた．

$$6NO + 4NH_3 \longrightarrow 5N_2 + 6H_2O \tag{7-1}$$

しかし，反応系に酸素が存在すると活性が著しく向上し，NO と NH_3 が等モルで反応することが判明し，酸素存在下では次のように反応しているこ

とが明らかとなった．

$$NO + NH_3 + 1/4 O_2 \longrightarrow N_2 + 3/2 H_2O \qquad (7\text{-}2)$$

Ti-W，Ti-W-V 触媒では，反応は図7-1のような機構で進行している．VあるいはWは，$V^{4+}-OH \rightleftarrows V^{5+}O$ のような酸化還元サイクルを繰り返している．

わが国で開発された排煙脱硝装置は世界のシェアのほとんどを占めている．

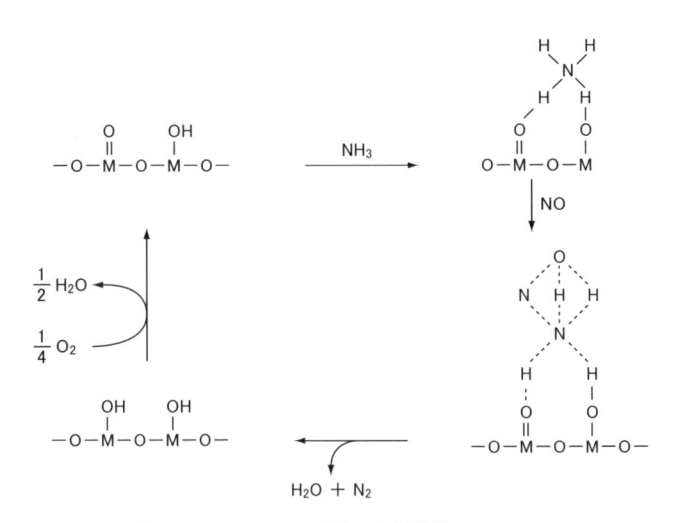

図 7-1　NO-NH$_3$-O$_2$ 系の反応機構　M：W, V

7.1.3　炭化水素または含酸素有機化合物を還元剤とするNO$_x$選択接触還元

NH$_3$を還元剤とするNO$_x$選択接触還元では，還元剤の貯蔵，制御系等が必要であり，小型定置式の軽油ディーゼルエンジンやガスエンジンなどに適用することは経済的に困難である．一方，燃料として用いる炭化水素（軽油，天然ガスなど）または含酸素有機化合物（アルコール，ジメチルエーテルなど）の一部を還元剤とするNO$_x$選択接触還元にはこのような問題がない．このNO$_x$選択接触還元においては，炭化水素または含酸素有機化合物とNO$_x$との反応が過剰酸素との反応に優先して起こる．主にNO + O$_2$ ⟶ NO$_2$，NO$_2$ + 炭化水素または含酸素有機化合物 → N$_2$ + xCO$_2$ + yH$_2$O の各反応を経て，炭化水素または含酸素有機化合物を還元剤とするNO$_x$の選択的接触還元が起こるからである．過剰酸素存在下であってもNO$_2$が炭化水素または含酸素有機化合物と選択的に反応する理由は，NO$_2$がO$_2$よりも反応性が高いからである．このようなNO$_x$選択還元能はゼオライト系触媒，金属酸化物系触媒，貴金属系触媒などで見いだされている．実用触媒に要求される性能はそれを適用する排ガスによって異なるが，排ガスには必ず水蒸気が含まれているので水蒸気による反応阻害が起こらないこと，排ガスは高速で触媒層を通過するので活性が高いこと，N$_2$

への選択性が高いことなどが必要である．なお触媒活性・選択性などは用いる還元剤，反応温度，排ガス中のSO_x濃度などによって異なる．

7.2 自動車用触媒

7.2.1 ガソリンエンジン車の触媒

ガソリンエンジン車排ガスの成分は，窒素ガス，二酸化炭素，水蒸気以外に一酸化炭素，未燃焼の炭化水素（HC と略記），窒素酸化物（NO および NO_2 を合わせて NO_x と呼ぶ）などである．この中で排出規制物質は，CO，HC，NO_x である[*1]．

規制物質の低減技術には，エンジン本体の燃焼技術の改善と発生した規制物質を浄化する後処理技術がある．後者の排ガス中の有害成分を浄化する触媒は，エンジンとマフラーの排気系の中間に設置された触媒コンバーターの中に入っている．自動車用触媒は，化学プロセスで使用される触媒よりもはるかに厳しい反応条件下での使用に耐え，所定の性能を維持しなければならない．自動車用触媒では，ガス濃度，ガス流入速度，排ガス温度（反応温度）が大幅に変化するだけでなく，激しい振動があり，潤滑油添加剤やアンチノック剤などに含まれる成分が触媒毒として作用する．

自動車の排ガス規制は光化学スモッグの発生をきっかけとして実施された．初めの頃は HC と CO が規制対象とされたので Pt，Pd などの酸化触媒を用いてそれらを完全酸化する方式がとられた．

$$C_nH_m + \left(n + \frac{m}{4}\right)O_2 \longrightarrow nCO_2 + \frac{m}{2}H_2O \tag{7-3}$$

$$CO + \frac{1}{2}O_2 \longrightarrow CO_2 \tag{7-4}$$

その後，NO_x 規制も加えられたため，HC，CO，NO_x の 3 成分を，次の反応によって同時に除去する触媒が開発された．この触媒を三元触媒（three-way catalyst）という[*2]．

$$NO + CO \longrightarrow \frac{1}{2}N_2 + CO_2 \tag{7-5}$$

$$\left(2n + \frac{m}{2}\right)NO + C_nH_m \longrightarrow \left(n + \frac{m}{4}\right)N_2 + nCO_2 + \frac{m}{2}H_2O \tag{7-6}$$

$$NO + H_2 \longrightarrow \frac{1}{2}N_2 + H_2O \tag{7-7}$$

$$CO + H_2O \longrightarrow CO_2 + H_2 \tag{7-8}$$

$$C_nH_m + 2nH_2O \longrightarrow nCO_2 + \left(2n + \frac{m}{2}\right)H_2 \tag{7-9}$$

排ガスには酸素が含まれており，酸素過剰のときには NO_x の還元が不

[*1] 現在，燃料中の硫黄分は 10 ppm 以下に低減されているので，硫黄分による触媒被毒問題はほぼ解消されている．

日本の自動車排出ガス規制（新車）の変遷

昭和 41 年から規制を開始．年々強化．ガソリン車については，平成 12 年，13 年，14 年規制（新短期規制）として CO，HC，NO_x の排出基準の強化を実施し，ディーゼル車についても，平成 14 年，15 年，16 年規制（新短期規制）として，NO_x，PM（粒子状物質）などの規制強化を実施した．平成 17 年にはガソリン車，ディーゼル車とも平成 17 年規制（新長期規制）を，平成 20 年には排出ガス規制（ポスト新長期規制）を制定し，実施した．

[*2] 「三元」とは，規制対象となる 3 種類の排気成分（HC，CO，NO_x）のことである．

完全となり，反対に酸素不足のときには CO, HC の酸化が不完全となる．したがって排ガスの HC, CO, NO$_x$ を同時除去するためには，燃料噴射量を空気量に応じて常に理論空燃比（空気と燃料の重量比が 14.7）に制御しなければならない[*1]．

図 7-2 は上記 3 成分の転化率と空燃比（A / F）の関係を示す[*2]．空燃比が理論空燃比から，ある幅以内に収まっていれば 3 成分すべてを 80% 以上除去できる．この幅は触媒浄化ウィンドウと呼ばれ，広いほど触媒性能が高い．

[*1] 空燃比の制御は，三元触媒に入る排出ガス中の O$_2$ 量を O$_2$ センサーで検知し，O$_2$ 量に応じた燃料噴射量をコンピュータで算出することにより行っている．

[*2] A / F が 14.7 より高い空燃比の混合気は希薄（リーン），14.7 より低い空燃比の混合気は濃厚（リッチ）と表現される．

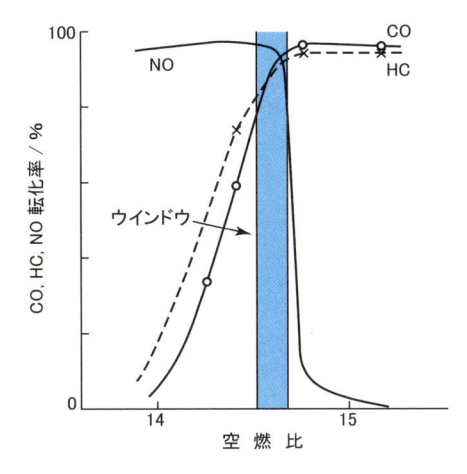

図 7-2 三元触媒の性能特性
(http://www.st.hirosaki-u.ac.jp/contents/Monthly/200308/mori_02a.html)

自動車用触媒の形状は担体の形で決まる．実用化当初のペレット形（直径 2〜4 mm のセラミックス粒子）に替わって，現在はモノリス（一体構造）のハニカム形（図 7-3）が主流となっている[*3]．

三元触媒はモノリス担体に Al$_2$O$_3$ などの担体，CeO$_2$ などの助触媒に Rh, Pt, Pd 金属などの主触媒を担持したスラリーをコートし，乾燥，焼成して調製する．Rh は HC, CO, NO$_x$ すべての浄化に高活性で，特に NO$_x$ 浄化活性は Pt, Pd よりも高い．また Pd は三成分すべての浄化に対して Pt よりも高活性である．なお，卑金属元素は，これらの貴金属に比べて低活性なため主触媒としては用いられない．

助触媒としては酸素貯蔵能（OSC：oxygen storage capacity）を有する物質（CeO$_2$, CeO$_2$-ZrO$_2$, Al$_2$O$_3$-CeO$_2$-ZrO$_2$ など）が用いられている．例えば CeO$_2$ では，式（7-10）の反応によって触媒浄化ウィンドウを広げられる．

$$\text{CeO}_{2-x} + \frac{x}{2}\text{O}_2 \rightleftarrows \text{CeO}_2 \tag{7-10}$$

リーン領域では上の反応が右向きに起こって排ガス中の O$_2$ を吸収し，

[*3] ハニカム形担体は，後述する触媒コート層の支持体の役割を担うもので，いわゆる担体は触媒金属などと共に触媒コート層を形成している．

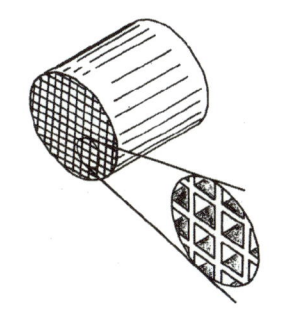

図 7-3 モノリス（一体構造）のハニカム形触媒（担体）

ハニカムセルの断面形状
セルの断面は四角形が多いが，四角形では触媒を担持したときに触媒層がセルの内壁面よりも四隅が厚くなり四隅部分の触媒の有効利用率が低くなるので，セル断面を六角形にするなどの改善が重ねられている．

> **冷間始動時の排ガス浄化**
>
> 暖機運転をしないで自動車を発進させると数十秒間は排ガス温度が低いため触媒の温度が低く，排ガス浄化反応の速度は小さい．その結果，触媒の性能が十分に発揮されないので，HC の多くはほとんど浄化されないままで排出されてしまう．なお，この場合 NO_x は生成しない．原理的に高温にならないと生成しないからである．
>
> この冷間始動（コールドスタート）時における HC 排出を低減させる工夫がいくつかとられている．三元触媒の温度を速く上昇させるには，触媒コンバーターをエンジン近くに設置してより高温の排気ガスにふれさせればよいが，その位置が近すぎると触媒は熱劣化を起こす．そこで通常は床下の助手席付近に設置されている．なお，電気ヒーターによる触媒予熱も，高電圧，大容量のバッテリーパックを搭載する車（ハイブリッド車など）なら可能であろう．冷間始動時に排出される HC を吸着材で捕集する方式も実用化されている．HC 吸着能が高く耐熱性，水熱安定性が良いゼオライトが使用されている．

リッチ領域では反応が左向きに起こって O_2 を排ガス中に放出する．その結果，リーン領域での NO_x 還元除去率が高くなり，リッチ領域での CO，HC の酸化除去率が高くなる．

排ガスは，触媒にとって毒となるさまざまな物質を含んでいるので，実用触媒には耐被毒性が求められる．Pb や P などの毒物質は触媒の表層部に強く吸着しやすいので，被毒に強い Pt を最外層に担持させ，その内側に被毒に弱い Rh，Pd の順に担持させている．Rh は NO_x 除去に必須な成分なので，なるべく外側（すなわち 2 番目）の層に配置する．この場合，各金属層をできるだけ分離させると，各金属の合金化による劣化を防ぐことができる．貴金属（Pt，Rh，Pd）は，比表面積が大きくなり活性点が多く形成するよう，ナノサイズの粒子として担持されている．

触媒は，800℃以上（ときには 1000℃を超える）の温度に曝される．高温下では，触媒の担体も担持貴金属粒子もシンタリング（焼結）を起こし，その結果，表面積が減少し活性も低下する可能性がある．高価な Pt，Rh，Pd の活性劣化を抑制するためには，貴金属のシンタリング抑制が活性維持と触媒コストの低減のための本質的な解決策となる．

Pt/CeO_2 触媒は約 800℃の酸化雰囲気に置かれると，Pt 微粒子と CeO_2 の間で Pt-O-Ce 結合を形成する．つまり Pt 微粒子は，Pt カチオンとなるので，凝集が抑制される．この状態の Pt/CeO_2 触媒を約 400℃の還元雰囲気下に戻すと Pt カチオンは Pt 微粒子に戻って高活性を示す[*1]．

同様のメカニズムで貴金属のシンタリングを抑制した事例としてペロブスカイト[*2]という複合酸化物を担体とした Pd 触媒（ダイハツ工業）があげられる．従来型の Pd/Al_2O_3 触媒では Pd 微粒子が常時，Al_2O_3 表面に存在するので高温下では Pd 微粒子が凝集し活性低下を起こしやすい．これに対して，$La(FeCo)O_3$ 担体を用いると，酸化雰囲気で $LaFe_{0.57}Co_{0.38}Pd_{0.05}O_3$ が形成され Pd がカチオンとしてペロブスカイトの B サイトに保持されるため，Pd 微粒子の凝集が起こらないため活性低下が著しく抑制される．還元雰囲気にすると，ペロブスカイト内部から Pd カチオンが表面に移動してきて Pd 微粒子となり，NO_x の還元反応を促進する．

従来の三元触媒は，空燃比がリーン域（酸素過剰雰囲気下）において NO_x を浄化できないため，NO_x 排出量が多くなる（加速時など）ときにも理論空燃比に制御されていた．これによる余分な燃料消費を抑えるためには，リーン空燃比領域でも NO_x 浄化能を発揮できる触媒を開発する必要がある．このような背景から，NO_x 吸蔵還元型（NSR：NO_x storage reduction）触媒や選択還元型触媒が開発された[*3]．

[*1] この再分散‐再生のメカニズムを利用した結果，Pt 系触媒の劣化が大幅に抑制された．この技術は 2008 年 8 月から実用化され，貴金属使用量の約 30％削減を実現している．

[*2] ペロブスカイトとは組成式が ABO_3 の物質の一般的な名称である．

[*3] 理論空燃比領域における排ガス中の O_2 濃度は 0.2％程度なので NO_x を HC や CO で還元できる．しかし希薄燃焼領域（酸素過剰雰囲気下）では排ガス中の O_2 濃度が 4〜10％と桁違いに高いく，HC や CO の大半は O_2 と反応し NO_x 浄化率は極端に下がってしまう．すなわち，理論空燃比を前提とした従来の三元触媒は使えない．

NO$_x$吸蔵還元型三元触媒とは，従来の三元触媒にNO$_x$吸蔵材を加えた触媒で，モノリス担体にAl$_2$O$_3$やCeO$_2$-Al$_2$O$_3$などをコートし，その上にPt, Rh, およびNO$_x$吸蔵材を担持したものである．NO$_x$吸蔵材は，酸性ガスであるNO$_x$と化学反応しやすいアルカリ，アルカリ土類，希土類元素の酸化物である．リーン空燃比領域で，貴金属触媒がNO + O$_2$ ⟶ NO$_2$の反応を促進し，NO$_x$吸蔵材がNO$_2$を硝酸塩として保持する．NO$_x$吸蔵量が飽和値に近づいたら，ごく短時間だけ雰囲気をリッチ空燃比領域に制御し，貴金属触媒によって硝酸塩を窒素（N$_2$）に還元し，雰囲気を元のリーン空燃比領域に戻す．このリッチ制御時のNO$_x$の還元剤は，CO・H$_2$・未燃焼炭化水素などに加えて，一定時間間隔で噴射される燃料であるが，燃費損失は1%以下に抑えられている．理論空燃比よりも高い空燃比領域（希薄燃焼領域）で運転できるため，燃費が良いガソリン直噴エンジン車に適用できるだけでなく，後述するようにディーゼルエンジン排ガス触媒浄化システムにも使われている[*1]．

希薄燃焼領域では排ガス中のO$_2$濃度がNO$_x$濃度よりもはるかに高いため，通常はO$_2$がNO$_x$還元剤となるべきHCやCOと優先的に反応する．それに対して，選択還元型触媒はこの副反応を抑えてNO$_x$を選択的に還元剤と反応させてN$_2$に還元することを可能にした．貴金属としてはIrが主に使用される，例えばIr－Pt／ゼオライトやIr／BaSO$_4$などの触媒が開発および実用化されている[*2]．

7.2.2 ディーゼルエンジン車の触媒

ディーゼルエンジンの空燃比は空気過剰（18〜100）[*3]のリーン空燃比であるため，理論空燃比で作用するガソリンエンジン用三元触媒は適用できない．ディーゼルエンジンからの排ガスには，CO$_2$, CO, NO$_x$, SO$_2$, HCおよびパティキュレート（DPM : diesel particulate matter あるいは，単にPM : particulate matter）である．この中で特に重要な規制物質はPM[*4]とNO$_x$である．PMの成分は無定形炭素微粒子の凝集体（すす，soot），可溶性有機物質（SOF : soluble organic fraction），含酸素有機化合物，硫酸塩粒子などである．

これらすべてを除去するには，1つの触媒ユニットでは不可能で，いくつかの機能を持つ数個の触媒ユニットが必要である．CO, HCを除去するには酸化作用を有するDOC（diesel oxidation catalyst），PMを捕捉するには微粒子を捕捉できるDPF（diesel particulate filter），NO$_x$を除去するには選択還元作用を有するSCR（selective catalytic reduction）をもちいる．SCR関連のユニットでNO$_x$を吸蔵するNAC（NO$_x$ absorption catalyst），または

[*1] NO$_x$の還元能力は，COよりもH$_2$の方が高いので，H$_2$を増やすために，CeO$_2$などを触媒としてCO + H$_2$O → CO$_2$ + H$_2$の反応を利用することも研究されている．

[*2] Pt-Ir-Rh/MFI触媒は，マツダが開発し，1994年に実用化した．

[*3] 全負荷時18, アイドリング時100.

[*4] 燃え残りであるPMを減らすために，コモンレールと呼ばれる燃料供給技術が開発された．この方式は，超高圧噴射と高度な電子制御によるきめ細かい噴射の制御を可能にし，出力向上と排気の大幅改善を実現した．

NSR（NO_x storage reduction），すり抜けたアンモニアの排出防止作用を持つASC（ammonia slip catalyst）も併用する．各ユニットの作用と触媒を以下に述べる．

(1) DOC（酸化作用）

HC や CO などを酸化するだけでなく，PM 中の SOF を酸化したり，NO をより反応性の高い NO_2 に酸化する．また，後段に設置されている触媒へ送られる排ガスの温度を上げる役割も果たす．ディーゼルエンジン排ガスの温度は低いので，低温域でも活性を示す Pt 系触媒が使われる．Pt のみの系よりも Pt-Pd の二元系の方が熱耐久性に優れ，燃料発熱機能も高いことが知られている．現在の DOC にはほとんどの場合 Pt-Pd 系が使われている．

(2) DPF（微粒子捕捉作用）

PM を捕捉し，捕捉した PM を酸化する．DPF の構造を図 7-4 に示す．通常のハニカム担体と異なる点は，貫通しているセルと貫通していないセルがハニカム担体のガス入口，出口で互い違いに配列され，DPF の端面は市松模様をなしている．セルの壁は多孔質でフィルターの役割をしている．貫通しているセルから入った排ガスのうち気体成分はセル壁の細孔を通って隣のセルに入り DPF 出口に向かうが，PM は細孔内およびセル壁面にトラップされる．セル壁面にトラップされた PM は soot cake と呼ばれ，トラップの初期以外は PM は soot cake として堆積していく．DPF の材料はコージェライトあるいは SiC であり，大型ディーゼルではコージェライト製が，小型ディーゼルでは SiC 製のものが多い．

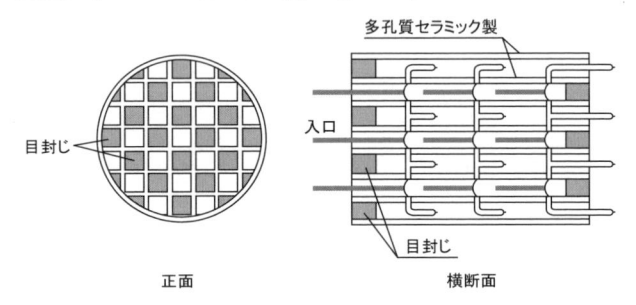

図 7-4 ウォールスルーフィルター型 DPF の構造
(平成 15 年度排ガス浄化システムに係る技術開発動向に関する調査報告書，社団法人 日本機械工業連合会・社団法人 日本ファインセラミックス協会)

DPF にたまった微粒子は，酸化により除去するために酸化触媒をコートすると PM 燃焼特性が大きく改善するので，酸化触媒をコートしている DPF がほとんどである．DPF での酸化剤は，排ガス温度 300℃前後では前段の DOC で NO が酸化されて生成した NO_2 であるが，排ガス温度約 550℃以上では O_2 が主である．

（3） SCR（選択的還元作用）

還元剤としては尿素水が使われる．尿素の熱分解で生じるNH_3を還元剤としてNO_xを分解するもので，固定発生源の脱硝と原理は同じである．ディーゼル燃料の硫黄含量が高い場合，バナジウム含有触媒が使われるが，少ない場合Feゼオライトや Cu ゼオライトが使われる．Fe ゼオライトは Cu ゼオライトに比べ，NO_x中のNO_2の割合が上がると浄化率の著しい上昇がみられ，また，高温度域で浄化率が高い．ゼオライトとして Fe-SCR ではβ-ゼオライト，Cu-SCR では chabasite 等が多く用いられる．

（4） ASC（すり抜けアンモニア再利用）

ASC は一般に SCR と酸化触媒の機能を複合させており，前段の SCR で消費されずにすり抜けてきたNH_3を ASC で再度選択還元に用いることを期し，それでも余ったNH_3を酸化して環境への放出を防止する．酸化触媒と SCR 触媒を 2 重にハニカム担体にコートして ASC として用いることが多い．

（5） NAC（NO_x吸蔵作用）

ディーゼルのNO_x吸蔵触媒は Pt を主成分とする Pt-Pd-Rh 系が主流である．これはディーゼルエンジンからの排ガス温度がガソリンエンジンの場合に比べ大幅に低く，Pt の強い酸化力を利用して排ガス中の NO をNO_2に変換してから BaO などの吸蔵材に吸収させる必要があるためである．

以上の各ユニットは規制値が厳しくない時期には DOC 単独で用いられていたこともあったが，規制値が厳しくなるに従い，種々のユニットを組み合わせて用いる．日本のポスト新長期規制（2009 年～），EU の EU-6（2014 年～），USA の US-10（2014 年～）の規制値をクリアーするには，ほとんどのシステムでは図 7-5 のように前段に DOC と DPF を配し，これによる排気NO_2の増加を期して，後段に SCR を配している．

SCR も単に尿素からのNH_3を用いて選択的還元を行うのではなく，様々な機能の追加が行われている．そのいくつかを以下に説明する．

SCR ユニット内で尿素を使わずにNH_3を発生させて還元剤として使う，いわばオンサイト型NH_3-SCR は，2006 年ホンダで開発された．リッチ制御時（リッチ雰囲気）に排ガス中のNO_xを N 源としてNH_3を生成し蓄積する

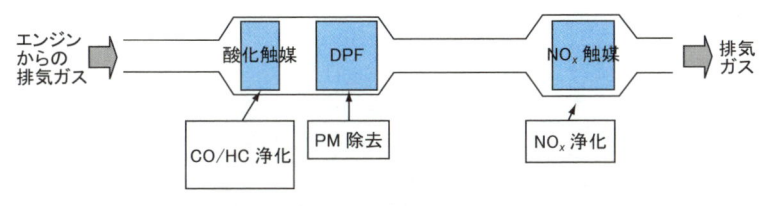

図 7-5 酸化触媒，DPF と二層式NO_x吸蔵還元触媒の併用方式
（http://www.honda.co.jp/news/2006/4060925b.html）

触媒層と，通常運転時（リーン雰囲気）にこのNH$_3$でNO$_x$を還元する触媒層から構成されており（図7-6），酸化触媒およびDPFと併用されている．

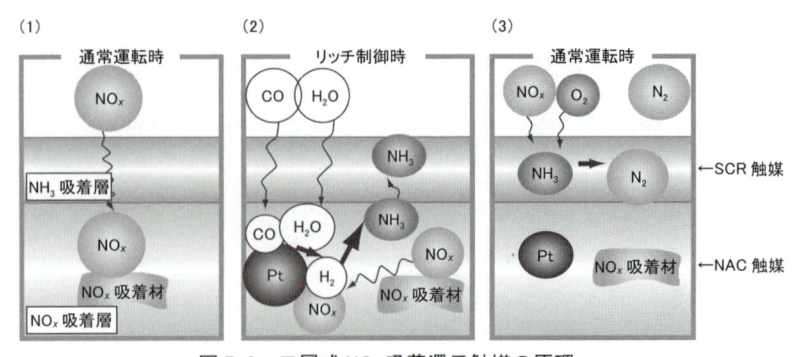

図 7-6 二層式 NO$_x$ 吸蔵還元触媒の原理
(http://www.honda.co.jp/news/2006/4060925b.html)

DPNR (diesel PM-NO$_x$ reduction) は，DPFとNACまたはNSRを複合化させたものである．NO$_x$吸蔵型触媒NACまたはNSRをDPFセル壁面の細孔に担持したものであり，吸蔵されたNO$_x$とトラップされたPMとの反応によりNO$_x$とPMを同時に低減する（図7-7）．また，リッチ制御時には触媒温度が〜700℃になり，このとき吸蔵されたNO$_x$(NO$_3$)の還元時にNOと共に発生する活性酸素（O*）によりPMが酸化される（図7-8）．なお，PMだけでなく，HCやCOも酸化して減少させることができる．

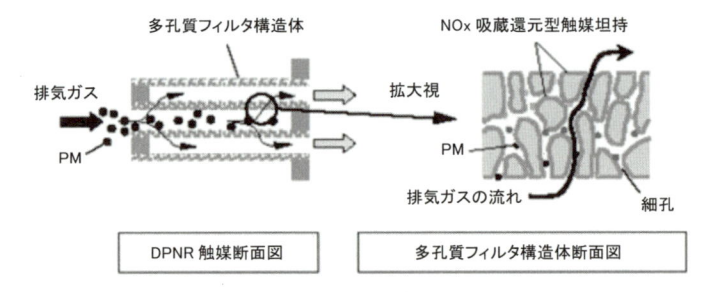

図 7-7 DPNR のイメージ
(www.jspmi.or.jp/system/file/3/868/N02-07.pdf)

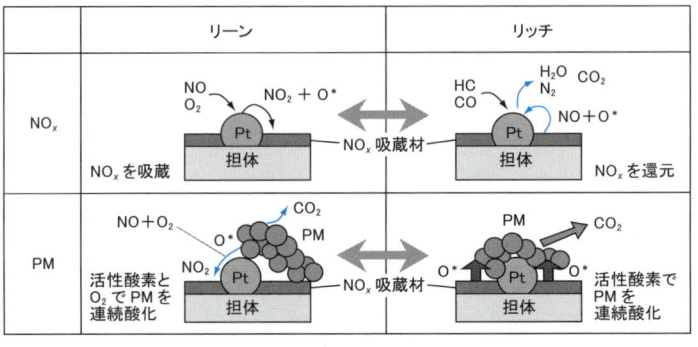

図 7-8 DPNR の原理

HCからH$_2$やCOを発生させ，それらを還元剤として利用する方式もある．H$_2$やCOはHCよりも還元力が強いのでNO$_x$除去率は向上する*．概念図を図7-9に示す．

* HC-NO$_x$トラップ触媒はフロースルー型酸化触媒の発展系とみることができる．

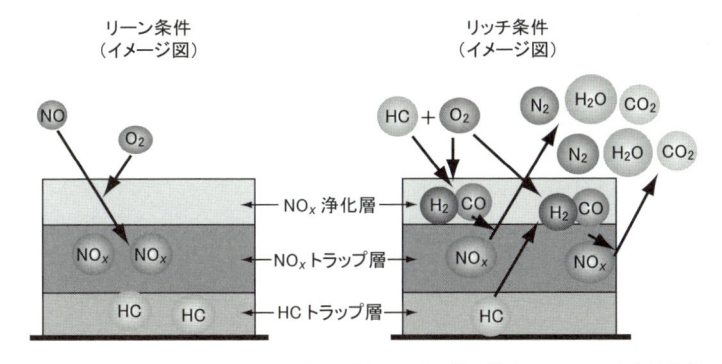

図7-9 HC-NOxトラップ触媒の概念図
（日産自動車，Diesel Engine Briefing J.pdf）

7.3 燃料電池システム

燃料電池は，水素燃料電池の普及に伴って，一般的には水素燃料電池と同じ意味に使われ，また水素燃料電池とその周辺機器（装置）を含めた燃料電池システムと同じ意味にも使われることが多い．水素燃料電池システム用触媒には，燃料電池本体の電極に使われる電極触媒および，燃料から水素を製造するための改質装置に使われる改質触媒などがある．

7.3.1 燃料電池の種類と電極触媒

燃料電池の基本要素は，水素が反応する燃料極，イオンが移動する電解質，空気中の酸素が反応する空気極の3つである．

(1) 燃料電池の種類

主な燃料電池と電極触媒の例を表7-1に示す．

表7-1 主な燃料電池と電極触媒

	主な燃料電池				
	リン酸形 (PAFC)	固体高分子形 (PEFC)	溶融炭酸塩形 (MCFC)	固体酸化物形 (SOFC)	ダイレクトメタノール形 (DMFC)
燃　料	水素	水素	水素，CO	水素，CO	メタノール
燃料極触媒の例	カーボン担体に担持したPt	カーボン担体に担持したPt	多孔質Ni系	Ni-YSZ	カーボン担体に担持したPt-Ru
空気極触媒の例	同上	同上	Li添加NiO	La$_{1-x}$Sr$_x$MnO$_3$	同上担体に担持したPt

(2) 各種燃料電池

1) リン酸形燃料電池

電極触媒は，電池の作動温度（約200℃）において濃厚リン酸水溶液に耐食性があり，高活性であることが必要なため，主に炭素質担体にPtを分散した触媒が用いられる．

2) 固体高分子形燃料電池PEFC（実用化）

PEFCは，燃料極（ガス拡散層＋触媒層），高分子電解質膜，空気極（触媒層＋ガス拡散層）からなり，両側をセパレーターではさまれた構造を持っている（図7-10）．これはセルと呼ばれ，実際のPEFCは，このセルを多数積み重ねたもの（セルスタック）である．

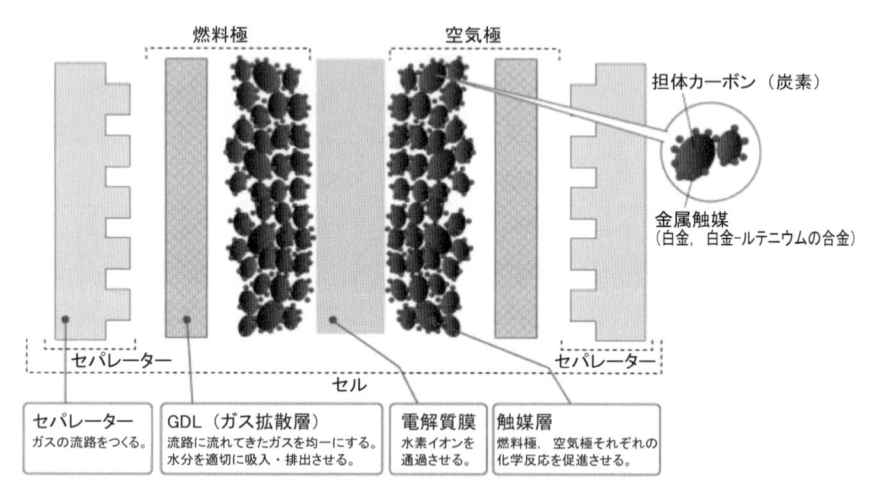

図7-10 固体高分子形燃料電池の構成
(http://www.osakagas.co.jp/rd/fuelcell/pefc/pefc/humidified.html,
http://www.osakagas.co.jp/rd/fuelcell/pefc/pefc/formation.html)

各電極は導電性カーボンであり，その表面に電極触媒としての貴金属微粒子が担持されている．PEFCの燃料極では耐CO被毒性を高めるためにRuが添加された，カーボン担持Pt-Ru触媒が使用される．

3) 溶融炭酸塩形燃料電池

電解質は溶融した炭酸塩（約650℃）であり，CO_3^{2-}が液体の電解質中を移動する．各電極では次の反応が起こる．

燃料極　　$H_2 + CO_3^{2-} \longrightarrow CO_2 + H_2O + 2\,e^-$
　　　　　$CO + CO_3^{2-} \longrightarrow 2\,CO_2 + 2\,e^-$

空気極　　$1/2\,O_2 + CO_2 + 2\,e^- \longrightarrow CO_3^{2-}$

反応温度（作動温度：約650℃）が高いので電極反応速度が大きいことから，触媒には貴金属を必要とせず，Niなどを用いることができる．燃料極触媒には多孔質Ni系，空気極触媒にはLi添加NiOが主に用いられる．

4) 固体酸化物形燃料電池

電解質は安定化ジルコニア（例　YSZ，CSZ）であり，O^{2-} が固体電解質中を移動する．各電極では次の反応が起こる．

燃料極　　$H_2 + O^{2-} \longrightarrow H_2O + 2\,e^-$

　　　　　$CO + O^{2-} \longrightarrow CO_2 + 2\,e^-$

空気極　　$1/2\,O_2 + 2\,e^- \longrightarrow O^{2-}$

高温環境下であり，電極反応速度が飛躍的に向上することから，貴金属を必要とせず Ni などを電極触媒に利用することができる．燃料極（負極）の触媒である Ni は燃料改質（H_2 および CO を生成）の触媒も兼ねている．この場合，触媒への炭素析出が問題となることが多い*．

5) ダイレクトメタノール形燃料電池

メタノール直接型燃料電池（DMFC : direct methanol fuel cell）は，水素よりも運搬・貯蔵が容易なメタノールを燃料とする燃料電池である．各電極では次の反応が起こる．

燃　料　極　　$CH_3OH + H_2O \longrightarrow CO_2 + 6H^+ + 6e^-$

空　気　極　　$\frac{3}{2}O_2 + 6H^+ + 6e^- \longrightarrow 3H_2O$

全体の反応　　$CH_3OH + \frac{3}{2}O_2 \longrightarrow CO_2 + 2H_2O$

この場合にも，燃料極で副生する CO による触媒被毒を抑えるため燃料極にはカーボン担体に担持した Pt-Ru が用いられる．また，空気極にはカーボン担体に担持した Pt が用いられる．

* 大阪ガスは家庭用 SOFC システム「エネファーム type S」を平成24年4月から販売開始．SOFC（作動温度が 700～750℃）の排熱を都市ガスの水蒸気改質（吸熱反応）に有効利用している．

7.3.2　燃料改質システムと触媒

炭化水素系燃料の一般的な改質プロセスは，脱硫 → 改質 → CO 変性（水性ガスシフト反応）→ CO 選択酸化，の4工程から構成されている．ここでは，主として都市ガス（メタンが主成分）を燃料とする PEFC を例として説明する．

(1) 脱　硫

都市ガスに付臭剤として添加されている有機硫黄化合物（例　ジメチルスルフィド）は改質触媒の触媒毒となるのであらかじめ除去する必要がある．そのための処理を脱硫という．有機硫黄化合物は，中規模 PEFC システムでは水素添加脱硫法（3.2 参照）で除去されるが，家庭用 PEFC システムでは一般的に吸着材（活性炭，ゼオライトなど）で除去される．最近，水添脱硫法と吸着脱硫法の機能を併せ持つ超高次脱硫剤が家庭用 PEFC システムで実用化された（大阪ガス）．

(2) 水蒸気改質反応

都市ガスの水蒸気改質の反応式は式（7-11）のとおりであり，生成ガス

中の CO 濃度は約 10% である.

$$CH_4 + H_2O \longrightarrow CO + 3H_2 \quad \Delta H = 206.17 \text{ kJ mol}^{-1} \quad (7\text{-}11)$$

PEFC システムでは,起動と停止を毎日行うことが想定される.その場合,水蒸気改質触媒として一般的な Ni 触媒を使用すると停止中に Ni 表面が酸化されて NiO(皮膜)の状態になり,起動時に Ni 表面を回復できない場合,触媒劣化が起こる.そこで Ru 触媒がよく用いられる.一方,中規模 PEFC では,水素が入手しやすいため Ni 触媒の NiO 皮膜を還元して活性回復を図れるので Ni 触媒を使用する.なお,Ni 触媒は,原料中の炭化水素に含まれる炭素に対する水蒸気のモル比(スチーム/カーボンの比)が低い領域において炭素を析出させやすい.

(3) CO 変成

これは,水蒸気改質の生成ガス中の CO を水と反応させて水からも水素を取り出すプロセスである.

$$CO + H_2O \longrightarrow CO_2 + H_2 \quad \Delta H = -41.17 \text{ kJ mol}^{-1} \quad (7\text{-}12)$$

家庭用 PEFC システムでは,通常の CO 変成(高温シフト反応と低温シフト反応の 2 段法)によらずに,低温シフト反応だけの 1 段法を採用し CO 濃度を 0.5〜1% 程度にする.

触媒は $Cu\text{-}ZnO\text{-}Al_2O_3$ 系触媒や,CeO_2 系酸化物担持 Pt 触媒,TiO_2 担持 Pt-Re 触媒などである.1 段法では,1 種類の触媒を充填した反応器の温度分布を,入口部温度 250〜300℃程度,出口部温度 200℃以下になるように制御している.

(4) CO 選択酸化

改質水素ガス中に CO が 1% 程度残っていてもリン酸型燃料電池では許容されるが,PEFC は作動温度が常温〜90℃と低いため,CO が燃料極の触媒である Pt 微粒子に強く吸着し Pt の触媒作用を阻害する.そこで CO 濃度を 10 ppm 以下まで低減するため,CO が 1% 程度混じった H_2 ガスに微量の空気を添加し,$CO + \frac{1}{2}O_2 = CO_2$ 反応を選択的に起こさせている(CO 選択酸化).この反応は PROX(preferential oxidation)反応とも呼ばれる.触媒は Pt 系や Ru 系などである.

化学平衡上,$[O_2]/[CO]$ モル比は高い方が CO 選択酸化に有利なので,一般的には CO 選択酸化除去工程を 2 段とし,1 段目を $[O_2]/[CO]=1$ 程度で運転し,2 段目を $[O_2]/[CO]=3$ 程度で運転することにより CO 濃度を 10 ppm 以下にしている.

最近,$[O_2]/[CO]=1.5$ の条件で CO 濃度を 1 ppm 以下にすることができる 1 段法(Ru 系触媒)が実用化されている(図 7-11).この触媒は高活性なため低温域で使用でき,それが副反応抑制につながり,CO 濃度 1 ppm

以下を実現している.

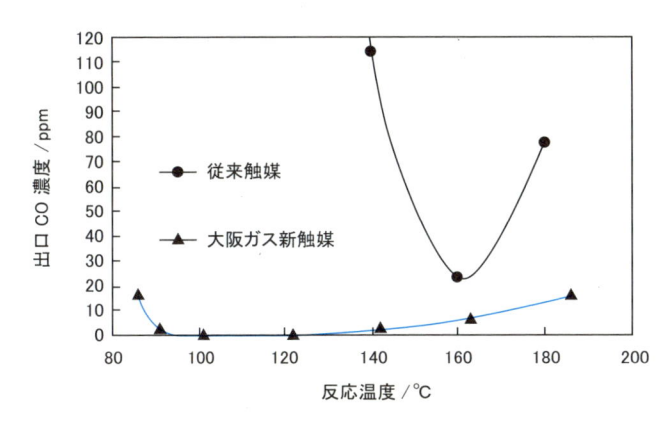

図 7-11　CO 選択酸化触媒の活性
(従来触媒と大阪ガス新触媒の CO 選択酸化活性比較 ([O₂]/[CO] = 1.5))
(http://www.osakagas.co.jp/rd/fuelcell/pefc/reformed/prox.html)

7.4　光触媒

水を水素と酸素に分解する反応を起こすためには，系にエネルギーを与える必要がある．この反応の自由エネルギー変化が正だからである．電気エネルギーを与えると水の電気分解が起こり，光エネルギーを与えると水の光分解が起こる．反応速度を大きくするために，電気分解では電極触媒を，光分解では光触媒を用いている．光触媒とは，光照射下でのみ反応を促進させる物質のことである．

7.4.1　半導体光触媒の原理と機能

ここでは，n 型半導体光触媒の作用原理を説明する．図 7-12 は n 型半導体である TiO_2 粉末に Pt を担持した粒子とそのバンドモデルを示す．

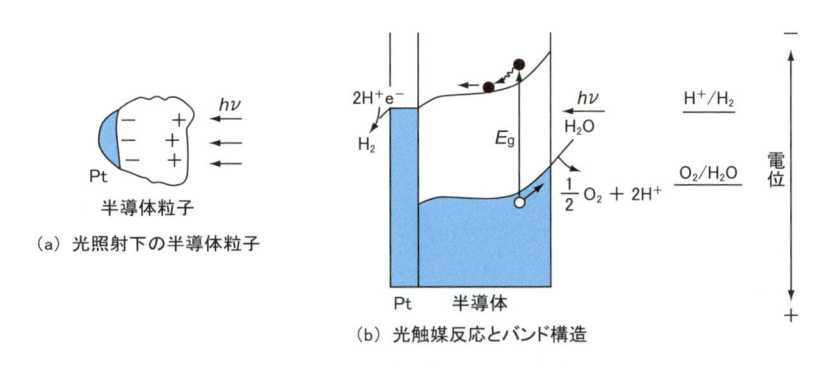

(a) 光照射下の半導体粒子
(b) 光触媒反応とバンド構造

図 7-12　光触媒のバンド構造

n 型半導体を溶液中に浸すと，電子移動が起こり，半導体表面の伝導帯

と価電子帯に曲がりが生じる（空間電荷層ができる）．この空間電荷層に，バンドギャップエネルギー（E_g）よりも大きいエネルギーをもつ光を照射すると，価電子帯の電子 e^-（●と表示）が励起されて伝導帯に移り，価電子帯には正孔 h^+（○と表示）が生じる．このとき，バンドが曲がっている（電場勾配がある）ので，e^- はバルク方向へ，h^+ は表面へ移動し電荷分離が起こる．その結果，例えば図7-12の場合，e^- は還元反応（例 $2H^+ + 2e^- \rightarrow 2H \rightarrow H_2$）を，$h^+$ は酸化反応（例 $H_2O + 2h^+ \rightarrow O + 2H^+ \rightarrow \frac{1}{2}O_2 + 2H^+$）を起こす．これらの総括反応は，$H_2O \rightarrow H_2 + \frac{1}{2}O_2$ となり，水の光分解が可能となる．

また，e^- による還元反応，h^+ による酸化反応として次の反応が起こると，酸化力の強い2つの活性酸素種が生成する（図7-13）．

還元反応の例　$O_2 + e^- \longrightarrow O_2^-$（スーパーオキシドアニオン）

酸化反応の例　$OH^- + h^+ \longrightarrow \cdot OH$（ヒドロキシラジカル）

この活性酸素種を発生させる光触媒の機能を生かした応用分野が，後述する抗菌・殺菌，防臭・消臭，水浄化，大気中の NO_x 除去，防汚，防曇などの機能を持つ材料，製品である．

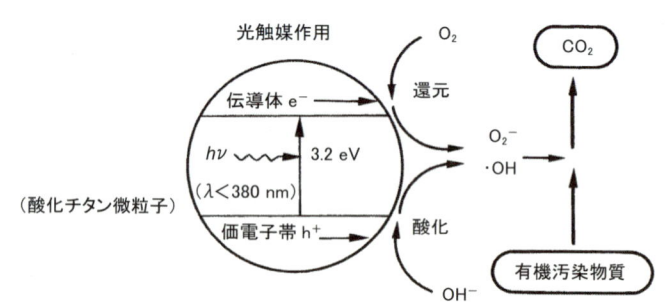

図 7-13　酸化チタン光触媒による有機物の分解
（安保正一，山下弘巳，ファインケミカル，**25**，39(1996)）

7.4.2　水の光分解

(1)　水の光分解用触媒の必要条件

水の光分解は，太陽エネルギーを貯蔵可能な化学エネルギーである水素に変換する方法の1つとして注目されている．

水の光分解触媒として利用できる半導体は，その E_g が 1.23 eV（水の理論電解電圧）よりも大きいだけでなく，伝導帯の下端の準位がプロトンの水素分子への還元電位よりも高い位置にあり，価電子帯の上端の準位が水の酸素分子への酸化電位よりも低い位置にあることが必要である．

TiO_2 や $SrTiO_3$ は，これらの条件を満たすが，それらの E_g は約 3.2 eV（波長 387 nm に相当）なので，紫外光応答型光触媒として使われる．

Pt 添加 TiO$_2$ は，原理的に水の光分解 H$_2$O $\longrightarrow$ H$_2$ + $\frac{1}{2}$ O$_2$ を起こすことができる．Pt 添加 TiO$_2$ における Pt は，光照射で生じた e$^-$ を TiO$_2$ から受け取って H$^+$ に渡し，それを還元する反応 H$^+$ + e$^-$ $\longrightarrow$ $\frac{1}{2}$ H$_2$ の触媒として作用する（図 7-12）．しかし，Pt は，よく知られたように酸化触媒でもあるので H$^+$ の還元反応だけでなく，逆反応である H$_2$ + $\frac{1}{2}$ O$_2$ $\longrightarrow$ H$_2$O も促進する．この反応が起こると，定常的に水を 2:1 の割合の水素と酸素に分解する反応（水の完全分解）は実質的に進まない．したがって水の完全光分解を実用化するためには，H$_2$ の O$_2$ との逆反応を抑制しなければならない．

(2) 水の完全光分解用触媒

1) 紫外光応答型

従来の Pt 添加 TiO$_2$ の Pt を NiO$_x$ に，TiO$_2$ を SrTiO$_3$ に置き換えた形の NiO$_x$/SrTiO$_3$ 触媒などは水の完全光分解（水素と酸素への分解）に高活性を示す．それは NiO$_x$ が，H$^+$ 還元だけを促進し，H$_2$ の酸素による酸化を促進しないからである．TiO$_2$ 系以外では，Ni を担持したニオブ酸化物系やタンタル酸化物系（例：Ni/K$_4$Nb$_6$O$_{17}$，NiO/NaTaO$_3$）などの光触媒が見いだされている．NiO/NaTaO$_3$ を用いると 270 nm の紫外線照射下，56％の量子収率が得られた．また酸化物以外では，β-Ge$_3$N$_4$ をベースにした光触媒が水の完全光分解に活性である．

2) 可視光応答型

太陽光を用いて水の分解を行うには，可視光領域の光を十分に利用できる光触媒が必要である．可視光を吸収し，水を水素と酸素に完全分解することのできる安定な光触媒材料として，GaN と ZnO とが固溶体を形成した材料（Ga$_{1-x}$Zn$_x$）（N$_{1-x}$O$_x$）が見いだされた．さらに，Rh$_{2-y}$Cr$_y$O$_3$/(Ga$_{1-x}$Zn$_x$)(N$_{1-x}$O$_x$) が合成され，410 nm の可視光照射下，5.1％の量子収率が得られた．Rh を Cr$_2$O$_3$ でコアーシェル型の被覆をすると，Rh 上での H$_2$ と O$_2$ との逆反応を防ぐことができ，その結果，活性が向上した．

植物の光合成が Z スキームと呼ばれる 2 段階光励起プロセスにより，長波長の可視光を有効に利用している点に着目し，2 種類の触媒系を組み合わせた方式が提案され，SrTiO$_3$/Cr が水素生成用に WO$_3$ を酸素生成用に，そして，ヨウ素酸イオン・ヨウ化物イオン（IO$_3^-$/I$^-$）を電子伝達系として用いた系が報告されている．伝導帯の下端が H$^+$/H$_2$ 電位より下で，還元力が不足した材料でも，価電子帯の上端が O$_2$/H$_2$O 電位より上に位置するため，光吸収によって生成した正孔によって自分自身が酸化分解される材料でも，両者を連結しうる適切な電子伝達系と組み合わせれば可視光水分解が可能となることが示された（図 7-14）．最近，水素生成用の

Pt/ZrO$_2$/TaON, 酸素生成用の Pt/WO$_3$, 電子伝達系の IO$_3^-$/I$^-$ を組み合わせ, 420.5 nm の可視光照射下, 6.3％の量子収率が得られた.

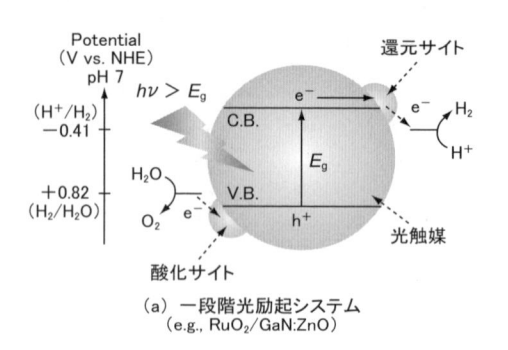

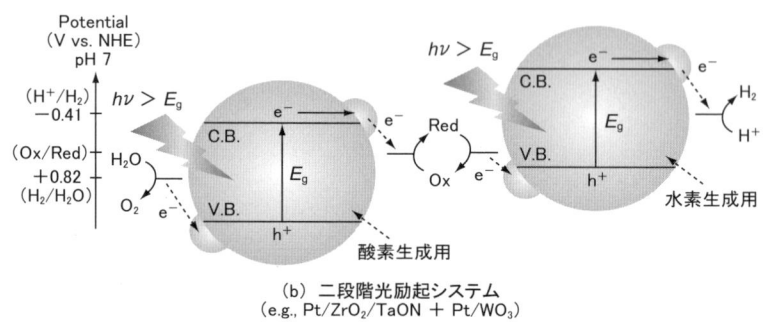

図7-14 可視光応答型光触媒
K. Maeda and K. Domen. *Phys. Chem. Lett.*, 2010, 1(18), 2655-2661

7.4.3　光触媒による環境浄化

TiO$_2$ に照射される紫外光が微弱であっても, さまざまな低濃度汚染物質を酸化分解し無害化・除去できる. TiO$_2$ の環境浄化への応用は, TiO$_2$ 光触媒に接触する物質が何であり, それを酸化分解することでどのような効果を期待するかによって異なる.

(1)　TiO$_2$ 光触媒の環境浄化の原理

TiO$_2$ に光が当たると正孔と電子が発生する (図7-12). TiO$_2$ では正孔と電子がすぐには結合しない. TiO$_2$ 表面に水が吸着していると, 正孔は水 (または OH$^-$ イオン) を酸化してヒドロキシラジカル (・OH) をつくり, 励起された電子は, プロトンを還元して水素を発生させることもできるが, 酸素がある場合にはそのかわりに酸素分子を還元してスーパーオキサイドアニオン (O$_2^-$) を生成する (図7-13). これらの・OH や O$_2^-$ は高い反応性を持っているので, 近くに有機化合物があるとそれを酸化分解する. 光照射下で TiO$_2$ に吸着した物質が酸化分解されるのはこのような原理による. TiO$_2$ の酸化力は塩素, 過酸化水素, オゾンよりも強力であると言われている.

(2) 低濃度 NO_x の酸化・除去

紫外光照射を受けて TiO_2 表面に生成した活性酸素種は，NO を NO_2 に変え，さらに NO_3^- を生成させる．TiO_2 と NO_2 吸着剤（活性炭など）との複合材料は NO_2 を捕集し，NO_3^- を効率よく生成させる．この NO_3^- は容易に水洗，除去できるので，この複合材料は繰り返して使用でき，NO_x 濃度が 0.01〜10ppm であっても除去効率が高く低濃度 NO_x の除去に適している．なお，同じような原理で SO_2 も除去できる．

(3) 抗菌・殺菌

TiO_2 に接触する物質が細菌である場合，殺菌されるだけでなく死骸も酸化分解・除去されるので細菌の増殖が関係する汚れを除去したり防止したりすることができる．TiO_2 単独で使うだけでなく抗菌性金属材料（例えば銀）や吸着剤などと一緒に使うこともできる．銀や銅を担持した TiO_2 薄膜を塗布されたさまざまな材料が，抗菌・殺菌を必要とする施設や医療器具などに応用されている．抗菌・殺菌の作用のある金属を併用している場合，紫外光照射がない環境下でも抗菌・殺菌の効果がある．

(4) 脱臭，消臭

TiO_2 に接触する物質が悪臭物質である場合，その酸化分解による脱臭，消臭効果が発揮される．光触媒を用いる脱臭・消臭方法は空気清浄機や靴乾燥機に用いられている．

7.4.4 超親水性の活用

(1) 防曇性

透明薄膜化された TiO_2 層が紫外光照射を受けると，表面が OH 基で覆われ親水性が高まる（超親水性）ため水蒸気は水滴とならず水の一様な薄膜となって表面に広がる．その結果，曇りを生じない（防曇効果）．TiO_2 に SiO_2 などの蓄水性物質を組み合わせると光照射をやめても親水性が保持される[*1]．

(2) 防汚性

TiO_2 に接触する物質が表面を汚す有機物（やに，ススなど）である場合，その酸化分解・除去による防汚効果が発揮される．この場合，上記の超親水性も加わるので，酸化分解物が水で洗い流され防汚効果が高まる[*2]．

7.5 触媒燃焼と関連分野

触媒燃焼の場合には空燃比を調整して燃焼温度を 100〜1200℃ に制御することが可能なため，① サーマル NO_x の発生を回避できる，② 通常，燃焼が困難な希薄可燃ガスも燃焼可能である，③ 着火温度が低い（水素や

[*1] 防曇性の応用例は自動車などのサイドミラー，浴室内のミラーなどである．

[*2] 応用例はトンネル照明器具のカバー，衛生陶器，自動車の窓ガラスなどである．

メタノールでは室温），④ 完全燃焼する，⑤ 燃焼面の温度が均一である，⑥ 無炎燃焼するので安全性が高い，などの特徴をもっている．

7.5.1 触媒燃焼の温度域と応用

触媒燃焼は，上記のように種々の利点があるため，産業用および民生用の装置・機器に幅広く応用されている（表 7-2）．

表 7-2 触媒燃焼の応用機器

燃焼温度域	応 用 機 器 例
低 温 域 （室温〜300℃）	防毒マスク，かいろ，喫煙パイプ，ライター，アイロン，毛髪美容器，石油ストーブ，煉炭などの着火源，ガスセンサー，ガスクロマトグラフィー，水素燃焼器，バッテリー
中 温 域 （300〜800℃）	自動車排ガス浄化，産業廃ガス浄化および熱動力回収システム，各種脱臭装置，ガスエンジン排ガス浄化および熱回収システム，触媒燃焼ヒーター（暖房器，乾燥器），調理器，ハンダゴテ，不活性ガス製造，炉内浄化，発熱量センサー
高 温 域 （800〜1500℃）	ガスタービン（発電用，電力−熱併給システム用，航空機用，自動車用），ボイラー

（小野哲嗣，『触媒講座 9，工業触媒化学 II』，触媒学会編，講談社（1985），p.189）

7.5.2 触媒燃焼用触媒

触媒燃焼用触媒は高活性で，しかも圧損が小さく，耐久性（耐熱性，耐熱衝撃性，耐被毒性）に優れていることが必要である．さらにメタンを主成分とする都市ガスの場合，メタンが難燃性（無触媒着火温度は 632℃，貴金属触媒使用時でも 350℃以上）であり，付臭剤である S 化合物が触媒作用を阻害するなどの点にも注意が必要である．

表 7-3 は種々の触媒の活性を示している．触媒の形状にはペレット，モノリス，発泡体，クロスなどがあり，用途によって選択される．

表 7-3 燃焼反応に対する触媒活性成分の活性序列

1. $^{16}O_2-^{18}O_2$ 交換反応
   $Pt\sim Co_3O_4>MnO_2>CuO\sim NiO>Fe_2O_3>ZnO>Cr_2O_3>V_2O_5>TiO_2>MoO_3$
2. 水素の酸化反応
   $Co_3O_4>CuO>MnO_2>NiO>Fe_2O_3>ZnO>Cr_2O_3>V_2O_5>TiO_2$
3. 一酸化炭素の酸化反応
   $CoO>NiO>MnO_2\gg CuO>Fe_2O_3>ZnO>TiO_2>Cr_2O_3>V_2O_5$
4. メタンの燃焼反応
   $Pd>Pt>Co_3O_4>PdO>Cr_2O_3>Mn_2O_3>CuO>CeO_2>Fe_2O_3>V_2O_5>NiO>MoO_3>TiO_2$
5. プロピレンの燃焼反応
   $Pt>Pd\gg Ag_2O>Co_3O_4>CuO>MnO_2>Cr_2O_3>CdO>V_2O_5\fallingdotseq Fe_2O_3\fallingdotseq NiO\gg CeO_2>Al_2O_3>ThO_2$

（諸岡良彦，石油学会誌，**16**，596（1973））

触媒の耐硫黄性向上策には，耐硫黄性が弱い Pd に Pt を添加したり，Pt の代わりに SO_2 被毒に強い Rh を使用したりするなどの方法がある．熱劣化

対策としては，担体へアルカリ土類や希土類元素の酸化物（$BaO \cdot 6Al_2O_3$，$La_2O_3 \cdot Al_2O_3$ など）を添加したり，耐熱性の高い複合酸化物（ペロブスカイト，スピネル，コランダムなど）を用いたり，貴金属を金属間化合物や複合酸化物として安定化したりするなどの方法がある．

7.5.3 ガスタービンへの応用

ガスタービンでは，断熱圧縮によって余熱した空気と燃料の混合ガスを触媒燃焼させることにより，NO_x 発生を抑えたクリーンな燃焼ガスでタービンを回すことができる．図 7-15 に示すように，火炎燃焼では，燃焼器の中央部分に高温域が存在するようにすることで燃焼を安定させている．これに対して触媒燃焼では高温域を経ることなく安定した燃焼を行わせることができるので，NO_x の生成を抑制できる．Pt, Pd などの貴金属を担体物質とともにハニカム担体にコートした触媒などが多く用いられる．

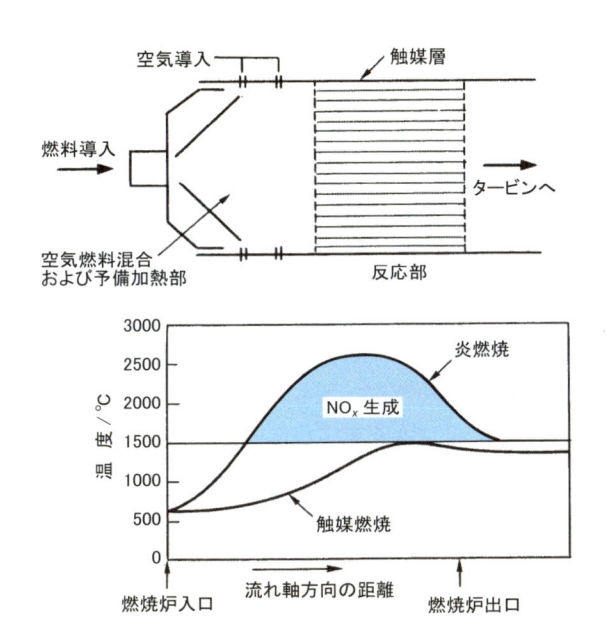

図 7-15 ガスタービンにおける炎燃焼と触媒燃焼の温度プロファイルと NO_x 生成変化

7.5.4 悪臭成分や揮発性有機化合物の触媒燃焼処理

(1) 悪臭成分

悪臭の防止技術には熱分解法，触媒燃焼法，吸着法，光触媒法などがある．熱分解法では燃料を多く必要とするが，触媒燃焼法では，低温域での燃焼処理が可能なため燃料費は熱分解法の 1/3 程度であり NO_x の生成も少ないなどの利点がある．触媒としては Pt/Al_2O_3 が多く用いられる．触媒の形状は用途によって異なる．悪臭処理装置に使用する場合はペレット状

が一般的であるが，ダストやミストを含む場合にはハニカム状のものも使用される．

(2) 揮発性有機化合物

塗装工場や化学工場，印刷工程や洗浄工程から排出される揮発性有機化合物（VOCs：volatile oraganic compounds）の処理技術には，熱分解法，吸着法，吸収法，光触媒法などがある．光触媒法は低濃度VOCsの処理には有効であるが，より濃度の高いVOCs処理には触媒燃焼法が多く採用されている．触媒は貴金属（Pd, Pt など）や酸化鉄，MnO_2 などであり，反応温度は100〜500℃である．

7.5.5 家電製品，自動車用部品などへの応用

(1) 家電製品

1) 石油ストーブ

芯上下式のポータブル型ストーブは，着火時および消火時に灯油臭を発生し，使用時にも不完全燃焼しやすい．そこで燃焼筒上部に触媒をセットすると，排ガス中の CO，炭化水素が CO_2, H_2O に転換される．触媒としては，ハニカム型あるいは3次元網目構造をもつ金属多孔体に Pd, Pt をコーティングしたものが用いられる．

2) こたつ，冷蔵庫

こたつでは，ヒーター表面に酸化触媒が塗布されている．

冷蔵庫では，酸化触媒である Pt/Al_2O_3 以外にゼオライトが霜取ヒーター表面に塗布されていて，霜取ヒーターの熱でゼオライトに吸着していた臭気成分を脱離させ，酸化分解除去する仕組みとなっている．

3) 調理用オーブン，レンジなど

魚や肉を焼いたときに発生する油脂分や臭気成分を，調理器の内壁面にコーティングした触媒や排煙口等に取付けた触媒により，230〜300℃*で酸化分解，除去することができる．触媒としてはγ-MnO_2 などが用いられる．

(2) 自動車用部品など

1) 点火ヒーター，ディーゼルエンジン用触媒グロープラグ

点火ヒーターはガス，石油の燃焼機器などに使用されているが，電熱線の表面に触媒を担持させると着火温度が200〜250℃下がり，乾電池でも灯油を着火させることができる．触媒としては白金族元素を Al_2O_3, SiO_2, TiO_2 などに担持したものが用いられる．

ほぼ同じ原理をもつものに触媒グロープラグがある．加熱された触媒上で空気-燃料混合ガスの定常的な予熱と気化が行なわれ，始動が容易にな

---

* 庫内の油脂類による汚れを触媒なしで加熱分解するためには500〜600℃が必要である．

るとともに，燃料の一部で改質が行なわれ，燃費の節約と騒音の発生防止，排ガスの浄化に寄与するといわれている．触媒は Pt，Rh，Pd などに Ni，Co，Cr などを添加したものが用いられる．

2) 触媒栓

通常の鉛蓄電池では，電解液中の水が電気分解を起こして減少するので補液が必要であるが，通常の栓の代わりに Pt や Pd をアルミナや活性炭に担持した触媒をつけた触媒栓を使用すると，水電解生成物である水素と酸素が再結合して水に戻るためメインテナンスフリーの密閉型鉛蓄電池となる．この目的に合う触媒は撥水性でなければならないためシリコーン樹脂やテフロンなどで撥水処理される．

(3) ガスセンサー

ガスセンサーの検知対象は可燃性ガス（メタン，プロパンなど），有毒・有害・悪臭ガス（CO，NO_x，Cl_2，H_2S，NH_3 など），酸素などである．ガスセンサーは，検知対象ガスとセンサー素子との間で吸着や表面反応が起こり，センサーの増感剤として触媒成分が添加されているなど触媒化学との関係は強い．

1) 触媒燃焼式ガスセンサー

センサー素子は 50 μm の白金線コイル上にアルミナ担体を焼結させ，それに Pt，Pd のような触媒成分を分散担持した構造をもっているものである．被検ガスが触媒上で燃焼する際に発生する熱を，白金線の電気抵抗変化を利用して検知する仕組みになっている．

2) 電気抵抗式半導体ガスセンサー（表面制御型）

半導体ガスセンサーは，被検ガスの吸着前後の電気抵抗変化を利用して被検ガス濃度を検出している．可燃性ガスの素子材料としては SnO_2 や ZnO などの還元されにくい n 型半導体が主に使用される．可燃性ガスの吸着によって半導体の電気抵抗が減少する．その理由は，負電荷吸着していた解離吸着酸素が被検ガスと反応して表面から脱離する際に電子を伝導帯に戻し伝導電子を増加させるためである．この場合，可燃性ガスの検出感度を増し，ガスの種類に対する選択性を高めるために，少量の貴金属が増感剤として添加される．表 7-4 は貴金属微粒子による H_2 の解離作用（化学的効果）を示す．

WO_3 系 NO_x センサーでは，NO_x が吸着することで電気抵抗が空気雰囲気における電気抵抗よりも高くなる．その理由は n 型半導体である WO_3 に NO_x が負電荷吸着し，伝導帯から電子を奪い伝導電子を減少させるためと考えられている．

表 7-4 SnO$_2$系のセンサーへの貴金属添加効果*

	化学的効果	電子的効果
モデル図		
添加剤の役割	被検ガスの活性化と表面移動	電子ドナーあるいはアクセプター
ガス検知（抵抗変化）機構	SnO$_2$の酸化状態変化に伴う電気抵抗変化	添加金属の酸化状態変化に伴う電気抵抗変化
貴金属触媒の例	Pt, Pd	Ag

＊ 図中の M は貴金属を表す．

7.6 その他の環境触媒

7.6.1 触媒湿式酸化分解

排水中の有機物（COD）を空気で酸化し無害化する触媒湿式酸化分解法には，遷移金属を TiO$_2$, ZrO$_2$ などに担持した触媒が有効である．また担持金属触媒だけでなく，銅イオンなどの遷移金属イオンもアクリロニトリル系廃水などの酸化触媒となる．COD 成分の酸化分解用に Ni あるいは Co の酸化物を用いた触媒が実用化されている（栗田工業）．排水中の有機物（例 モノエタノールアミン）を次亜塩素酸ナトリウム NaOCl で酸化し無害化（N$_2$, CO$_2$, H$_2$O に変換）する反応には，活性酸素を含有する過酸化ニッケル NiO$_x$ を担体に担持した触媒が有効である＊．

＊ 水中の NH$_3$ を NaOCl で酸化することによって，N$_2$ と H$_2$O に変換する反応には過酸化ニッケル NiO$_x$ 系触媒などが有効である．

7.6.2 常温型 CO 酸化触媒

長大トンネルなどには，特別な加熱源を使用せずに，触媒により低濃度 CO を完全酸化する装置が設置されている．カリウム塩を添加した白金系触媒は低温活性に優れ，10～2000 ppm の CO を 1 秒以下の接触時間でほぼ完全に酸化するといわれている．近年，金ナノ粒子触媒も用いられるようになった．

7.6.3 医療用 N$_2$O の触媒分解

N$_2$O（笑気ガス）を含む室内空気は，Pt，Pd，Rh などを担持した触媒を用いて約 400℃で N$_2$ と O$_2$ に分解，無害化できる．

オゾン層における触媒反応

オゾン層は，成層圏においてオゾンの生成反応と消滅反応がバランスすることによって形成されている．オゾンの生成は，光反応であり次のように起こる．

$$O_2 + h\nu \longrightarrow 2\,O$$
$$\underline{2\,O + 2\,O_2 \longrightarrow 2\,O_3}$$
$$3\,O_2 + h\nu \longrightarrow 2\,O_3 \tag{1}$$

オゾンの消滅は次の反応によって起こる．

$$O_3 + h\nu \longrightarrow O_2 + O \tag{2}$$

$$NO + O_3 \longrightarrow NO_2 + O_2$$
$$\underline{NO_2 + O \longrightarrow NO + O_2}$$
$$O_3 + O \longrightarrow 2\,O_2 \tag{3}$$

$$OH + O_3 \longrightarrow HO_2 + O_2$$
$$\underline{HO_2 + O_3 \longrightarrow HO + 2\,O_2}$$
$$2\,O_3 \longrightarrow 3\,O_2 \tag{4}$$

$$Cl + O_3 \longrightarrow ClO + O_2$$
$$\underline{ClO + O \longrightarrow Cl + O_2}$$
$$O_3 + O \longrightarrow 2\,O_2 \tag{5}$$

$$2(Cl + O_3 \longrightarrow ClO + O_2)$$
$$ClO + ClO \longrightarrow Cl_2O_2$$
$$Cl_2O_2 + h\nu \longrightarrow Cl + ClOO$$
$$\underline{ClOO \longrightarrow Cl + O_2}$$
$$2\,O_3 + h\nu \longrightarrow 3\,O_2 \tag{6}$$

これらの反応のうち，(3), (4), (5)は，触媒反応であり，それぞれ NO（あるいは NO_2），OH（あるいは HO_2），Cl（あるいは ClO）が触媒として作用している．(6)は光触媒反応であり，Cl（あるいは ClOO あるいは Cl_2O_2）が触媒として作用している．NO の多くは豆科植物より排出される N_2O が安定なため成層圏まで到達し，そこで酸化されて生成するものであるが，ジェット機から排出される NO も含まれる．OH は地表で発生するメタンが上空に達し，そこで酸化されて生成される．これら NO やメタン発生の多くは自然現象であるが，Cl は，安定なフロンが成層圏まで到達し，そこで光分解を起こして生成したものである．

8章 固体触媒の材料と調製法

触媒には，均一系触媒と不均一系触媒とがある．不均一系触媒は，それを反応器内に保持し原料の供給と生成物の回収を定常的に行なえる利点をもつので，実用に適した形態である．特に固体触媒は，気相および液相の反応流体からの分離が容易であり，実用触媒として最も一般的に使用される．

触媒の成分が同じであっても，一般的にその性能は触媒調製法によって異なる．実用固体触媒には，さらに，機械的強度が大きいこと，反応流体の流れに対する抵抗が低いこと，反応熱の伝達性が良いことなどが求められるため，粉末状の触媒は最適な形状に成型される．

実用固体触媒の1つである自動車用触媒においては，触媒の形状・構造（例 ウォールスルーフィルター型ハニカム担体），触媒成分の表面-バルク間の可逆的移動（例 インテリジェント触媒），触媒成分の多層配置（例 二層式NO_x吸蔵還元触媒）など斬新なコンセプト・構造設計が登場している．この流れは，やがて固体触媒全般に及び，触媒の構造設計の重要性・可能性が強く認識されるようになると考えられる．

8.1 固体触媒の構成，材料，機能

固体触媒は一般に，主触媒（触媒活性物質），担体，助触媒で構成される．

8.1.1 主な固体触媒の材料，機能

主な固体触媒の材料と機能を表8-1に整理した．触媒活性物質の材料は，金属，金属酸化物，酸化物以外の化合物などである．

(1) 金 属

反応分子は金属表面に化学吸着することによって活性化されるが，吸着は強すぎても弱すぎてもいけない．

典型金属は反応性が高すぎて，反応物と安定な化合物を生成しやすいため，一般に触媒サイクルをつくれないが，遷移金属は反応性が適度であり，多くの反応（水素化，水素化分解，リフォーミング，FT合成，アンモニア合成，酸化など）に触媒作用を示す．

金は通常，触媒活性を示さないが，金ナノ粒子をTiO_2などの担体に担

表 8-1 主な固体触媒の材料と機能

主な触媒	主な触媒機能あるいは担体機能と例					
触媒活性物質,規則性多孔体材料	区分,特徴など	酸化,選択的酸化	水素が係る反応	酸・塩基(アルキル化,異性化,水和,脱水)	光触媒	担体
金属(反応条件下で金属であるもの,合金触媒を含む)		Ag, Pt, Pd など	Pt, Pd, Re, Ru, Rh, Ni, Co, Cu, Fe 等			メタルハニカム
	ナノ粒子のみが活性を発現	Au	Au			
酸化物(複合酸化物触媒を含む)	遷移金属酸化物	Co_3O_4, Fe_2O_3, MnO_2, WO_3, MoO_3, Cr_2O_3, V_2O_5, V_2O_5–P_2O_5, Bi_2O_3–MoO_3, MoO_3–SnO_2 など	Cr_2O_3, WO_3, MoO_3, ZnO, Fe_3O_4, Cu–ZnO, Cu_2O–Cr_2O_3 など		TiO_2 などの半導体	
	典型金属酸化物			SiO_2–Al_2O_3, Al_2O_3, MgO など		Al_2O_3, MgO, セラミックハニカムなど
ヘテロポリ酸		$H_3PMo_{12}O_{40}$	$H_3PMo_{12}O_{40}$	$H_3PMo_{12}O_{40}$		
金属硫化物			硫化処理済み Co–Mo/Al_2O_3 など		CdS, ZnS などの半導体	
シリカ系,金属リン酸塩系	ゼオライト(細孔直径 0.5〜2 nm)			表面 Na^+ を H^+ と交換したあるいは多価金属で同型置換したゼオライト		
シリカ系,金属リン酸塩系	規則性メソ多孔体(細孔直径 2〜50 nm)					金属や酵素の担体
その他				硫酸化 ZrO_2		

持すると高い触媒活性を発現するようになる.

金属の触媒作用は,成分元素が同一であっても金属結晶面,金属粒子径(担持触媒),表面組成(合金触媒あるいは多元金属触媒)の違いによって異なる.特に多元金属化した場合には,主成分金属の性質が変化したり,異種金属がそれぞれ違った触媒機能を分担するようになったりする.したがって調製法や活性化条件には注意が必要である.

(2) 金属酸化物

一般に遷移金属酸化物は,選択的酸化,脱水素に活性である.多くの酸化反応はレドックス機構(触媒の格子酸素が反応物と結合し,還元状態になった触媒は気相酸素によって再び酸化されて触媒サイクルが完結する)

で進行するので，金属 - 酸素の結合が適度な強さをもち，酸化数が容易に変化し得る酸化物が高い活性を示すと予測される．

同一の金属酸化物であっても，その触媒作用は表面の配位不飽和度や結晶面の違いによって影響を受ける．Co_3O_4 や Cr_2O_3 は前者，V_2O_5 は後者の例である．

高温排気処理して表面 OH 基を H_2O として除去した Cr_2O_3，ZnO，Co_3O_4 や MgO，La_2O_3，ZrO_2 などは水素分子を解離吸着し，水素化活性を示す．

金属酸化物，特に複合酸化物が酸化活性あるいは水素化活性以外に酸・塩基性をもっている場合には，酸化や水素化の活性・選択性と同時に酸・塩基性の効果をも期待できる．

TiO_2，ZnO などの半導体は光触媒反応に活性を示す．

(3) 金属硫化物

金属硫化物は，触媒毒となる S, N などの化合物を含む反応物の脱水素，水素化，水素化分解などの反応（水素化脱硫，脱窒素を含む）に有効な触媒である．しかし，金属に比べて活性化エネルギーが大きいため高い反応温度を必要とする．

Mo，W，Co，Ni の硫化物は高い水素化活性をもっているが，これらを組み合わせると活性がさらに向上し，各成分の活性の和よりも大きくなるので（相乗効果），通常 Co-Mo, Ni-Mo, Ni-W を Al_2O_3 などに担持したものが実用触媒に用いられる．この場合 Co, Ni は助触媒の役目をしている．金属硫化物上での炭素析出は金属の場合よりも起こりにくい．

Ni_3S_2（マーガリン製造用触媒）や MoS_2 の場合には，表面構造が触媒作用と密接に関係する．前者では表面の配位不飽和度の違い，後者では露出した結晶面の違いによって起こる反応が異なる．

CdS，ZnS などの半導体は光触媒として作用する．

(4) 固体酸・塩基

1) 固体酸

固体酸にはゼオライト，二元金属酸化物，金属酸化物，金属硫酸塩，金属リン酸塩，固体リン酸，陽イオン交換樹脂，ヘテロポリ酸などがある．

固体酸触媒の表面性質は酸強度，酸量，酸のタイプによって特徴づけられる．このなかでは酸強度が特に重要である．酸強度が小さすぎると触媒活性を示さず，大きすぎると副反応，炭素析出を起こすからである．

アルカンの骨格異性化は，シリカアルミナ触媒を用いると 300～400℃ の反応温度を必要とするが，固体超強酸（SbF_5 を担持した酸化物，SO_4^{2-} を担持した ZrO_2，Fe_2O_3，TiO_2 など）では室温でも反応が起こる．

2) 固体塩基

固体塩基にはアルカリ金属酸化物，アルカリ土類酸化物，希土類酸化物，担持アルカリ金属，担持アルカリ金属酸化物などがある．担体としては Al_2O_3, SiO_2, MgO, 活性炭が用いられる．

ZrO_2, ZnO は塩基性の他に酸性を有し，反応物によって酸触媒，塩基触媒，あるいは酸・塩基両機能触媒として働く．

(5) 合成ゼオライト

合成ゼオライトはアルミノシリケートの多孔質結晶であり，骨格に各種金属を取り入れたゼオライトはメタロシリケートと呼ばれる．合成ゼオライトの特徴は規則性多孔体，カチオン交換能，触媒作用，吸着能，分子篩作用である．規則性多孔体としての合成ゼオライトはミクロ細孔(直径0.5～2 nm)をもっている．

1) 主なゼオライト

Y-ゼオライトは流動接触分解（FCC : fluid catalytic cracking）や水素化分解の触媒として使われている．

MFIゼオライト（例　ZSM-5）はエチルベンゼンの合成，芳香族の分離などの触媒として使われている．10員環からなる細孔構造(直径約5Å)が，芳香族の反応においてパラ異性体の選択性を高めるのに適している．酸性質，熱安定性，疎水性などの性質を持っている．

ベータゼオライトは，芳香族のアルキル化，炭化水素の分解反応などの触媒として使われている．12員環からなるミクロ孔をもち，酸強度も比較的強い．

2) 酸触媒

多価カチオンでイオン交換したゼオライトは酸触媒となる．この場合，酸はカチオンの価数が大きいほど，同価数ならばカチオンのイオン半径が小さいほど，Si/Al 比が高いほど強い．

耐酸性の Na^+ 型ゼオライトは，HCl 溶液で直接処理することにより Na^+ を H^+ とイオン交換して H^+ 型ゼオライトに変えることができるが，耐酸性が弱いものは，Na^+ を NH_4^+ でイオン交換した後に脱 NH_3 を行なって H^+ 型ゼオライトに変えられる．いずれの場合にもプロトン型ゼオライトは，Si/Al 比が大きいほど強い酸性が現われる（Si/Al 比＜6）．

また H^+ 型ゼオライトを高温で加熱，脱水すると，ブレンステッド酸点がルイス酸点に可逆的に変化する．

ゼオライトの外表面積は全表面積の5％以下と小さいため，通常，外表面の活性に寄与する割合は小さいが，反応物分子の大きさが細孔径と同程度以上である場合には外表面の寄与する割合は増す．ZSM-5 の外表面の

酸点だけを不活性化するには，細孔径よりも大きい有機塩基を吸着させるか，細孔径とほぼ同じ大きさをもつ $SiCl_4$ により外表面だけを脱 Al 処理して酸点を減らす．

3) 塩基触媒

ゼオライト X あるいは Y を K^+，Rb^+，Cs^+ でイオン交換すると塩基触媒能を示す．なお，遷移金属カチオンでイオン交換したゼオライトは酸性の他に酸化，選択的二量化，カルボニル化などの触媒機能を有する．

4) 形状選択性

分子篩作用により，反応物，生成物，遷移状態それぞれに形状選択性が現われる．細孔径の制御は，ケイ素化合物による表面修飾やカチオン交換などで行われる．

(6) メソポーラス材料

多孔体の細孔はミクロ細孔（直径 0.5～2 nm），メソ細孔（直径 2～50 nm），マクロ細孔（直径 > 50 nm）に分類され，メソ細孔を有する規則性多孔体をメソポーラス材料という．メソポーラス材料は，規則性メソ細孔空間と高表面積を有し触媒担体や触媒として用いられる．

シリケート系メソポーラス材料であるメソポーラスシリカの骨格中へ Al や Ti などを入れるとゼオライトよりも弱い酸性を発現するものがある．

(7) ヘテロポリ酸

$H_3PW_{12}O_{40}$ や $H_4SiW_{12}O_{40}$ などのヘテロポリ酸は強い酸性を示す．H^+ を Na^+ で交換していくと酸強度と酸量は減少するが，遷移金属塩の多くは酸性質を有する．

また $H_3PMo_{12}O_{40}$ およびその塩，$H_5PMo_{10}V_2O_{40}$ などは強い酸化力と酸性をもっていて，選択的酸化反応（メタクロレイン酸化，イソ酪酸の脱水素など）に有効な触媒である．

このようにヘテロポリ酸では構成元素（H^+ などの対カチオン，P，Si などの中心原子，W，Mo などの配位原子）を変えることによって触媒機能を制御できる．さらに独特の性質として固体表面だけでなく内部も反応に関与する擬液相挙動があるため触媒活性が著しく高いことがある．

> **擬液相**
>
> ヘテロポリ酸を固体触媒として用いる場合，非極性分子はその固体表面で反応するが，極性分子はヘテロポリ酸の内部（ヘテロポリアニオンの間）にも出入りできるので反応の場が内部にまで広がることがある．後者は，固体であるヘテロポリ酸があたかも液相のようなふるまいをするので"擬液相"挙動と呼ばれる．この擬液相挙動によって，ヘテロポリ酸は通常の固体酸触媒よりも高い活性やユニークな選択性を示す．

8.1.2 触媒担体

主触媒成分だけを使用し表面積や細孔構造を制御しようとしても一般に限界がある．このような場合，担体を利用する．

担体は，貴金属などの高価な触媒活性物質を広げてのせる土台，触媒の機械的強度を高めるだけの物質であると認識された時期もあったが，現在では次のような多面的な役割をもつことがわかっている．したがって最適

な担体を選ぶには担体の機能を理解し，各担体の特性を知る必要がある．

(1) 担体の機能

1) 成型性

担体を用いると触媒を望ましい形状にし，機械的強度を高めることができる．触媒のサイズ，細孔構造は物質移動（バルク拡散，Knudsen 拡散）や熱移動に密接に関係する．

2) 比表面積の拡大

比表面積の大きい担体に金属を微粒子状で固定・隔離すると，金属の比表面積が増加する（粒子径が半分になると比表面積は 2 倍になる）．さらに比表面積の増加により，同一重量あたりの耐毒性が増す，活性サイトができやすくなるなどの効果も現われる（例：V_2O_5/TiO_2 の (010) 面，活性サイトは V＝O）などの効果が知られている．

比表面積の大きい多孔質担体の細孔径は小さい．細孔径は小さすぎると，原料ガスの細孔内への拡散が阻害されるので，ミクロ細孔とマクロ細孔の両方をもつ担体を選択することもある．

3) 金属微粒子の固定・隔離

微粒子状触媒活性物質と化学的に相互作用することによって，微粒子の移動・凝集（シンタリング）を抑制する．また固定することにより昇華しやすい成分の揮散を防止できる（V_2O_5-MoO_3/Al_2O_3 では MoO_3 が昇華しにくくなる）．

4) 希釈効果

活性サイトの密度を調節することによって選択性を増加させる，反応熱の除去がしやすくする（局所的加熱防止）などの効果がある．

5) 金属微粒子と担体の相互作用

担持金属において金属微粒子と担体が強く相互作用する（SMSI：strong metal-support interaction）と，金属微粒子の電子状態が変わる．また金属微粒子の前駆体の還元性も影響を受ける．担体の機能と金属の機能の両方をもつ二元機能触媒をつくることができる．

(2) 担体の特性と選定法

表 8-2 に各種担体の特性をまとめた．担体を選定する場合にはまず目的触媒における担体の役割を考え，次いで反応条件下での熱的・化学的安定性，機械的強度，細孔構造の他に，触媒活性物質と担体との親和性，担体の反応性を考慮する．

反応物や生成物と強く結合する担体は反応を阻害しやすく，また副反応を併発しやすい．例えば，酢酸とエチレンからの酢酸ビニル合成の触媒 Pd/Al_2O_3 を用いると，酢酸アルミニウム生成，溶出，担体の細孔閉塞，

> **word 比細孔容積（specific pore volume）**
> 物質 1 g 当りの全細孔の容積（$cm^3\,g^{-1}$）．

> **word 比表面積（specific surface area）**
> 物質 1 g 当りの表面積（$m^2\,g^{-1}$）．通常，液体窒素温度における窒素吸着量から計算する．

Pd への吸着が起こり，NH$_3$ による NO$_x$ 還元に V$_2$O$_5$/Al$_2$O$_3$ を用いると，不純物 SO$_2$ と Al$_2$O$_3$ との反応が起こる．

表 8-2 各種担体の特性

担体	比表面積 /m^2 g^{-1}	細孔直径 /nm	特徴，主な用途など
MgO	50～200	～2	塩基性，機械的強度が弱い，水酸化物を排気加熱すると比表面積が約 200 m^2 g^{-1}
α-Al$_2$O$_3$	0.1～5	500～2000	α 型は放熱性が高く酸化触媒用，γ 型は弱酸性，触媒成分との親和性が強く種々の触媒に用いられる，酸性溶液には溶けやすい
γ-Al$_2$O$_3$	130～350		
TiO$_2$ アナタース	40～300		排煙脱硝触媒に用いられる
SiO$_2$ ゲル	200～750	2～5	弱酸性，触媒成分との親和性が弱い，エチレン水和，無水フタル酸製造用触媒に用いられる
SiO$_2$・Al$_2$O$_3$	200～600	3.5	酸性
ZrO$_2$	150～300		高温で安定
ゼオライト	400～900	0.4～1	酸性，形状選択性
活性炭	930～1200	<2, 10～20, >500	中性または酸性，主に液相用貴金属触媒に用いられる分子篩作用をもつものもある
ケイソウ土	20～40	>100	水素化用 Ni, Co 触媒，固体リン酸触媒に用いられる
コージェライト	<1		モノリス担体，表面にシリカやアルミナをコーティング後（10～100 m^2 g^{-1}），触媒成分を担持する

8.1.3 触媒調製例のフローチャートと主要工程

(1) フローチャートの例

図 8-1 に触媒調製フローチャートを 2 つ示す．触媒調製の主要工程は，触媒前駆体の製造，触媒の成型，触媒前駆体の仕上げである．

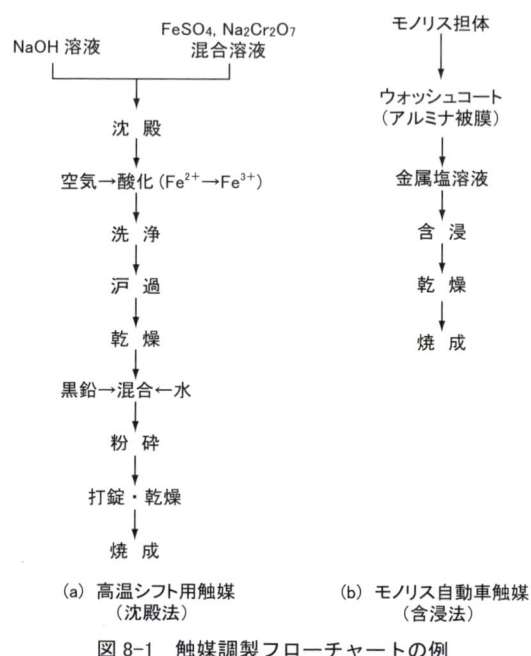

```
NaOH 溶液    FeSO₄, Na₂Cr₂O₇              モノリス担体
              混合溶液
      ↓   ↓                                    ↓
       沈 殿                              ウォッシュコート
        ↓                                （アルミナ被膜）
 空気→酸化 (Fe²⁺→Fe³⁺)                         ↓
        ↓                                 金属塩溶液
       洗 浄                                    ↓
        ↓                                   含 浸
       沪 過                                    ↓
        ↓                                   乾 燥
       乾 燥                                    ↓
        ↓                                   焼 成
 黒鉛→混合←水
        ↓
       粉 砕
        ↓
     打錠・乾燥
        ↓
       焼 成

  (a) 高温シフト用触媒          (b) モノリス自動車触媒
       （沈殿法）                    （含浸法）
```

図 8-1 触媒調製フローチャートの例

1) 高温 CO シフト用触媒

高温 CO シフト用触媒 Fe_2O_3-Cr_2O_3 は3段階を経て作られている．① Fe 原料である $FeSO_4$ と Cr 原料である $Na_2Cr_2O_7$ の混合溶液に沈殿剤として NaOH 溶液を加えて Fe の水酸化物と Cr の水酸化物を共に沈殿させ，この沈殿を洗浄・ろ過し，乾燥する．②この物質に黒鉛と水を加えて混合，粉砕，打錠・乾燥する．③この物質を焼成して Fe_2O_3-Cr_2O_3 に変換する．

①は触媒前駆体の製造工程，②は触媒前駆体の成型工程，③は触媒前駆体の仕上げ工程（焼結による機械的強度向上）である．

2) モノリス自動車触媒

モノリス自動車触媒は2段階で作られている．①あらかじめ成型された担体（支持体）に，いわゆる担体（アルミナ）や助触媒成分からなる母材をコートしたのち，触媒金属の塩溶液を含浸させ，乾燥する．②この物質を乾燥・焼成する．

①は触媒前駆体の製造工程，②は触媒前駆体の仕上げ工程である．

(2) 担持触媒と非担持触媒

触媒は，担体（支持体）の使用の有無によって，担持触媒と非担持触媒に分けられる．モノリス自動車触媒は担持触媒，高温 CO シフト用触媒 Fe_2O_3-Cr_2O_3 は非担持触媒の例である．

担持触媒では触媒金属微粒子の分散性制御などが重要であり，非担持触媒では活性点をなるべく多く表面に形成させるためにもミクロ構造（表面積，細孔径，細孔容積，粒子の大きさ）の制御などが重要である．

8.2 触媒調製法の種類と特徴

固体触媒は，担持触媒と非担持触媒に分けられる．担持触媒の調製法には含浸法，イオン交換法などがあり，非担持触媒の調製法には沈殿法，水熱合成法などがある．

8.2.1 沈殿法

(1) 沈殿生成，沈殿法

触媒金属成分を含む溶液に沈殿剤を添加してゆくと，沈殿成分イオン濃度の積が溶解度積より高くなった段階で沈殿核が生成し，核成長が進むと沈殿が生成する．沈殿の形状は，沈殿物質の種類や沈殿条件によって異なり，通常，2価金属の水酸化物は結晶質になる．

沈殿法は，多成分系の非担持触媒や高担持率（20～40 wt％）の担持触媒の調製に適している．

(2) 共沈法，混練法，沈着法

非担持触媒は，触媒活性成分の水溶液と沈殿剤溶液を接触させて水酸化物，炭酸塩などの沈殿を生成させ，ろ過，水洗，乾燥，成型，焼成を行なうことによって調製される．触媒活性成分が2種類以上の場合には，それらを同時に沈殿させるか（共沈法），別々に得た沈殿を機械的に練り合わせる（混練法）．共沈法による例は $Bi_2O_3 \cdot 2MoO_3$ である．

担持触媒は，①共沈法によって担体成分も溶液から同時に沈殿させる方法，②触媒活性成分の沈殿を担体と混練する方法，③担体を触媒成分溶液に浸した後，沈殿剤溶液を加えて担体上に活性成分を沈殿させる方法（沈着法）で調製される．混練法による例は，$CoO \cdot MoO_3/Al_2O_3$ である．沈着法による例は，COシフト用 $Cu/ZnO/Al_2O_3$，油脂水添用 Ni/ケイソウ土などである．

(3) 均一沈殿法

通常の沈殿法では，活性成分溶液の組成が沈殿剤の滴下とともに変化するので，粒子径や組成の異なる粒子が生成する．

しかし，常温では活性成分と沈殿剤が均一溶液となっていて，加温時に沈殿を生成させる成分を出させるようにすると，溶液内のどこでも同じ条件で沈殿が生成するので均一な沈殿粒子を得ることができる（均一沈殿法）．このため沈殿試薬としては尿素が代表的で，加温時に加水分解によって生成した NH_4OH が沈殿剤として作用する．

8.2.2 ゲル化法，ゾル-ゲル法

ゲル状沈殿の粒子径は結晶性沈殿のそれよりも均一なので，ゲル状沈殿をつくりやすいケイ酸や Al, Fe, Ti, Zr などの水酸化物はゲルとして調製される（ゲル化法）．例えばシリカアルミナ触媒の前駆体をつくる場合，ケイ酸と Al 塩の混合水溶液をゲル化させると，均一性に優れたものが得られる．この方法を共ゲル化法とよぶ．

複数の金属アルコキシドの混合溶液を加水分解してゲル化する方法は，ゾル-ゲル法と呼ばれる．

8.2.3 含 浸 法

これは触媒活性成分を担体に担持する方法の1つである．脱気処理した担体の細孔中へ，細孔容積よりかなり多い量の触媒原料溶液を浸み込ませて細孔壁に固定させた後，固液分離し，乾燥，焼成して活性成分を担持する方法で，含浸法と呼ばれる．

金属の前駆体が担体に固定される反応としては，担体の塩基点（O^{2-} あ

るいは塩基性 OH⁻）への金属カチオンの吸着，酸性 OH の H⁺ と金属カチオンとのイオン交換などがある．金属を高分散担持するためには金属前駆体を担体に強く結合させ，その後の還元工程における金属微粒子の凝集を抑える必要がある．主に吸着によって固定する方法を含浸法と呼び，イオン交換によって固定する方法をイオン交換法と呼ぶ．

触媒成分が複数の場合には，複数の触媒原料の混合溶液を同時に含浸するか，複数の触媒原料溶液を逐次的に含浸する．

含浸法は，触媒の細孔構造が決まっているとき，1 wt%程度の貴金属触媒を担持したいとき，成型担体を使用して機械的強度の大きい触媒を得たいときなどに適した方法である．前述の沈殿法では貴金属触媒が担体の内部に取り込まれて無駄になったり，また成型触媒の強度が十分に得られなかったりするからである．

担体と溶液の量関係によって調製法は次のように区別される．

(1) 平衡吸着法

担体を溶液に浸して吸着させた後，過剰分の溶液をろ別する．担持量は溶液濃度と細孔容積で決まる．担体を加えるにつれて溶液の組成が変化するなどの問題点がある．

(2) Incipient wetness 法（Dry impregnation 法）

細孔容積に等しい量の触媒前駆体溶液を，脱気処理した担体に加えて担体表面が均一に濡れた状態にして担持する方法である．担持する触媒量は溶液濃度を変えて調節する．この方法では平衡吸着法よりも精密な制御が可能である．

(3) 蒸発乾固法

担体を溶液に浸した後，溶媒を蒸発させて溶質を担持する方法である．担持量を容易に増やすことはできるが，担体と弱く結合した金属成分は，乾燥時に濃縮され還元処理後に大きな金属粒子になりやすい．

8.2.4 イオン交換法

触媒活性成分を担体に担持する方法の1つであり，触媒成分のカチオン（金属イオン，金属錯イオンなど）は担体のカチオンとイオン交換，担持される．

カチオン交換能をもつ担体としては，各種ゼオライト，シリカ，シリカアルミナ，イオン交換樹脂，酸化処理活性炭などがある．触媒成分カチオンと担体との結合が強いため，均一で高分散（粒径1〜2 nm）な担持が可能であり，再現性も良好である．

8.2.5 水熱合成法

高温高圧の熱水中で行う結晶質化合物の合成法を水熱合成法という．水熱合成法による合成ゼオライトの合成手順は次のとおりである．①シリカ源（水ガラスなど），アルミナ源（アルミン酸塩など），アルカリ源（NaOH，KOHなど）および水からなる混合物を用意する，②この混合物のpHを調整してゲルを得る，③このゲルをオートクレーブに入れ，所定水熱処理温度で所定時間，水熱処理して結晶化させる．

得られる合成ゼオライトの種類は，出発原料の種類，アルカリカチオンの種類，組成（Si/Alモル比，アルカリカチオン/(Si + Al)比），水熱処理温度，pHによって異なる．

Socony Mobil Oil社は1967年に，アルカリカチオンの代わりにテトラアルキルアンモニウムイオン利用して酸素10員環をもつZSM-5の合成法を開発した．テトラアルキルアンモニウムイオンを含んでいるZSM-5を焼成すると，H^+型のH-ZSM-5となる．ZSM-5の開発が端緒となって有機カチオンを用いた新規なゼオライトの合成が活発に行われるようになった．

テトラアルキルアンモニウムイオンなどの有機カチオンは，鋳型（template，テンプレート）となってゼオライトの細孔形成を規定するので，構造規定剤（SDA : structure directing agent）とよばれる．

合成ゼオライトの酸性質は，Si/Al比を変えたりH^+を他のカチオンでイオン交換したりすることによって制御することができる．

結晶質アルミノシリケートであるゼオライトのAlまたはSiの一部または全部をP，B，Fe，Beなどに置きかえた結晶性多孔質をゼオライト様（よう）化合物という．各種ゼオライト様化合物*も水熱合成法でつくられる．ゼオライト様化合物の例としては，Siの全部をPにおきかえたAlPO-5，Siの一部をPにおきかえたシリコアルミノリン酸塩ゼオライトSAPO-34などがある．

8.2.6 メソポーラス材料の合成法

界面活性剤分子の会合によって生成したミセルを鋳型として，さまざまな規則性メソポーラス材料（無機あるいは無機-有機ハイブリッド）が合成されている．鋳型であるミセルの形状は界面活性剤の濃度に影響され，細孔の大きさなどは界面活性剤の種類（構造）の影響を受ける．

8.2.7 その他の方法

(1) 溶融法

NH_3合成用鉄触媒はこの方法でつくられる．Fe_3O_4に少量のAl_2O_3，

---

* ソルボサーマル法：水熱合成法における水を，有機溶媒（グリコール，アルコールなど）あるいは有機溶媒と水の混合物に置き換えた方法である．

MgO，SiO$_2$とカリウム塩を添加して溶融し，成型後に約500℃で水素還元すると，酸素イオンの抜けた部分が細孔となり，触媒金属の多孔体ができる．

（2） 展開法

展開法で調製される触媒の代表例はラネー型触媒である．触媒金属(Ni, Co, Fe, Cuなど)をAlとの合金に変え（通常は1:1の割合），20% NaOH溶液中でAlを溶出させAlの抜けたところを細孔とすることで触媒金属の多孔体を作る方法である．その際Alの一部を残すと，そこにアルミナ水和物が生成するため金属粒子の凝集を防ぐ効果がある．

（3） 化学蒸着法

金属化合物（塩化物，アルコキシドなど）の蒸気を，加熱した固体表面に接触させて目的生成物を堆積させる方法を化学蒸着法（CVD：chemical vapor deposition）という．金属微粒子の気相担持，触媒表面の化学修飾，ゼオライトの細孔径制御などに利用される．

光析出法

TiO$_2$などの光触媒の懸濁液に光を照射すると光触媒表面に電子が生成する．懸濁液中に金属イオンあるいは金属錯イオンがあると，電子がそれらを還元するので光触媒表面上には金属微粒子が析出する．この光析出法では金属微粒子が高分散するため，高価な貴金属を高分散担持させるのに適している．主にTiO$_2$などの光触媒にPtなどを高分散担持するときに利用される．

8.3 触媒調製法の単位操作と制御因子

触媒前駆体は，乾燥処理後，所定条件*で焼成，還元，硫化などの処理（活性化処理）を受けて活性点（相）を形成する．触媒調製における各単位操作の制御因子は次のとおりである．

* 温度，時間，処理雰囲気（酸化あるいは還元成分の分圧，水蒸気などの共存物の有無など）

8.3.1 沈 殿 生 成

沈殿生成過程における制御因子は，溶液濃度，温度，攪拌速度，熟成の時間・温度，pH，触媒成分溶液と沈殿剤溶液の混合方法であり，これらが沈殿粒子のサイズに影響を及ぼす．

沈殿生成速度は相対過飽和度比 $(Q-S)/S$ に比例する．Q は沈殿生成が起こる前の沈殿成分イオンの濃度，S は溶解度を示す．この比が大きいと沈殿核が多数生成するので沈殿生成は短時間で終了するが，沈殿成分イオンの量には限りがあるため，沈殿の粒子径は小さくなる．一方，相対過飽和度比が小さい場合には逆の現象が起こり，沈殿の粒子径は大きくなる（沈殿によってはこのような関係が成立しない場合もある）．したがって比表面積の大きい触媒，すなわち小さい粒子が必要なときには，Q を大きくし，S を小さくすればよい．そのためには溶液濃度を高くし，溶液温度を低くする．さらに沈殿核の成長を抑制するため，攪拌を速くし熟成時間を短くするとよい．熟成を行なうと小径粒子の溶解，大径粒子の成長が起こるからである．しかし攪拌速度には限界があり，局所的に溶液組成が不均一となるため沈殿粒子径は不均一となる．このようなときには熟成を行なうと粒子径が揃う．また水酸化物の沈殿生成が起こるpHは物質によって

異なるので，pH も重要な因子である．

複数成分を同時に沈殿させたいときには，触媒成分溶液と沈殿剤溶液を同時に注いで混合することもある．

触媒成分原料と沈殿剤にはそれぞれ，金属硝酸塩，アンモニア水がよく用いられる．その理由は，硝酸イオンは残存しても焼成時に分解・除去され，アンモニア水はシンタリングの原因となる Na^+ を残さないからである．

8.3.2 ろ過，水洗

不純物の混入を避けるためには沈殿生成後，すみやかにろ過し洗浄を行なう．洗浄後に熟成を行なうと，小径粒子の溶解および大径粒子の成長が起こるため，粒子径が揃うだけでなく，吸蔵あるいは混晶によって小径粒子中に含まれていた不純物が溶液中に分離されるので純度が向上する．なお，熟成は温度が高いほど起こりやすい．

凝結しているゲルを水洗すると，電解質が除かれるために解膠を起こし再び小さなコロイド粒子に戻る．このような場合，ケイ酸を HCl，水酸化アルミニウムを NH_4NO_3 の水溶液で洗浄すると，Na^+ などの不純物カチオンがそれぞれ H^+，NH_4^+ とイオン交換されるため解膠しない．またゲルはイオン性不純物を吸蔵しやすく，水洗しても不純物は除去されにくい．

8.3.3 含浸，イオン交換

含浸過程の制御因子は，金属塩の種類，濃度，含浸の温度・時間などである．これらは活性成分と担体の特性を考慮して決めることになるが，一般的には含浸液濃度が低く，含浸温度が高く，含浸時間が長いほど活性成分は均一に担持される．担持量を多くしたり，複数の活性成分を担持したりする場合には，含浸，乾燥という操作を繰り返すとよい．

次に金属塩の選び方について述べる．触媒成分が担体に強く固定される場合には高分散担持されるが，弱く固定される場合には乾燥時に担体の外表面に凝集するため低分散担持される．つまり分散度は金属塩と担体の組み合わせに依存する．

担体をその等電点よりも低い pH の水溶液中におくと，正電荷を帯びてアニオンを吸着しやすいが，アルカリ性水溶液中では負電荷を帯びるためカチオンを吸着しやすい．

$$M-OH_2^+ \rightleftarrows M-OH \rightleftarrows M-O^- + H^+$$
$$小 \longleftarrow pH \longrightarrow 大$$

したがって，吸着種の電荷と担体の電荷が反対になるような等電点をもつ担体を選ぶとよい（表 8-3）．

表 8-3 各種担体の等電点

担体	等電点 (pH)
SiO_2	1.0〜2.0
$SiO_2 \cdot Al_2O_3$	〜3.9
TiO_2	5〜6
ZrO_2	〜6.7
Cr_2O_3	6.5〜7.5
Al_2O_3	7.0〜9.0
ZnO	8.7〜9.7
MgO	12.1〜12.7

例えば，H_2PtCl_6 や $(NH_4)_2PdCl_4$ のように金属錯イオンがアニオンであるものは，酸性溶液中で塩基点を有する担体（アルミナなど）に強く吸着するが*，シリカには吸着しない．一方，$[Pt(NH_3)_4]Cl_2$，$[Pd(NH_3)_4]Cl_2$ などのように金属錯イオンがカチオンであるものは，アルカリ性溶液中でブレンステッド酸点をもつ担体（シリカなど）とイオン交換するがアルミナには吸着しにくい．なお，MgO のように高い等電点をもつ担体の場合，酸性溶液に溶けやすいので，有機溶媒（アセトン，アルコール，アセトニトリルなど）中で吸着法により触媒成分を担持する．

イオン交換法の場合には，担体の特性に合わせた担持操作をおこなう必要がある．シリカアルミナは低 pH 領域で H^+ を解離しにくいため，活性成分カチオンを直接イオン交換担持できない．そこでシリカアルミナを 0.1〜1 N のアンモニア水に浸漬して NH_4^+ 型にした後，NH_4^+ と金属カチオンをイオン交換する（図 8-2）．また酸化処理活性炭はイオン交換可能なカルボキシル基をもっているので，シリカアルミナの場合と同様な方法で担持できる．

* アルミナの Al-OH は塩基性なので H^+ のアタックにより
Al-OH + H^+ → Al^+ + H_2O
となり，Al^+ がアニオンを吸着する．酸性溶液中では OH^- を解離しやすく，アニオン交換が起こりやすいと理解してもよい．

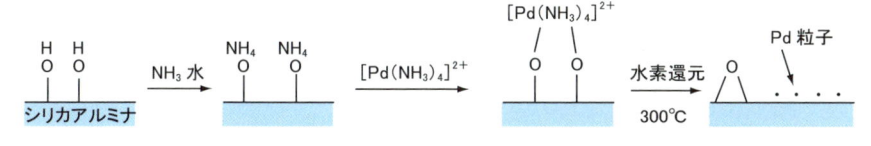

図 8-2 シリカアルミナにおけるイオン交換

シリカは，そのシラノール基が高 pH 領域で H^+ を解離するためイオン交換可能である．Ni^{2+}，Co^{2+}，Fe^{3+}，Cu^{2+}，Ag^+ の場合，それらの硝酸塩を原料に用いると焼成後は酸化物として担持される．

ゼオライトは通常 Na 型になっているので金属カチオン，金属アンミンカチオンとの交換は起こりやすい．耐酸性のあるゼオライトは，HCl 溶液を用いて Na^+ を H^+ でイオン交換し H 型にすることができるが，耐酸性が弱いゼオライトは，酸処理によって直接，H 型に変換できない．そこで Na^+ を NH_4^+ で交換した後，加熱して NH_3 を除去し，H 型にする．金属イオンで交換したゼオライトは，還元すると金属 $-H^+$/ゼオライトとなる．

8.3.4 乾　燥

(1) 加熱乾燥

加熱乾燥は，約 100℃ で，空気中，不活性ガス中，あるいは真空中のいずれかの雰囲気で行なわれる．主な制御因子は温度，保持時間，加熱速度，雰囲気である．

加熱乾燥では，拡散が促進される反面，同時に溶媒の蒸発に伴う含浸液の移動，濃縮が起こる．したがって活性部分が弱く吸着している場合には，乾燥時に成分の再分配が起こり，不均一分布してしまう．すなわち，溶媒の蒸発は表面から起こるため，すでに溶媒が抜けてしまった細孔（内壁に溶質が吸着済み）へ内側の大きな細孔に吸蔵されていた溶液が移動してくると，溶質は過剰になる．その結果，細孔壁に強く固定されない活性成分が増加し，金属の粒子径が大きくなる．したがって活性成分の分布を均一にするには，ゆっくり昇温するとよい．

(2) 超臨界乾燥

ゾル-ゲル法で作られたゲルを通常の乾燥機で乾燥する場合，細孔内には溶媒が気体と液体の状態で共存し，乾燥中に表面張力による細孔収縮が起こるため表面積が減少する．一方，超臨界状態では細孔内に液体でも気体でもない高圧流体が存在するので，この流体（ゲル調製時の溶媒あるいは調製後に置換された溶媒）を除去する際には，乾燥前のゲル構造が保たれるため高表面積の多孔体を得ることができる．この方法を超臨界乾燥法という．

実例としては，$Nb(OEt)_5$ を加水分解して得たゲルを CO_2 超臨界乾燥法で調製した Nb_2O_5，$Mg(OCH_3)_2$ を加水分解して得たゲルを N_2 超臨界乾燥法で調製した $Mg(OH)_2$ などが報告されている．

8.3.5 熱処理，焼成

酸素存在下で行なう熱処理を焼成という．乾燥済みの触媒前駆体を熱処理する目的は，触媒前駆体の熱分解による酸化物への変換，複合酸化物における活性相生成，成型時に添加されたバインダーや潤滑剤の熱分解・除去，機械的強度を上げるための焼き締めなどである．

熱処理は触媒の最終的な細孔構造や機械的強度に影響を与える．その主な制御因子は乾燥の場合と同じく，温度，保持時間，加熱速度，雰囲気である．熱処理は，反応時に熱的に安定な触媒活性を得るため，一般に触媒反応温度よりもやや高い温度で行なう．

熱処理温度は前駆体の分解温度を目安にして決める．熱分解生成物の表面積は分解が進むにつれて増加するが，反面，表面積増加とともにシンタリングが起こりやすくなる．したがって表面積は，温度を一定にしたときにはある処理時間で最大となり，時間が一定の場合にはある温度で最大となる．また表面積は熱処理雰囲気（空気中，真空中，水蒸気共存下）によって異なることがある．特に水蒸気共存下ではイオンの移動が速くなるため，粒子の成長が促進される．複合酸化物では当該触媒ごとに活性相生成に最

適な温度を選ぶ必要がある.

温度が高すぎると,シンタリングが起こり表面積が減少するので,活性は低下する.一般に金属酸化物(融点:T_m K)ではその加熱温度がタンマン温度 T_d($T_d = 0.76\,T_m$ K)になると表面拡散が開始され,温度が上昇するにつれて粒界拡散,蒸発-再凝縮などによって粒子成長が促進されるので,シンタリングを防ぐには,処理温度をなるべく低くする.

また温度が高すぎる場合,触媒成分と担体の間で固相反応が起こり,不活性相を生成して活性低下をもたらすことがある.シリカは500,600℃までは大部分の金属と反応しないが,アルミナ(γ, η-)は2価金属(Me: Mn, Ni, Co, Cu など)の酸化物と反応して,不活性な $MeAl_2O_4$ をアルミナ表面に生成する.特に低担持量の場合に顕著である.また MoO_3, WO_3, V_2O_5, Re_2O_7 と反応して $Al_2(MoO_4)_3$, $Al_2(WO_4)_3$, $AlVO_4$, $Al_2(ReO_4)_3$ を生成し活性成分を無駄使いしてしまう.不都合な固相反応を回避するには,可能な範囲の低い温度を選ぶ.固相反応は,含浸法よりも共沈法の場合に起こりやすい.なお,故意に部分的にシンタリングさせて,活性を抑え気味にして選択性を高めることもある.

8.3.6 還　元

熱処理された金属酸化物は,還元によって金属微粒子になり,金属触媒として活性化された状態になる.一般に担持された金属酸化物は,金属酸化物そのものよりも還元されにくい.また触媒の熱処理温度が高く,分散度が高いほど還元されにくい.それは金属酸化物が担体と相互作用するためである.通常は水素(H_2)により触媒前駆体(主に酸化物)を還元する.

還元の制御因子は温度,時間,還元時に生成する水蒸気の分圧などである.金属粒子と担体との結合力よりも金属粒子(または金属原子)の移動の駆動力が大きいとシンタリングが起こる.その防止策は還元温度をなるべく低くし,また酸化物のシンタリングを加速する水蒸気の分圧を低くすることである.水素雰囲気下では触媒金属前駆体を金属に還元する場合,その温度が金属(融点:T_m K)のタンマン温度 T_d($T_d = 0.33\,T_m$ K)になると,金属粒子の表面で拡散が始まり金属粒子の成長が起こる.

還元の初期過程は H_2 と表面の O, OH との反応であり,この反応は比較的遅いが,いったん金属結晶核が生成すると金属上で H_2 が解離吸着し,H原子が金属と金属酸化物の界面へ速く移動するため還元が促進されるようになる.NiO などの還元速度は Pt を少量添加すると加速される.これは還元の容易さが Pt > Ni > Co > Fe の順であるため,Pt 上で H_2 の解離吸着が起こり生成した H 原子が NiO などを還元しやすくするためである.

アンモニア合成触媒やメタネーション触媒（ニッケル系）などの場合，還元用水素が大量に得やすいので，触媒前駆体は反応器中で還元処理されるが，他の多くの触媒では，現場での還元時間の節約や触媒輸送中の変質防止のため，あらかじめ反応器外で金属に還元したのち，表面だけを酸化した状態で供給される（安定化触媒と呼ばれる）．

8.3.7 その他の活性化処理法

金属化合物触媒は，一般に酸化物の状態で保存され，反応に使用する前に活性化処理される．例えば金属硫化物触媒（例 Co−Mo 系などの水素化脱硫触媒）は，金属酸化物を反応器内で H_2S などによって硫化，活性化される．

8.4 固体触媒のミクロ構造，活性成分の分布，分散度の制御

8.4.1 非担持触媒のミクロ構造の制御

(1) 一次粒子の間隙としての細孔

触媒成型体は図 8-3 に示すように，一次粒子と二次粒子からできていて，一次粒子の外表面積の総和が固体の表面積になる．

最も一般的な細孔は沈殿生成時の一次粒子の間隙である．水を含み，表面水酸基をもつ沈殿粒子を乾燥，焼成すると水が脱離してミクロの空間すなわち細孔を生ずる．したがって細孔径を制御するためには，沈殿粒子の粒径を制御する必要がある．

多孔質触媒の細孔径が目的反応に不適当な場合には，細孔内で副反応が起こって選択性が低下したり，発熱反応では触媒層の局部的過熱によって触媒の熱劣化が起こったりする．したがって，合理的な触媒のデザイン，設計を行なうためには，触媒調製過程におけるミクロ構造の成因とその制御法を理解しておく必要がある．

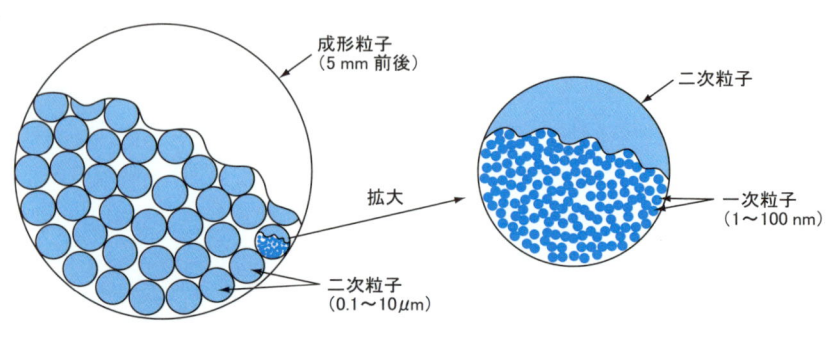

図 8-3　成型触媒の粒子構成

(2) 沈殿生成時における粒子径の制御

図 8-4 は，シリカがゲルあるいは沈殿として生成する過程を模式的に示したものである．

ゾル状態（粒子間に斥力が作用するため分散している）のコロイド溶液の pH を高くする，すなわち OH^- を増加させると，粒子上の負電荷が増加するため，粒子間の斥力が増しゾル状態が維持され，また OH^- が脱水縮合を促進するため一次粒子の成長が起こり，最終的には沈殿が生成する．

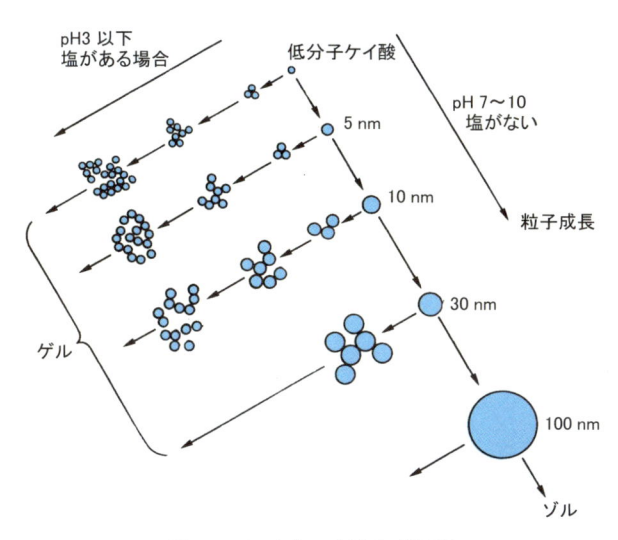

図 8-4 シリカの沈殿生成過程
(尾崎萃 他編，『触媒調製化学』，講談社 (1980)，p.38)

しかしゾルを低い pH に保つと，粒子の負電荷が中和されるため粒子間の斥力が減少し，粒子が凝集して三次元網目状構造をもつ固体，すなわちゲルになる．電解質を添加した場合にも粒子間の反撥力が減少するためゲル化が起こる．結局，低い pH でゲル化すると小径粒子が生成するため，乾燥したゲルの比表面積は大きく，細孔径は小さくなる．

粒子径制御のもう 1 つの例として pH スイング法がある．pH 8〜10 ではベーマイト $AlO(OH)$ の沈殿以外に無定形の $Al(OH)_3$ の沈殿も混じっているが，pH を酸性側にすると溶解度の大きい後者が溶けて前者が残る．次にアルカリ側にするとベーマイト粒子が成長する．この操作を繰り返す(スイング) と均一な直径をもつ粒子ができる．すなわち均一な細孔径を有するアルミナを調製することができる．細孔径の調節は酸性側，アルカリ側の pH，そこでの保持時間，スイング回数によって可能である．

(3) 焼成段階における細孔径の制御

焼成段階における細孔径の制御因子は温度，時間，雰囲気などである．

これらは前述のように表面積に影響を及ぼし，表面積は粒子径，細孔径と密接な関係をもっているからである．

8.4.2　担持触媒における活性成分の分布制御
(1) 分散度の制御

触媒金属の分散度が活性，選択性に影響を及ぼす例は多い．それは金属粒子径によって金属の電子的な性質や表面原子の配位数が異なるためである．

触媒金属の分散度は前述のように担持法，触媒金属成分と担体との結合の強さ，乾燥条件，活性化条件（酸化雰囲気，不活性雰囲気，真空中，温度，時間）によって制御可能である．

高分散担持触媒の調製には吸着法とイオン交換法が適している．活性化条件による制御の例としては Pt/Al_2O_3 の場合がある．焼成温度が高すぎる（600～700℃）と分散度は低下するが，一度大きくなった Pt 粒子を塩化水素と O_2 の共存下で加熱すると再び小さな粒子になる．また一般に担体上の金属粒子の凝集の程度は雰囲気によって異なる．酸素中では，酸素との親和性の高い金属ほど成長速度は大きく，同じ金属を比べると水素中よりも速く成長する．

金属粒子径が小さいと，金属結晶としての性質が弱くなったり，金属が担体と強く結合するため電子的な相互作用を受けやすくなったりする．金属粒子径が選択性に影響を及ぼす例としては，Pt 触媒上での n-ヘキサンの反応がある．粒子径が 2 nm 以上の場合には骨格異性化が，粒子径 2 nm 以下の場合には脱水素環化が支配的になる．また金属粒子径が小さくなると配位不飽和な表面原子の割合が増す．したがって配位不飽和度の高い金属原子が活性サイトである場合には，分散度が高いほど比活性が増加する（例：ネオペンタンの水素化分解）．

(2) 深さ方向の分布制御

触媒粒子中の活性成分の深さ方向分布の例を図 8-5 に示す．分布状態により触媒の反応特性が異なる．重油の水素化脱硫や自動車の排ガス処理には，原料由来の毒成分による被毒が起こりやすいため内層担持型触媒が適しており，拡散律速となる反応には外層担持型触媒が適している．これは触媒の構造設計手法の中の多層化の具現例である．

外層担持させるには，担体に強く吸着する触媒成分溶液に担体を短時間漬けるとよい．触媒成分は外側から吸着していくので，浸漬時間を変えれば吸着する溶液の量を制御できるからである．

内層担持型触媒をつくる場合には競争吸着剤を使用する．その原理は次

のようなものである．競争吸着剤 A（クエン酸などの有機酸）と触媒成分 B が同一サイトに競争吸着し，A の吸着力は B のそれよりも強い場合，初めの頃は空いている吸着サイトが多いので A，B のいずれも吸着することができる．しかし時間がたつにつれて A が B を置換して吸着するようになり，追い出された B は奥の方に移動する．したがって競争吸着剤の濃度，添加量，浸漬時間を適切に選ぶことによって触媒成分の分布位置を制御できる．この場合，浸漬時間が長過ぎると分布が広がり，内層担持型から均一担持型に変化する．

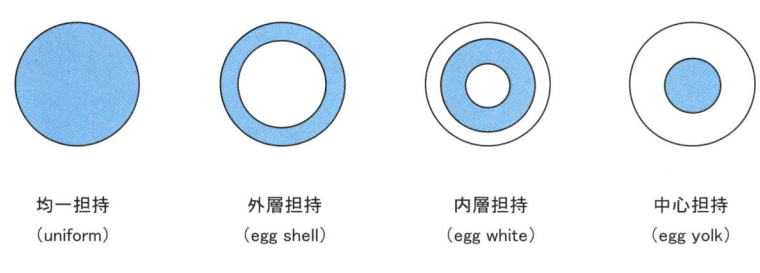

| 均一担持 | 外層担持 | 内層担持 | 中心担持 |
| (uniform) | (egg shell) | (egg white) | (egg yolk) |

図 8-5　触媒粒子中の活性成分の分布

8.5 固体触媒の使用環境と最適物理的因子

8.5.1 固体触媒の物理的因子の最適化

　固定床反応器内で用いる固体触媒は，触媒層を通過する反応流体と効率的に接触し，触媒層と反応器壁との熱伝達が効率よく行わなければならない．すなわち，固体触媒には，反応条件下で大きな表面積を維持すること，触媒層における圧力損失が小さいこと，偏流が抑制されること，熱伝達性が高いことなどが求められる．そのため，固体触媒は，その使用環境に適した大きさ，形状，強度，熱伝導性など（物理的因子）を持つ必要がある．

　一般に，工業プロセスに使用する触媒は一定の大きさと形状に成型されている．触媒粒子の大きさと形状は，触媒反応における物質移動速度，触媒層の圧力損失と熱伝導，反応流体の混合や流れの均一化，触媒の機械的強度などに影響を与えるからである．

（1）　触媒粒子の大きさ

　一般的な工業触媒プロセスでは，触媒反応の速度は境膜拡散や細孔内拡散などの物質移動の影響を大なり小なり受ける．その場合，反応器内の触媒粒子の外表面積が大きいほど活性が大きくなる．外表面積は当然個々の触媒粒子が小さいほど大きくなるから，触媒活性の面だけから言えば，触媒粒子はできるだけ小さい方がよいことになる．しかし実際の工業プロセスでは，触媒は反応器に充填されて使用され，反応流体がこの触媒層を通過する．したがって，触媒粒径が小さいと触媒層を通過する流体の抵抗が

大きくなり，余分の動力を必要とすることになり実際的でない．そこで，触媒活性と触媒層の圧力損失との兼ね合いで触媒粒子の大きさを決めねばならない．

(2) 形　状

触媒活性と触媒層の圧力損失との兼ね合いの重要性は，触媒の形状についてもあてはまる．例えば，同一径と長さの円柱状ペレットとリングの触媒粒子を比較してみよう．リング状粒子は円柱状ペレットに比べて，体積は80%程度であるが，外表面積は120%程度となり，さらに触媒層の圧力損失をかなり小さくすることができる．

最適な触媒形状は使用される反応器によっても異なり，プラント設計において形状の選択は非常に重要である．

(3) 機械的強度

触媒は，反応の特性や反応条件に適した粒子サイズ，形状を持たなければならないが，同時に触媒粒子の機械的強度についても考慮することが重要である．強度が十分でないと，反応器への充填作業時の摩耗，充填後の自重による圧壊，反応中の触媒粒子の崩壊が起こり，粉化した触媒による触媒層閉塞を招くことがある．特に，反応中に炭素が析出するような場合には粒子の崩壊に注意する必要がある．触媒層が閉塞すると，圧力損失が大きくなり，反応流体の流れに偏り（偏流）が生じる．このため反応器内の触媒が一部しか有効に作用せず，触媒効果が低下する．また発熱反応では局部過熱を生じ反応器の破損につながることもある．

(4) 熱伝導性

触媒層内での熱伝導に及ぼす粒子の大きさや形状の効果も，特に触媒反応が大きな発熱や吸熱を伴う場合重要である．大型の触媒反応器では半径方向の温度勾配を無視することはできない．同様に触媒物質の熱伝導度によっては，触媒粒子の内部と外部とにも温度差が生じる可能性もある．

(5) 触媒粒子径と触媒被毒

前節で述べた触媒被毒にも触媒粒子径は関係する．被毒は通常触媒層の入口から出口へと進行する．その進行速度は粒子外表面積に反比例するので小さい粒子からなる触媒層の方が寿命は長い．

8.5.2　固体触媒の形状と特徴

以上のように，工業触媒の大きさと形状などは，プラント設計上重要な要素なので，反応の特性や反応条件，反応器のタイプを考慮して決定される．

工業プロセスでよく使用される固体触媒の形状を表8-4に示した．特定

の触媒がしばしば異なる形状で使用されることがある．大型の固定床反応器で使われる触媒の大きさは，3～20 mm 程度であるが，反応器形式や大きさなどプラントの制約，操作条件，経済性などを考慮して決定される．

表8-4 固体触媒の典型的な形状

形　状	代表的触媒
球形粒状	一部の水素化脱硫触媒 一部のアンモニア合成触媒
不定形顆粒状	アンモニア合成触媒（溶融鉄） メタノールの酸化脱水素銀触媒 （ホルムアルデヒド製造）
円柱形ペレット状	一酸化炭素シフト触媒 有機合成における水素化触媒
押し出し形状	水素化脱硫触媒
リング形状	炭化水素の水蒸気改質触媒 エチレン酸化触媒 （エチレンオキシド合成）

(M. V. Twigg, "Catalysis and Chemical Processes"（ed. R. Pearce and W. R. Patterson），Halsted Press, 1981, p.11)

(1) 微粉体触媒

触媒は微粉体のまま使用されることもある．例えば，炭化水素のクラッキングのような流動床の場合である．ただし，流動床で使用する微粉体触媒では，触媒粒子間衝突，および触媒と壁面との衝突による粉化が問題となるので機械的強度の大きな粉体を調製しなければならない．

(2) 球状触媒

球状触媒は製造コストが比較的安価であるが，機械的強度の小さいものがある．また触媒層の圧力損失が比較的大きい．

(3) 円柱状ペレット触媒，リング状触媒

円柱形ペレット触媒は最も一般的な形状である．ペレット状およびリング状触媒は打錠機で成型するので形状が一定し，かつ大きな機械強度の触媒粒子が得られるが，製造コストは高くなる．

(4) 押し出し成型触媒

押し出し成型触媒は，ペースト状の触媒原料を特定の形状の孔から押し出して得るので，円柱形以外の種々の形状のものがある．見かけ比重は小さく，圧力損失も小さいが機械的強度が小さいことがある．打錠成型できない触媒にも適用でき，製造コストも安くできる．

(5) ハニカム型

反応流体の流速が極めて大きいときには，多数の平行貫通孔をもったハニカム状（蜂の巣状）などの形状のモノリス型触媒（図7-3）が用いられる．これは熱膨張係数が小さく耐熱衝撃性に優れるコージェライトなどの素材でつくられたセラミックスを用いて一体構造の担体とし，これに触媒物質を担持したものである．自動車排気ガスの浄化にはハニカム型触媒が使用されている．

9章 吸着と不均一触媒反応速度式

9.1 吸着

　分子が固体界面で拘束された状態を吸着（adsorption）という．吸着の過程は，自由度の大きい状態から小さい状態へ変化する過程である．したがって，吸着過程のエントロピー変化は負，$\Delta S<0$ となる．

　吸着過程の自由エネルギー変化 ΔG は，定圧下では次のように表わせる．

$$\Delta G = \Delta H - T\Delta S \tag{9-1}$$

吸着は自発過程であるので，$\Delta G<0$ であり，ΔS は前述のように負であるので，ΔH は常に負となる．すなわち，吸着は発熱過程である．吸着する分子 1 mol 当りの発熱量を吸着熱といい，通常 Q あるいは $-\Delta H_{ad}$（kJ mol^{-1}）で表わす．

　固体表面に分子が吸着するとき，固体を吸着媒（adsorbent），吸着する分子を吸着質（adsorbate）という．また，吸着の逆の過程を脱離（desorption）という．

9.1.1 物理吸着と化学吸着

　吸着する力が，吸着質と吸着媒の間の van der Waals 力に基づく吸着を物理吸着（physisorption あるいは physical adsorption）という．この場合，吸着熱は，吸着質の凝縮熱と同程度の値となり，一般に吸着質が凝縮するような低温で起こる．また，吸着媒と吸着質，吸着質同士に分子間力が働き，多分子層吸着をする．その結果，脱離は容易であり，吸着量は温度が高くなるとともに減少する．

　一方，吸着媒と吸着質の間に化学結合が形成される場合を化学吸着（chemisorption）という．吸着熱も物理吸着の場合より大きく，通常 80 kJ mol^{-1} 以上である．化学結合を形成する際に活性化エネルギーを必要とするので，比較的高温で起こる．化学吸着では，吸着媒と吸着質の相互作用は化学結合であるため，一般に単分子層吸着である．脱離するには化学結合を切らねばならず，活性化エネルギーを必要とする．したがって，脱離するのは物理吸着の場合より困難である．

　物理吸着と化学吸着の例をあげて説明しよう．一定圧力の水素ガスをニッケル粉末に接触させると，温度によって吸着量が変化する．その変化

を図 9-1 に示す．各圧力における曲線を，それぞれの圧における吸着等圧線という．吸着等圧線から，−196℃以下では物理吸着が，それより高温では化学吸着が起こってることが予測される．水素の沸点（−253℃，1 atm）では，おそらく物理吸着量は非常に多いと思われるが，−196℃に近づくにつれ，吸着量は急激に減少する．−180℃付近から化学吸着が起こり，吸着量は温度の上昇とともに増加し，−100℃から再び減少していく．

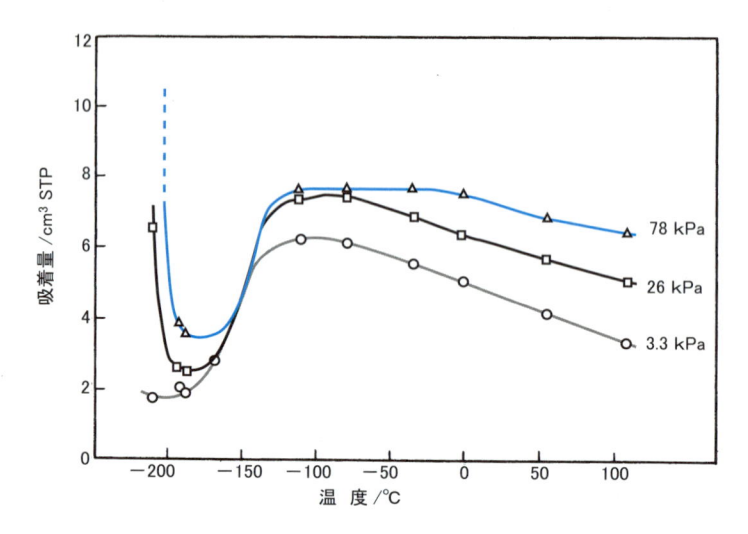

図 9-1　Ni 上への水素の吸着等圧線

金属ニッケル上の水素の物理吸着と化学吸着を模式的に示すと図 9-2 のようになる．物理吸着では (a) のように分子状水素がニッケル表面に接近し，分子間力で相互作用している．化学吸着は (b) のような中間体を経て，水素がニッケルに一層接近し，ついに水素原子に解離し，(c) のように表面でニッケル水素化物をつくる．このときの吸着熱は，130 kJ mol^{-1} で，分子状吸着の吸着熱 11 kJ mol^{-1} よりはるかに大きい．

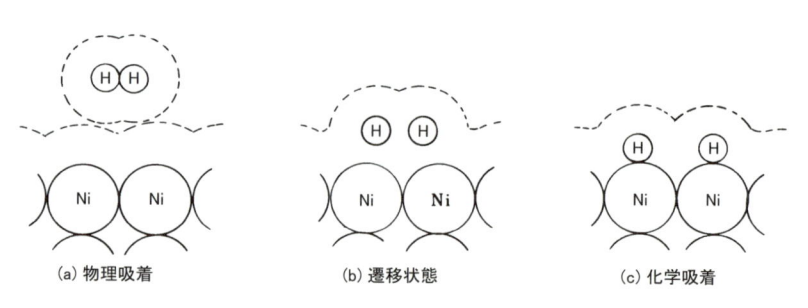

(a) 物理吸着　　(b) 遷移状態　　(c) 化学吸着

図 9-2　金属 Ni 表面への水素の吸着モデル
(G. C. Bond, "Heterogeneous Catalysis, Principles and Applications" second edition, Clarendon Press-Oxford, 1987)

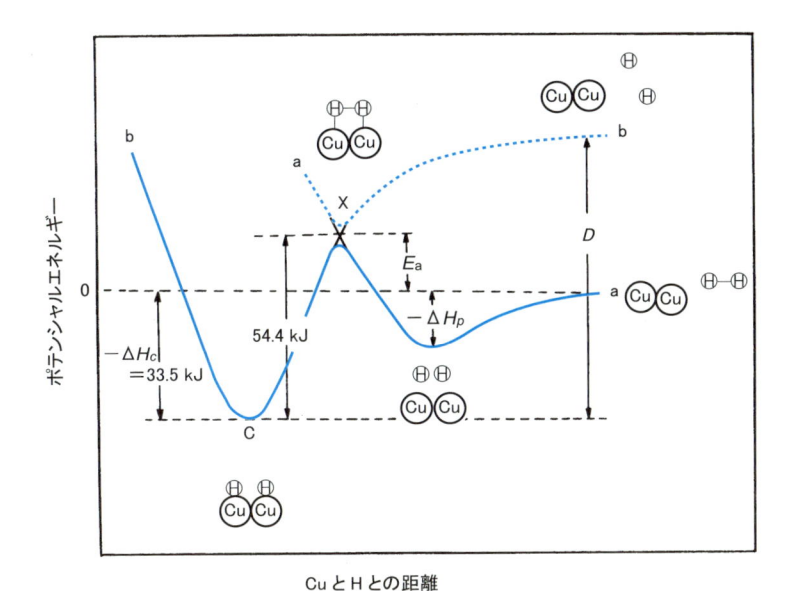

図 9-3 銅表面上への水素の吸着のエネルギープロフィール

銅の表面への水素の吸着熱と脱離の活性化エネルギーが測定されており，それぞれ 33.5 と 54.4 kJ mol^{-1} である．吸着をエネルギー曲線で表わすと図 9-3 のようになる．曲線 a は分子状水素と銅表面の物理的相互作用を示し，曲線 b は水素原子と銅が共有結合をつくる次式の過程を示す．

$$2\,\mathrm{H} + 2\,\mathrm{Cu} = 2\,\mathrm{Cu\text{-}H} \tag{9-2}$$

分子状水素が銅の表面に接近し物理吸着が起き，$-\Delta H_\mathrm{p}$ に相当する物理吸着熱を放出する．水素が銅にさらに近づき，曲線の a と b の交点 X に達する．X で，曲線 b の解離吸着の状態に移行することができ，図中の曲線のようなポテンシャルエネルギー曲線に変化する．水素が解離吸着した C はポテンシャルエネルギーの最も低い状態であり，基準状態から 33.5 kJ mol^{-1} だけポテンシャルエネルギーが低い．C の状態から，水素分子として脱離するためには 54.4 kJ mol^{-1} の活性化エネルギーが必要である．したがって，水素分子が銅の表面に解離吸着するためには，脱離の活性化エネルギーと吸着熱との差 $E_\mathrm{a} = 20.9$ kJ mol^{-1} の活性化エネルギーを必要とする．これを吸着の活性化エネルギーといい，吸着が活性化エネルギーを必要とすることから，化学吸着のことを活性化吸着ともいう．また，図でも明らかなように，解離吸着した水素の状態 C から水素が脱離し，原子状水素になるのは，大きいエネルギー D を必要とし非常に困難であることがわかる．

表 9-1　金属の吸着能

金属	O$_2$	C$_2$H$_2$	C$_2$H$_4$	CO	H$_2$	CO$_2$	N$_2$
Ti, Zr, Hf, V, Nb, Ta, Cr, Mo, W, Fe, Ru, Os	+	+	+	+	+	+	+
Ni, Co	+	+	+	+	+	+	−
Rh, Pd, Pt, Ir	+	+	+	+	+	−	−
Mn, Cu	+	+	+	+	±	−	−
Al, Au	+	+	+	+	−	−	−
Li, Na, K	+	+	−	−	−	−	−
Mg, Ag, Zn, Cd, In, Si, Ge, Sn, Pb, As, Sb, Bi	+	−	−	−	−	−	−

＋：強く吸着，±：弱く吸着，−：吸着しない

　化学吸着が起こるか否かは，吸着媒と吸着質の種類によって大きく異なる．表 9-1 は，種々の金属，半金属へ，種々の気体が化学吸着をするか否かを定性的に示したものである．Ti〜Os までの金属は，ここに示した全ての気体を化学吸着する．これらの気体が関与する化学反応では，化学吸着の能力が触媒活性と深く関わっており，触媒探索をするときに，化学吸着の能力が1つの目安となる．

9.1.2　吸　着　熱

　同一の固体表面への吸着でも，吸着量が違うと多くの場合吸着熱が異なる．表面の全吸着点のうち，吸着分子で占められている割合を被覆率といい，θ で表わすと，吸着熱 $-\Delta H_{ad}$ は一般に θ とともに減少する．図 9-4 には，水素が種々の金属に吸着するときの吸着熱 $-\Delta H_{ad}$ と被覆率 θ との関係を示す．θ を 0 に外挿したときの吸着熱を初期吸着熱といい，図 9-4 に示された金属の中では，タングステンへの初期吸着熱が最も大きい．表面が均一でも $-\Delta H_{ad}$ が θ の増加とともに減少するのは，吸着原子同士の

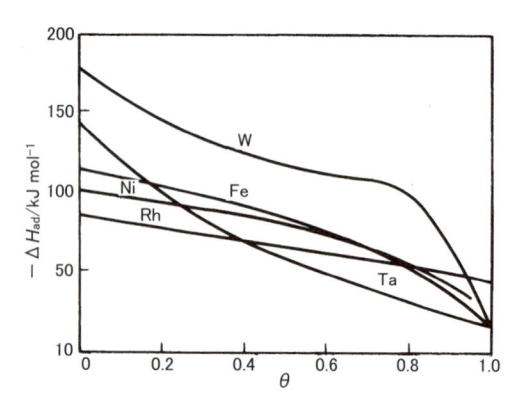

図 9-4　金属上への水素吸着熱と被覆率との関係
(O. Beeck, *Disc Faraday Soc.*, 8, 118 (1950))

相互作用（反発）によって，不安定化することによる．また，表面の吸着点が不均一で，強い吸着点から弱い吸着点まで分布していると，吸着熱はその分布に応じて，θ の増加とともに減少する．曲線の形から吸着点（活性点）の性質とその分布を推定することができる．

吸着熱を求める1つの方法は，熱量計を用いるものである．一定量のガスを吸着させたときに発生する熱を直接測定する．この方法で測定される熱は，ある量まで吸着させたときのモル吸着熱の平均値であり，積分吸着熱とよばれる．この他に微分吸着熱とよばれるものがある．無限小量の分子を吸着させたときに発生する熱量を1モル当りに換算したものである．原理的には，少量ずつ吸着させて熱量計で測定することが可能である．通常は，2つ以上の異なった温度で吸着等温線（次節参照）を測定し，Clausius-Clapeyron 式を適用して求める．

$$\mathrm{d}\ln P / \mathrm{d}(1/T) = -\Delta H_\mathrm{ad}/R \tag{9-3}$$

2つの温度 T_1 と T_2 で測定した吸着等温線で，同じ吸着量 V_i を与える平衡圧 P_1 と P_2 を求めれば，吸着量 V_i に対応する $\Delta H_{\mathrm{ad}, V_i}$ が求まる（図9-5）．

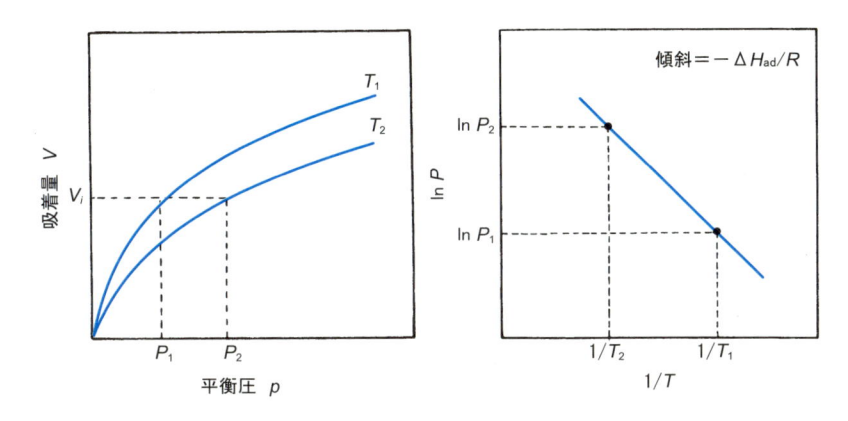

図9-5　吸着量 V_i のときの微分吸着熱 Q（$= -\Delta H_\mathrm{ad}$）の求め方

9.1.3　吸着量の関数

固体表面に気体が吸着するとき，吸着量 V は，吸着質の標準状態（NTP）における体積（mL）で表わされる．吸着量 V は，平衡圧 P と温度 T の関数で，一般に次式のように表わせる．

$$V = f(P, T) \tag{9-4}$$

V は2つの変数をもつ関数である．吸着温度 T を一定にすると，$V = f(P)_T$ となり，与えられた温度における吸着量と平衡圧の関係式となる．この関数を吸着等温式（adsorption isotherm）といい，グラフに表わした関係を吸着等温線という．吸着平衡圧 P を一定にした場合は，$V = f(T)_P$ となり，

その関係式を吸着等圧式（adsorption isobar）といい，曲線を吸着等圧線という．図9-1は吸着等圧線である．また，吸着量を一定とした場合の温度と圧力の関係，$P = f(T)_V$は吸着等量式（adsorption isostere）といい，曲線は吸着等量線という．いうまでもなく，3つの関係式は相互に関係があり，吸着等温線を種々の温度で測定すると，吸着等圧線や吸着等量線が得られる．

9.1.4 吸着等温線

吸着の状態を知るために一般に広く使われているのは吸着等温線である．吸着等温線は種々の型のものがあるが，基本的には図9-6に示すように4つの吸着等温線がよく知られている．Langmuir（ラングミュアー）型吸着等温線は，吸着平衡圧が高くなると吸着量が飽和し，ある値に収束するタイプの等温線である．吸着質が単分子層以上に吸着しない場合にこの型になり，活性炭やガラスの表面上の一酸化炭素や酸素の吸着，あるいは，ゼオライト上の窒素の吸着などの物理吸着にみられる．また，化学吸着の場合，吸着質と固体の表面原子との化学結合によって起こるので，表面に吸着できる吸着点は有限である．したがって，多くの化学吸着もこのタイプにあてはまる．

BET型吸着等温線は多分子層吸着する物理吸着によく適応する．固体の表面積を求めるときにしばしば適用される．また，この型の等温線は毛管凝縮が起こるような細孔をもつ固体の場合，吸着と脱着の曲線が一致せず点線で表わしたようなヒステリシス曲線を描くことがある．BET吸着等温式はBrunauer, Emmett, Tellerの3名によって理論的に求められた式である．

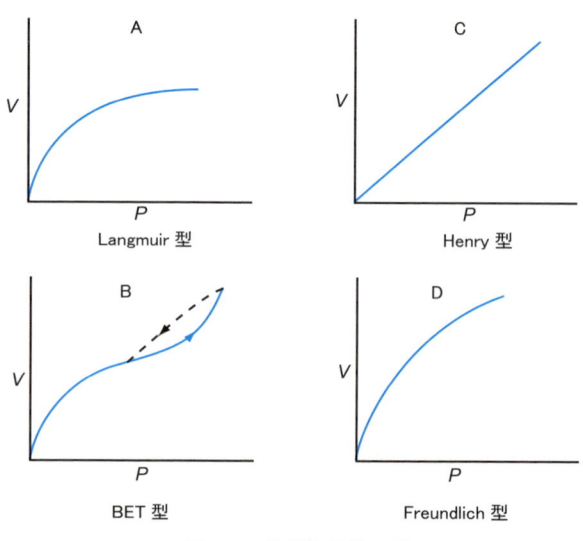

図9-6 吸着等温線の型

表 9-2　各種の吸着等温式

名　称	関係式	式導出の仮定・備考
Langmuir	$\dfrac{V}{V_m} = \theta = \dfrac{bP}{1+bP}$	①均一表面 ②1吸着点に1分子（原子），単分子層吸着 ③吸着質同士の相互作用なし（吸着熱は吸着量によらず一定）
BET	$\dfrac{P}{V(P_0+P)} = \dfrac{1}{V_m C} + \dfrac{(C-1)}{V_m C}\dfrac{P}{P_0}$	①均一表面 ②多分子層吸着 ③吸着熱は第1層と第2層以上とで異なる．同一層であれば吸着量によらず一定
Henry	$V = kP$	ヘンリーの法則に基づく
Freundlich	$V = kP^{1/n}$	実験式，$n > 1$

V_m：単分子吸着するのに必要な吸着量
P_0：吸着温度における吸着質の蒸気圧，b，C，k，n は定数
θ：吸着されている表面の割合（被覆率）

Cは Henry 型，Dは Freundlich（フロインドリッヒ）型とよばれる実験式から得られた等温線で比較的多くの吸着に適合するが，両者とも平衡圧が小さなところで Langmuir 型や BET 型の等温線と区別するのは困難である．

これら4つの吸着等温線に対応する等温式を表 9-2 に示す．この他に，吸着熱が吸着量に比例して低下するとの仮定をして導かれた Temkin（あるいは Frumkin）の吸着等温線（式）があるが，等温線の形は Freundlich 型と類似しており，図 9-6，表 9-2 では割愛した．

各吸着等温式について，次に説明しよう．

(1) Langmuir 吸着等温式

Langmuir によって理論的に導かれた吸着等温式で，表 9-2 に示された仮定に基づいている．

① 吸着質が分子状で吸着する場合

いま，吸着質分子を A，吸着点を σ とし，式 (9-5) の平衡状態を考える．

$$\mathrm{A} + \sigma \rightleftarrows \mathrm{A}\cdot\sigma \tag{9-5}$$

吸着速度 v_{ad} は，気体 A の圧 P（A の濃度）と空いている吸着点の割合 $(1-\theta)$ に比例するので

$$v_{ad} = k_{ad} P (1-\theta) \tag{9-6}$$

k_{ad} は吸着速度定数である．

一方，式 (9-5) の逆反応である脱離速度 v_{de} は吸着している吸着種（A·σ）の濃度すなわち θ に比例するので

$$v_{de} = k_{de}\,\theta \tag{9-7}$$

k_{de} は脱離速度定数である．

平衡状態では，吸着速度と脱離速度は等しいので式 (9-6)，(9-7) より

$$k_{ad}P(1-\theta) = k_{de}\theta \tag{9-8}$$

となる．式（9-8）を変形すると

$$\theta = \frac{k_{ad}P}{k_{de} + k_{ad}P} = \frac{bP}{1+bP} \tag{9-9}$$

となる．$b = k_{ad}/k_{de}$ で吸着平衡定数である．吸着量 V は被覆率 θ に比例するので，比例定数を a とすれば，式（9-9）は次式のようになる．

$$V = \frac{abP}{1+bP} \tag{9-10}$$

これが分子状吸着に対する Langmuir 吸着等温式である．

なお，式（9-10）を変形すると式（9-11）が得られる．

$$\frac{P}{V} = \frac{P}{a} + \frac{1}{ab} \tag{9-11}$$

P/V を P に対してプロットすると直線が得られ，切片と傾斜から平衡定数 b が求まる．

② 吸着質が解離して吸着する場合

金属表面へ水素が吸着するときのように，解離吸着する場合には，次式の平衡状態を考える．

$$B_2 + 2\sigma \rightleftarrows 2(B\cdot\sigma) \tag{9-12}$$

1つの吸着質分子が解離吸着するには，空いている吸着点は隣接していなければならない．隣接する2つの吸着点が空いている確率は $(1-\theta)^2$ である．また，脱離するためには，解離している2つの吸着質（$B\cdot\sigma$）が隣接していなければならない．そのような確率は θ^2 である．したがって，吸着速度 v_{ad} と脱離速度 v_{de} は

$$v_{ad} = k_{ad}P(1-\theta)^2 \tag{9-13}$$

$$v_{de} = k_{de}\theta^2 \tag{9-14}$$

となる．平衡状態では v_{ad} と v_{de} は等しいので次式を得る．

$$\theta = \frac{\sqrt{bP}}{1+\sqrt{bP}} \tag{9-15}$$

ただし $b = k_{ad}/k_{de}$ で，解離吸着平衡定数である．吸着量 V で表わすと，次式が得られる．

$$V = \frac{a\sqrt{bP}}{1+\sqrt{bP}} \tag{9-16}$$

これが Langmuir の解離吸着等温式である．式（9-16）は変形すると式（9-17）となる．

$$\frac{\sqrt{P}}{V} = \frac{\sqrt{P}}{a} + \frac{1}{a\sqrt{b}} \tag{9-17}$$

$\sqrt{P}$ に対し $\sqrt{P}/V$ をプロットし，その直線性から解離吸着の妥当性を検討することができ，直線であれば，切片と傾斜から解離吸着平衡定数 b を求めることができる．

(2) BET 吸着等温式

BET 理論は，固体表面へ単分子層で吸着したものの上に，さらに吸着が起こる多分子層吸着の理論である．吸着質の沸点付近の吸着に広く適用される物理吸着式で，次式で表される．

$$V = \frac{C \cdot V_m \cdot x}{(1-x)(1-x+Cx)} \tag{9-18}$$

ここに，V_m は単分子層を形成するのに必要な吸着量，x は相対圧すなわち吸着温度における吸着質の飽和蒸気圧 P_0 と平衡圧の比 $x = P/P_0$，C は定数．

ここで BET 式（9-18）を導出しよう．

吸着は図 9-7 に模式的に示すように，空いている部分，分子が 1 層吸着している部分，2 層吸着している部分，……があって，i 層吸着している部分の被覆率を θ_i とする．吸着平衡に達したときには，各部分にある吸着分子の配分は一定であると考えられる．そこで各層における吸着分子の増減を式で表わし，増加速度と減少速度を等しいとおく．

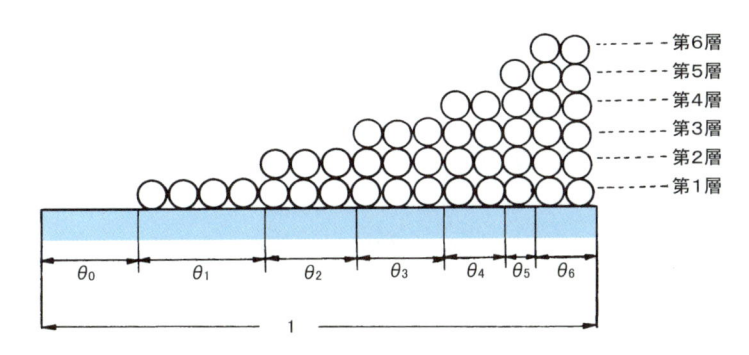

図 9-7 多層吸着のモデル

第 0 層について，θ_0 は空席へ吸着することによって減少し，第 1 層から脱離することによって増加する．吸着速度は，θ_0 と気体の圧 P に比例し，脱離速度は θ_1 に比例する．両者を等しいとおくと，次式で表される．

$$k_0 \cdot \theta_0 \cdot P = k_{-1} \cdot \theta_1 \tag{9-19}$$

ここに，k_0，k_{-1} は空席への吸着および第 1 層からの脱離の速度定数で，$k_0/k_{-1} = K_1$ は第 1 層の吸着平衡定数となる．K_1 は第 1 層の吸着熱 Q_1 と次式の関係がある．

$$\frac{d\ln K_1}{dT} = -\frac{Q_1}{RT^2} \tag{9-20}$$

したがって，式（9-19）は

$$a_1 \cdot \theta_0 \cdot P = b_1 \cdot \theta_1 \cdot e^{-Q_1/RT} \tag{9-21}$$

とおくことができる．a_1, b_1 は定数である．

次に，第1層について，θ_1 の増減には4通りがある．増加は（ⅰ）空席への吸着,（ⅱ）第2層からの脱離，減少は（ⅲ）第1層からの脱離,（ⅳ）第1層の上への吸着，である．

θ_1 の増加速度と減少速度を等しいとおくと

$$a_1 \cdot \theta_0 \cdot P + b_2 \cdot \theta_2 \cdot e^{-Q_2/RT} = b_1 \cdot \theta_1 \cdot e^{-Q_1/RT} + a_2 \cdot \theta_1 \cdot P \tag{9-22}$$

となる．この式と式 (9-21) より

$$a_2 \cdot \theta_1 \cdot P = b_2 \cdot \theta_2 \cdot e^{-Q_2/RT} \tag{9-23}$$

を得る．Q_2 は第1層の上への吸着熱，a_2, b_2 は第2層に固有の定数である．

第2層…，第 i 層，…についても同様にして

$$\left.\begin{array}{ll} 第2層 ； & a_3 \cdot \theta_2 \cdot P = b_3 \cdot \theta_3 \cdot e^{-Q_3/RT} \\ \cdots\cdots & \cdots\cdots\cdots\cdots\cdots\cdots\cdots\cdots\cdots\cdots\cdots \\ 第i層 & a_{i+1} \cdot \theta_i \cdot P = b_{i+1} \cdot \theta_{i+1} \cdot e^{-Q_{i+1}/RT} \end{array}\right\} \tag{9-24}$$

を得る．

ここで，吸着熱 Q_1, Q_2…Q_i について考える．Q_1 は吸着分子が固体表面へ吸着するときの吸着熱であり，吸着分子の凝縮熱よりいくらか大きいであろう．しかし，第2層以上の吸着分子は，液体状態とほとんど同じであると考えられるので，Q_2…Q_i…は吸着分子の凝縮熱 Q_L に等しいとおくことができる．

$$Q_2 = Q_3 = \cdots Q_i = \cdots Q_L \tag{9-25}$$

第2層以上については，どの層においても吸着の速度定数と脱離の速度定数との比が一定であると考えることができるので

$$a_1/b_1 \neq a_2/b_2 = a_3/b_3 = \cdots a_i/b_i = \cdots\cdots \tag{9-26}$$

とおくことができる．ここで，$x = (a_i/b_i) \cdot P \cdot e^{Q_L/RT}$, $y = (a_1/b_1) \cdot P \cdot e^{Q_1/RT}$ とし，$C = y/x = (a_1/b_1) \cdot (b_i/a_i) \cdot e^{(Q_1-Q_L)/RT}$ とおけば

$$\left.\begin{array}{l} \theta_1 = y \cdot \theta_0 \\ \theta_2 = x \cdot \theta_1 = y \cdot x \cdot \theta_0 \\ \theta_3 = x \cdot \theta_2 = x^2 \theta_1 = y \cdot x^2 \cdot \theta_0 \\ \cdots\cdots\cdots\cdots \\ \theta_i = x \cdot \theta_{i-1} = x^{i-1} \cdot \theta_1 = y \cdot x^{i-1} \cdot \theta_0 = C \cdot x^i \cdot \theta_0 \end{array}\right\} \tag{9-27}$$

なる関係式を得る．

ここで，被覆率 θ の定義より

$$\sum_{i=0}^{\infty} \theta_i = 1 \tag{9-28}$$

$$\theta_0 = 1 - \sum_{i=1}^{\infty} \theta_i \tag{9-29}$$

である．いま，単位表面を単分子層で覆うのに必要な気体分子の体積を V_m とすると，吸着した分子を全部気体に戻したときの体積 V は

$$V = V_\mathrm{m} \cdot \sum_{i=1}^{\infty} i \cdot \theta_i \tag{9-30}$$

となる．式 (9-30)，式 (9-29) に式 (9-27) を代入すると

$$\frac{V}{V_\mathrm{m}} = \sum_{i=1}^{\infty} i \cdot \theta_i = \theta_0 C \cdot \sum_{i=1}^{\infty} i \cdot x^i \tag{9-31}$$

$$\theta_0 = 1 - \theta_0 \cdot C \cdot \sum_{i=1}^{\infty} x^i \tag{9-32}$$

の 2 式を得る．等比級数の公式より

$$\sum_{i=1}^{\infty} i \cdot x^i = \frac{x}{(1-x)^2}$$

$$\sum_{i=1}^{\infty} x^i = \frac{x}{1-x}$$

なので，式 (9-32) より $\theta_0 = (1-x)/(1-x+Cx)$ を求め，式 (9-31) に代入すると

$$\frac{V}{V_\mathrm{m}} = \frac{x \cdot C}{(1-x)(1-x+Cx)}$$

すなわち式 (9-18) を得る．

x と C の物理的意味を調べてみよう．液体と気体が平衡状態にあるとき，気体の圧力は飽和蒸気圧 P_0 となる．このとき，液面から分子が蒸発していく速度と，気体が液面へ飛来して凝縮する速度は等しくなる．したがって

$$a_2 P_0 = b_2 e^{-Q_L/RT} \tag{9-33}$$

となり，式 (9-33) を $x = a_i/b_i \cdot P \cdot e^{Q_L/RT}$ と組合わせると

$$x = P/P_0$$

となる．これは相対圧とよばれる．

C について考えると，a_1，a_i は吸着の，b_1，b_i は脱離の速度定数の頻度因子に相当する．いずれの層の吸着も物理吸着であるので，吸着のポテンシャルエネルギーの形は滑らかで，途中に峠のようなものはない．したがって，a_1 は a_i と，b_1 は b_i と等しいとおくことができ

$$C = e^{(Q_1 - Q_L)/RT} \tag{9-34}$$

となる．

式 (9-18) を変形すると

$$\frac{P}{V(P_0 - P)} = \frac{1}{V_\mathrm{m} C} + \frac{C-1}{V_\mathrm{m} C} \cdot \frac{P}{P_0} \tag{9-35}$$

式 (9-35) の左辺を P/P_0 に対してプロットすると直線を得る．このプロットを BET プロットとよぶ．切片と傾斜から V_m が算出ができ，V_m に吸着分子の断面積を掛けると表面積が求まる．

図 9-8 に，Al_2O_3 への窒素の吸着等温線と BET プロットを示す．Al_2O_3 1 g 当りの V_m は 29.6 cm^3 g^{-1} と求まる．窒素 1 cm^3 中の分子数は 2.67×10^{19} 個であり，分子断面積は 0.162 nm^2 なので，比表面積（1 g 当りの表面積）S は次のように求まる．

$$S = 29.6 \times 2.67 \times 10^{19} \times 0.162 \text{ nm}^2 \text{ g}^{-1} = 128 \text{ m}^2 \text{ g}^{-1}$$

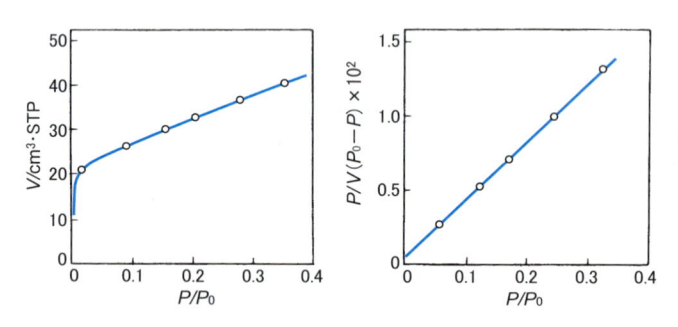

図 9-8　Al_2O_3 への N_2 の吸着等温線（−196℃）（左）と BET プロット（右）

BET プロットは P/P_0 が 0.05〜0.35 の範囲でよく適合する．また，ゼオライトなどの細孔径が小さく，自由に多層吸着できない場合には，BET 式の適用できる圧力範囲は狭くなるので，P/P_0 が小さいデータを用いる．

(3) Henry および Freundlich の吸着等温式

Henry の吸着式は，Henry の法則から導かれる式と同様で，次式で表わされる．

$$V = k \cdot P \tag{9-36}$$

この式は，被覆率 θ の小さなところで適合する．図 9-6 のように，Langmuir 型や BET 型の吸着等温線の θ の小さな部分（低圧部分）に近似できる．

Freundlich の吸着式は，実験式として提出されたもので，次式で表わされる．

$$V = k \cdot P^{1/n} \tag{9-37}$$

両辺の対数をとると

$$\ln V = \ln k + (1/n) \cdot \ln P$$

となり，$\ln V$ と $\ln P$ の直線性から，式の適合性を検討することができる．多くの場合 $1 < n < 10$ となる．

9.2 不均一系触媒反応のメカニズムと速度式

　化学反応は，反応分子の原子の組替えによって生成物に変化し，通常，化学量論式で表わすことができる．しかし，化学量論式は，反応物と生成物の量論（stoichiometry）的関係を示しているにすぎない．単純な反応系でも反応物が生成物に転換するときには，連続した（あるいは並列した）いくつかの素反応（elementary reaction）が起きる．それら素反応の合計が化学量論式で表わされるのである．化学量論式で表わされる反応が，どのような素反応の組合せで起こり，反応中間体はどのような性質をもっているのか，あるいは，素反応の中で最も遅い過程，すなわち律速過程（rate determining step）はどこかを解明することが反応機構（reaction mechanism）の研究である．不均一系触媒反応においても，反応機構を明らかにすることは，その反応に最適な触媒を設計したり，工業化に際し反応装置を設計する上で重要である．

　本節では，不均一系触媒反応のメカニズムについて述べ，それに対応する速度式について説明する．また，速度式を求める基礎となる触媒活性の測定方法と，反応機構を決める1つの有力な手段であるトレーサーを用いた不均一系触媒反応の研究例についても説明する．

9.2.1 不均一系触媒反応の速度

不均一系触媒反応は，次の5つの連続した過程で成立っている．
（ⅰ）反応分子の触媒表面への拡散（拡散過程）．
（ⅱ）拡散した反応分子の触媒表面への吸着（吸着過程）．
（ⅲ）吸着した反応分子の反応（表面反応過程；系によっては，吸着分子同士あるいは吸着分子と表面付近の分子との反応過程の場合もある）．
（ⅳ）生成物に変換した吸着分子の触媒表面からの脱離（脱離過程）．
（ⅴ）脱離した生成物の流体内（気相または液相）への拡散（拡散過程）．
　このなかで（ⅰ）と（ⅴ）は物理的な過程であり，（ⅱ），（ⅲ），（ⅳ）は化学的な過程である．
　いま，A→Bで表わされる気体の反応が，固体触媒で起こる場合を想定すると，（ⅰ）～（ⅴ）の過程は，模式的に図9-9のように表わされる．過程（ⅱ），（ⅲ），（ⅳ）は化学過程であるので，エネルギー障壁をもつ．それぞれの過程は次式のように表わされる．

$$A + \sigma \rightleftarrows A\cdot\sigma \quad \text{(ⅱ)} \quad 吸着過程$$
$$A\cdot\sigma \rightleftarrows B\cdot\sigma \quad \text{(ⅲ)} \quad 表面反応過程$$
$$B\cdot\sigma \rightleftarrows B + \sigma \quad \text{(ⅳ)} \quad 脱離過程$$

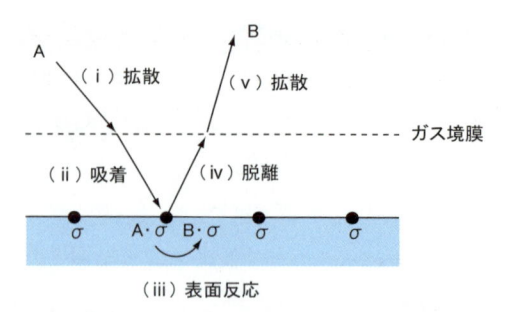

図 9-9　不均一系触媒反応 A → B の過程

　前述の逐次過程をポテンシャルエネルギーの変化で示すと図 9-10 のようになる．この図では，比較のために無触媒反応の過程も破線で示してある．無触媒反応の場合は，反応物が活性化エネルギー $E_{a(hom)}$ を得て，活性錯合体を経て反応熱 $-\Delta H$ を放出して生成物に変化する．これに対し，不均一系触媒反応の場合は，吸着過程で反応物が吸着の活性化エネルギー $E_{a(ad)}$ を越え，吸着熱 $-\Delta H_{(ad)}$ を放出して触媒表面の活性点 σ に吸着する．続いての表面反応過程では，反応の活性化エネルギー $E_{a(cat)}$ を吸収し，吸着活性錯合体となり，活性点に吸着した生成物 B・σ を生成する．この B・σ は，脱離過程で脱離の活性化エネルギー $E_{a(de)}$ を越え，気相へ脱離する．反応物から生成物への変化の過程で，反応熱 $-\Delta H$ を放出する．

　図 9-10 に示すように，活性錯合体のエネルギーの高さは無触媒反応の方が高い．触媒を用いると，活性化エネルギーを低くすることができる．触媒反応の場合，見掛けの活性化エネルギー (E_a) は，反応物のエネルギーから，逐次過程の中で最も高いエネルギーの山までに相当する．図 9-10 の場合は

$$E_a = E_{a(cat)} - (-\Delta H_{(ad)}) \tag{9-38}$$

となる．

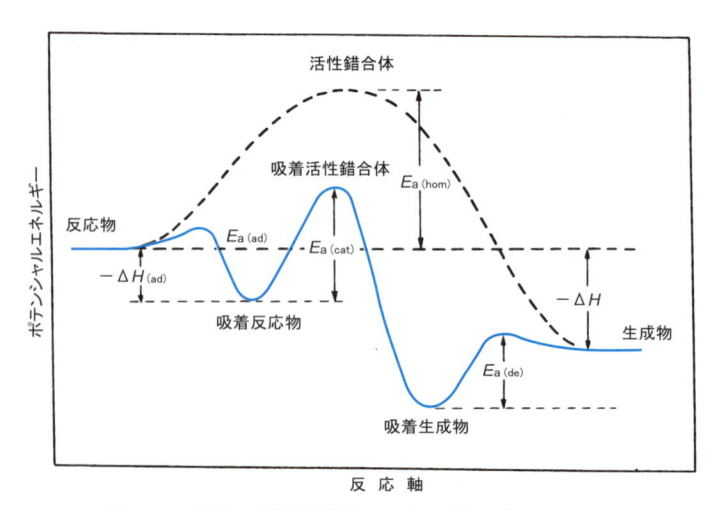

図 9-10　不均一系触媒反応のエネルギープロフィール

9.2.2 Langmuir-Hinshelwood 機構と Rideal-Eley 機構

2 種の分子 A と B が不均一系触媒反応により生成物 C を生ずる場合，反応の仕方に 2 通り考えられる．

　　　化学量論式　A + B = C

1 つは，反応物 A と B がともに触媒表面に吸着し，吸着種同士の表面反応が起き，生成物 C を与える場合である．この機構を Langmuir-Hinshelwood 機構 (L-H 機構) といい，次の一連の式で表わされる．ここでは，σ は活性点を示す．

$$
\begin{align}
\text{吸　着} \quad & A + \sigma \rightleftarrows A\cdot\sigma & (9\text{-}39) \\
\text{吸　着} \quad & B + \sigma \rightleftarrows B\cdot\sigma & (9\text{-}40) \\
\text{表面反応} \quad & A\cdot\sigma + B\cdot\sigma \longrightarrow C\cdot\sigma + \sigma & (9\text{-}41) \\
\text{脱　離} \quad & C\cdot\sigma \rightleftarrows C + \sigma & (9\text{-}42)
\end{align}
$$

もう 1 つの機構は，反応物 A, B のいずれかが吸着しており，その吸着種と他方の気相分子とが反応する場合である．この機構を Rideal-Eley 機構 (R-E 機構) といい，次の一連の式で表わされる．

$$
\begin{align}
\text{吸　着} \quad & A + \sigma \rightleftarrows A\cdot\sigma & (9\text{-}43) \\
\text{表面反応} \quad & B + A\cdot\sigma \longrightarrow C\cdot\sigma & (9\text{-}44) \\
\text{脱　離} \quad & C\cdot\sigma \rightleftarrows C + \sigma & (9\text{-}45)
\end{align}
$$

L-H 機構と R-E 機構を模式的に表わすと図 9-11 のようになる．

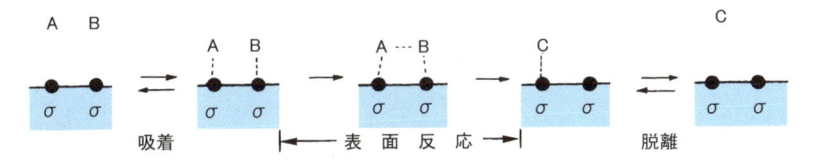

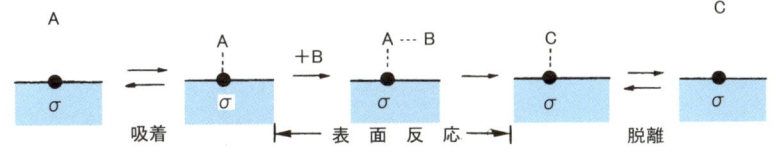

図 9-11　Langmuir-Hinshelwood 機構と Redeal-Eley 機構

9.2.3 Lanemuir-Hinshelwood 機構の速度式

吸着過程，表面反応過程，脱離過程が律速の場合の速度式導出には，Langmuir-Hinshelwood-Hougen-Watson の取り扱いがある．

(1) 表面反応が律速の場合

式 (9-41) の逆反応も考慮すると，反応速度 r は次式で示される．

$$r = \vec{k}\theta_A\theta_B - \overleftarrow{k}\theta_C(1-\theta) \tag{9-46}$$

$\vec{k}$, $\overleftarrow{k}$ は式 (9-41) の正方向,逆方向の速度定数, θ_A, θ_B, θ_C は,A,B,C の被覆率である.$(1-\theta)$ は,空いている活性点の割合である.

$$1 - \theta = 1 - (\theta_A + \theta_B + \theta_C) \tag{9-47}$$

いま,A,B,C は吸着平衡であり,それぞれの分子について,吸着と脱離の速度が等しいとおくと,式 (9-48)〜(9-50) を得る.

$$\vec{k}_A P_A(1-\theta) = \overleftarrow{k}_A \theta_A \tag{9-48}$$

$$\vec{k}_B P_B(1-\theta) = \overleftarrow{k}_B \theta_B \tag{9-49}$$

$$\vec{k}_C P_C(1-\theta) = \overleftarrow{k}_C \theta_C \tag{9-50}$$

$\vec{k}_A$, $\vec{k}_B$, $\vec{k}_C$ は,A,B,C の吸着速度定数,$\overleftarrow{k}_A$, $\overleftarrow{k}_B$, $\overleftarrow{k}_C$ は脱離速度定数である.$\vec{k}_A/\overleftarrow{k}_A = K_A$, $\vec{k}_B/\overleftarrow{k}_B = K_B$, $\vec{k}_C/\overleftarrow{k}_C = K_C$ は,A,B,C の吸着平衡定数となる.K を用いて式 (9-48)〜(9-50) を書直すと

$$\theta_A = K_A P_A(1-\theta) \tag{9-51}$$

$$\theta_B = K_B P_B(1-\theta) \tag{9-52}$$

$$\theta_C = K_C P_C(1-\theta) \tag{9-53}$$

となり,式 (9-47) は,次のように表わされる.

$$1 - \theta = \frac{1}{1 + K_A P_A + K_B P_B + K_C P_C} \tag{9-54}$$

いま,反応が平衡に達して,P_A, P_B, P_C が平衡組成 P_A^e, P_B^e, P_C^e となり,見かけ上反応速度が 0 となった場合を考えると,次の 2 つの式が成立つ.

$$K_P = P_C^e / P_A^e P_B^e \tag{9-55}$$

および

$$\frac{\overleftarrow{k}}{\vec{k}} = \frac{\theta_A \theta_B}{\theta_C} = \frac{K_A K_B}{K_C} \frac{P_A^e P_B^e}{P_C^e}(1-\theta) \tag{9-56}$$

式 (9-56) に式 (9-55) を代入し次式を得る.

$$\frac{\overleftarrow{k}}{\vec{k}} = \frac{K_A K_B}{K_C} \frac{1}{K_P}(1-\theta) \tag{9-57}$$

反応速度式 (9-46) は式 (9-51),(9-52),(9-54) および (9-57) より次式のようになる.

$$r = \frac{\vec{k} K_A K_B \left\{ P_A P_B - \dfrac{P_C}{K_P} \right\}}{(1 + K_A P_A + K_B P_B + K_C P_C)^2} \tag{9-58}$$

転化率の低いとき,すなわち P_C が無視できるときには,式 (9-58) は次式のようになる.

$$r = \frac{\vec{k} K_A K_B P_A P_B}{(1 + K_A P_A + K_B P_B)^2} \tag{9-59}$$

(2) Aの吸着過程が律速の場合

式（9-51）は成立しないので，θ_Aは吸着しているAと吸着平衡にある仮想的分圧P_A^*を用いると

$$\theta_A = K_A P_A^* (1-\theta) \tag{9-60}$$

と表すことができる．反応 A + B + C の平衡定数 K_P は

$$K_P = P_C / P_A^* \cdot P_B \tag{9-61}$$

となる．式（9-38）の逆過程も考慮すると，反応速度 r は

$$r = \vec{k}_A P_A (1-\theta) - \overleftarrow{k}_A \theta_A \tag{9-62}$$

となる．式（9-62）に式（9-52），（9-53），（9-60）および $\vec{k}_A / \overleftarrow{k}_A = K_A$ を代入し，整理すると

$$r = \frac{\vec{k}_A}{1 + \dfrac{K_A P_C}{K_P P_B} + K_B P_B + K_C P_C} \left(P_A - \frac{P_C}{K_P P_B} \right) \tag{9-63}$$

を得る．

反応の平衡が右に偏っていると，$K_P \gg 1$ なので，速度式は不可逆反応の速度式となる．

$$r = \frac{\vec{k}_A P_A}{1 + K_B P_B + K_C P_C} \tag{9-64}$$

(3) Cの脱離過程が律速の場合

式（9-53）は成立しないので，θ_Cは吸着しているCと吸着平衡にある仮想的分圧P_C^*を用いると

$$\theta_C = K_C P_C^* (1-\theta) \tag{9-65}$$

と表すことができる．反応の平衡定数 K_P は，吸着Cの仮想的平衡分圧 P_C^* を用いると

$$K_P = P_C^* / P_A P_B \tag{9-66}$$

式（9-42）の逆過程も考慮すると，反応速度 r は

$$r = \vec{k} \theta_C - \overleftarrow{k} P_C^* (1-\theta) \tag{9-67}$$

となる．式（9-67）に式（9-65），（9-54）および $\overleftarrow{k}_C / \vec{k}_C = K_C$ を代入して整理すると，脱離過程が律速の場合の速度式（9-68）を得る．

$$r = \frac{\vec{k}_C K_P K_C}{1 + K_A P_A + K_B P_B + K_P K_C P_A P_B} \left(P_A P_B - \frac{P_C}{K_P} \right) \tag{9-68}$$

P_C が小さいとき（反応初期）には次式になる．

$$r = \frac{\vec{k}_C K_P K_C P_A P_B}{1 + K_A P_A + K_B P_B + K_P K_C P_A P_B} \tag{9-69}$$

反応の速度を測定し，導出した速度式への適合性を検討すると，反応機構を推定することができる．

9.2.4 触媒の活性試験

速度式を決めるためには，触媒反応の速度を測定しなければならない．実験室レベルでの不均一系触媒反応に用いられる反応器には，(a) 閉鎖式，(b) 流通式，(c) パルス式がある．

(1) 閉鎖式反応器

このタイプの反応器には静置式，回分式，循環式などがある．気体の反応によく用いられる循環式反応器の例を図 9-14 に示す．反応物組成は時間とともに系全体が一様に変化する．静置法では，反応分子と触媒の接触は，分子の対流，分子運動によってなされる．反応速度が対流，分子運動に比べて遅いときに用いられる．反応が速いときには，何らかの方法で反応分子と触媒との接触をよくしなければならない．反応物が液体のときには撹拌し（撹拌式），気体のときには，ピストンポンプなどで気体を循環させる（循環式）．反応物の組成の時間変化の例を図 9-15 に示す．

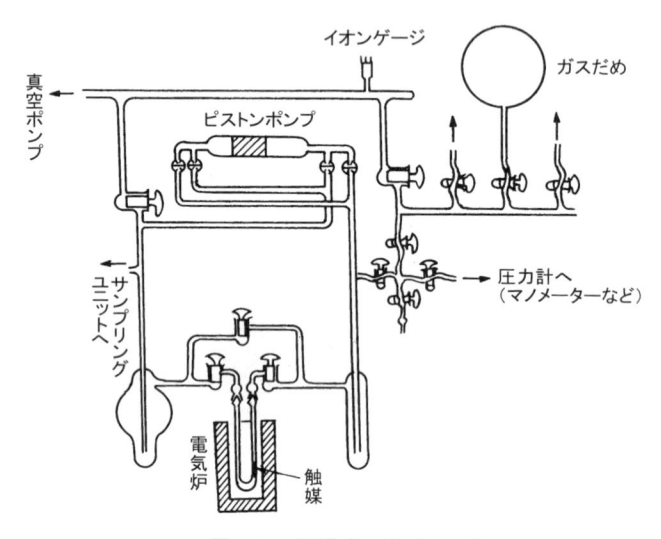

図 9-14 循環式反応器の一例

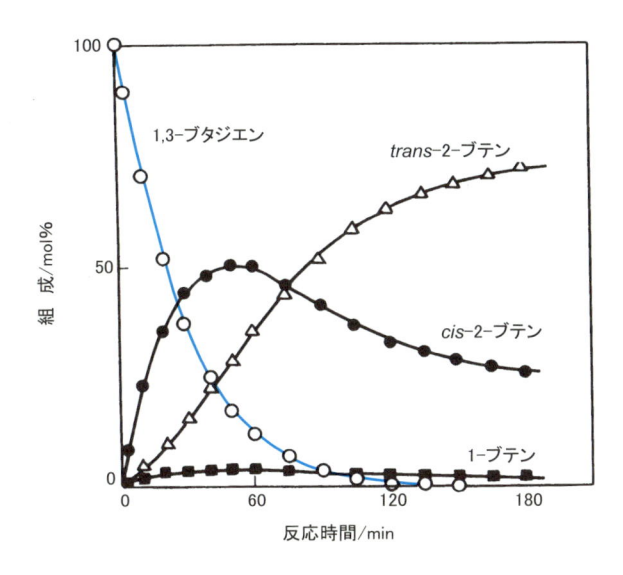

図 9-15 循環式反応器を用いたときの生成物組成変化
(MgO 触媒による 1,3-ブタジエンの水素化)

(2) 流通式反応器

触媒層に反応物を連続的に送りこみ，生成物も連続的に取出す方式である（図 9-16）．転化率の経時変化は図 9-17 のように 2 通りある．

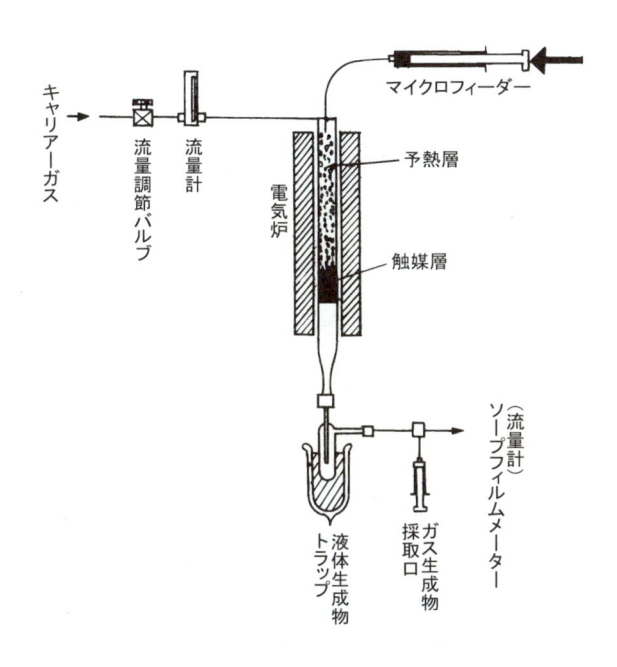

図 9-16 流通式反応器の一例

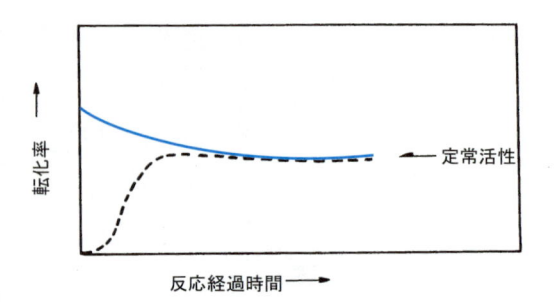

通常は ―― のように反応の初期に活性低下がみられる．
誘導期があると ……のようになる．
図 9-17　流通式反応器における転化率の経時変化

　生成物の組成は，触媒層の位置によって異なり，図 9-18 に示すように，反応物濃度は入口からの距離が長いほど低下する．流通式の触媒層入口からの距離は，閉鎖式の反応時間に対応する．

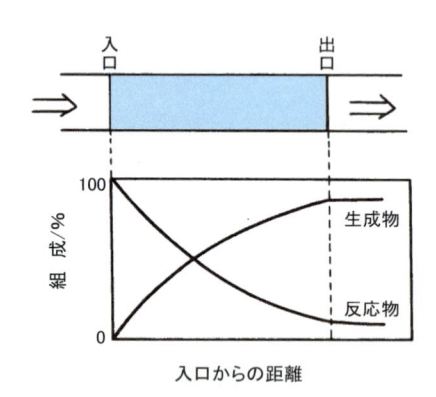

図 9-18　流通式反応器の触媒層の位置と組成との関係図

　いま，簡単のため，分子数の変化がなく，反応次数が一次である場合を考えてみよう．体積 V (L) の触媒層を流れる反応系の流速を u (Lh^{-1}) とすると，触媒層を通過する時間 t (h) は

$$t = V/u \tag{9-70}$$

となる．一次反応式の速度定数 k は，転化率（分率）x，時間 t と次の関係になる．

$$-\ln(1-x) = kt \tag{9-71}$$

式 (9-70) を代入すると

$$-\ln(1-x) = k \cdot V/u \tag{9-72}$$

u/V は，単位触媒体積当りに供給される反応物の供給速度であり，体積空間速度 $[SV]_V$ である．したがって，式 (9-72) は

$$-\ln(1-x) = k/[SV]_V \tag{9-73}$$

となる．流速あるいは触媒量を変えて転化率を求め，$1/[SV]_V$ に対して $-\ln(1-x)$ をプロットし，その傾斜から k を求めることができる．求まる k は単位触媒体積当りの k となる．同様に，重量空間速度 $[SV]_m = u/W$，面積空間速度 $[SV]_a = u/S$ を $[SV]_V$ の代りに用いると，単位重量当り，単位表面積当りの k が求まる．

流通式反応器では，反応物が触媒に接している時間は短いので，反応速度が大きい場合に用いられる．反応速度が大きいと，触媒の細孔内での拡散，あるいは気体と固体の接触面にできる境膜内の拡散が律速になることがある．前者の場合触媒粒子を小さくすると細孔内拡散が速くなり，後者の場合空間速度を一定にして流速を大きくすると境膜が薄くなり，反応速度が大きくなる．触媒活性を求めるときには，拡散律速にならない条件下で反応を行なう必要がある．

(3) パルス式反応器

キャリアーガス中に反応物をパルス状に注入し，触媒層に送入して反応させる方式である．生成物は，そのままガスクロマトグラフや質量分析計など定量分析装置へ導入される（図9-19）．生成物を反応器出口でいったんトラップした後，ガスクロマトグラフに導入する方式もある．この反応器の利点は，装置が簡素であること，反応物が少量でよいこと，および反応によって変質する前のフレッシュな触媒活性点の情報が得られることである．反応物が少量でよいことは，高価な同位体を用いる実験には大きな利点となる．一方，欠点は，非定常状態での反応のため，反応速度が表面反応一次式に従わないときには，速度解析が困難となることである．一次式のときは，転化率は流通式と同じになる．

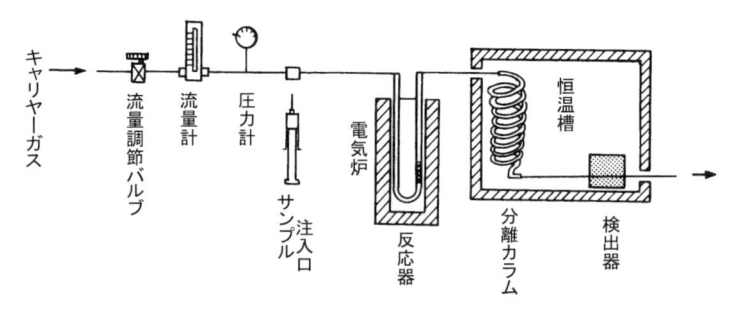

図9-19 パルス式反応器の例

9.2.5 同位体を用いる反応機構の推定

反応機構を決めるいくつかの方法のなかで，同位体をトレーサーとして用いる方法は，最も有効な手段の1つである．

1931年に，水素の同位体重水素（D）が発見されると，当時詳しく研究

されていたエチレンの水素化に応用された．エチレンを重水素を用いて水素化すると，生成物エタンのなかには2個のDが含まれると，誰しもが考えた．

$$C_2H_4 + D_2 \longrightarrow C_2H_4D_2 \qquad (9\text{-}74)$$

ところが，実際にNi触媒を用いて反応を行なってみると，反応初期に生成したエタンのなかに，Dはほとんど含まれていなかった[*1]．重水素を用いたのに，エチレンの水素化に使われたのは主に軽水素Hであったのである．そこで，エチレンの水素化は，次式のスキームで起こっていると説明された[*2]．

*1 J. Turkevich *et al.*, *Disc. Faraday Soc*, **8**, 352 (1950)

*2 T. Keii, *J. Chem. Phys*, **22**, 144 (1954)

$$\begin{array}{c} C_2H_4(\text{気相}) \xrightleftharpoons{①} C_2H_4(\text{吸着}) \\ \qquad \qquad \qquad \qquad \xrightleftharpoons{②} C_2H_5(\text{吸着}) \xrightarrow{③} C_2H_6(\text{吸着}) \xrightleftharpoons{④} C_2H_6(\text{気相}) \\ H_2(\text{気相}) \xrightarrow{⑤} 2H(\text{吸着}) \end{array} \qquad (9\text{-}75)$$

すなわち，①，②，④の素反応が速く，③と⑤が遅い．ここで，H_2をD_2に変えると，②の正逆反応が速いために，ほとんどのDはエチレンのなかに入り，Hで希釈され，D_2の解離吸着により生成するD(吸着)もHで希釈されてしまうのである．

このことは，図9-20の水槽モデルでたとえることができよう．第1の槽から第3の槽までは，太いパイプでつながれており，水の移動は速い．しかし，第3槽と第4槽を継ぐパイプは細いため，水の移動は遅く（律速段階），逆向きの流れはない．いま，第2の槽にトレーサーとして青インクを入れる．青インクはD_2に相当する．青インクは，第1，第3槽にすばやく拡散するが，水が多いため（Hが多量にあるため）希釈されてしまうだろう．したがって，第4槽はほとんど色がつかない（Dが入らない）ことになる．

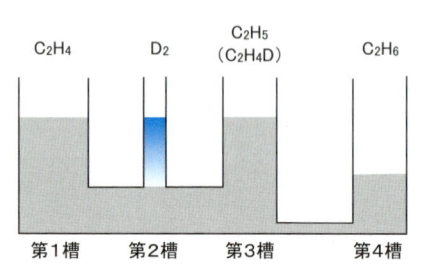

D_2はC_2H_4のHで希釈され，生成するエタンの大部分はC_2H_6となる．

図9-20　エチレン重水素化の水槽モデル

以上のような原理でよく用いられる同位元素には，Dの他に，トリチウム（T），^{13}C，^{14}C，^{15}N，^{17}O，^{18}Oなどがある．T，^{14}Cは放射性同位元素である．プロピレンの酸化によってアクロレインを生成する反応に酸素同位体

^{18}O をトレーサーとして用いた実験がある.

$$C_3H_6 + O_2 \longrightarrow CH_2=CH-CHO + H_2O \qquad (9\text{-}76)$$

通常の $^{16}O_2$ の代りに，$^{18}O_2$ を用いてプロピレンの酸化を行ない，生成物アクロレイン中に含まれる ^{18}O の割合を測定すると，図9-21のようになった．もしプロピレンと反応するOがすべて気相の O_2 由来のものであるならばアクロレインだけでなく，副反応生成物である CO_2 の中の ^{18}O の割合はほぼ100％になるはずである．実験結果は初期には ^{16}O が主で，時間とともにゆっくりと ^{18}O の含有量が増加した．初期にアクロレインの中に入る ^{16}O は触媒の中のOである．アクロレインのなかに入った ^{16}O の数を算えると，触媒表面にあるOだけではなく，表層数10層のOが反応に使われていることがわかった．反応に使われる表層の厚さは触媒の組成によって異なり，$Pb_{11/12}Bi_{1/12}MoO_{4+x}$ ではバルクのほとんどの酸素が反応に使われている．反応を模式的に表わしたのが図5-3で（p.84参照）ある．触媒表面のある点で O_2 が活性化され，触媒格子内に入っていく．プロピレンにOが付加する点は別の場所で，格子のOが使われる．工業的に使用されている触媒は $Mo_{12} Bi_1 Co_{4.5} Ni_{3.5} Fe_3 K_{0.1} P_{0.5} O_x$ のように多成分系である．このような多成分系にするのは，触媒内部の酸素の移動を容易にするためと考えられている．

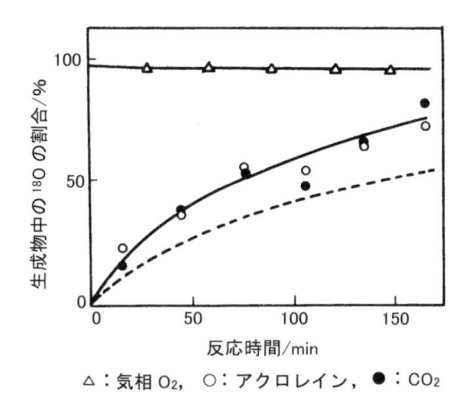

△：気相 O_2，○：アクロレイン，●：CO_2

点線は，全格子酸素が活性酸素と平衡にあるとしたときの仮想曲線
触媒：$Pb_{11/12}Bi_{1/12}MoO_{4+x}$

図 9-21　$^{18}O_2$ を用いたプロピレンの酸化反応における各生成物中への ^{18}O のとりこまれ方
(Y. Moro-oka *et al*, Proc. 7 th Intern. Congr. Catal., Kodansha, 1980, p.1086)

10章 固体触媒のキャラクタリゼーション

　反応分子がどのように活性化されて反応していくのかは，触媒の性質で決まってくる．物質の物理的・化学的性質を調べることをキャラクタリゼーションという．不均一系触媒反応は固体表面で起こるので，触媒のキャラクタリゼーションでは，表面の性質を調べることが大切である．触媒の性質だけではなく，反応分子の吸着状態を調べることも，触媒作用を解明する上で重要である．

　触媒のキャラクタリゼーションの方法には，比較的古くから行なわれていた吸着を利用する方法と，近年，発展が著しい分光分析機器を用いる方法がある．本章では，これらの方法について説明する．

10.1 吸着を利用するキャラクタリゼーション

10.1.1 細孔分布

　気体の物理吸着を利用するもので，通常，液体窒素温度における窒素の吸着を解析して細孔分布を求める．この方法で求められる細孔径は 0.5〜10 nm である．それ以上の細孔径の分布を求めるには，水銀圧入法があり，10〜100 nm の範囲の測定に適する．

　窒素吸着法は，毛管凝縮を利用するもので，Kelvin の式

$$\ln \frac{P}{P_0} = \frac{2 V_L \cdot \gamma \cdot \cos \theta}{r \cdot RT} \tag{10-1}$$

が基礎となる．半径 r の毛細管内では，気体が凝縮をはじめる圧力 P は，その温度の飽和蒸気圧 P_0 よりも低い．なお V_L は分子容，θ は接触角，γ は表面張力を表わす．いま，吸着平衡圧 P_i の状態を考えると，半径 r_i より小さい細孔は毛細管凝縮によって液体で満たされており，r_i より大きい細孔には多層吸着している．P_i を広い範囲にわたって変え，吸着等温線を描き，解析すると細孔分布が求まる．よく用いられる解析方法に，BJH 法と CI 法がある．吸着等温線にヒステリシスがみられるときには，吸着量を減少していく方向で得られる等温線を用いる．

　吸着を利用した方法ではないが，水銀圧入法についても説明しよう．この方法は，水銀の毛細管降下を利用するものである．多孔体を水銀中に入れ，水銀面に圧力を加えると，水銀が径の大きな細孔から順次侵入してい

く．圧力が高いほど小さな細孔に侵入する．水銀を圧入する圧力から細孔径を，圧入量から細孔の容積を求めるものである．

細孔半径 r と水銀の圧力 P との間には次の関係式が成立する．

$$r = -2\gamma\cos\theta/P \tag{10-2}$$

ここに γ は表面張力，θ は接触角で，多くの物質で約 $140°$ である．細孔の半径 r (nm) と，その細孔を水銀で満たす圧 P (MPa) の関係式は以下のようになる．

$$r = 7500 \sim 6000/P$$

10.1.2 金属の露出表面積の測定

(1) CO，H_2 の吸着

CO，H_2 が多くの金属に選択的に不可逆吸着することを利用して，金属の表面積を測定する．まず，室温で CO を吸着させ，吸着等温線を求める．ついで，担体などに可逆吸着している CO を排気して除く．金属上に吸着している CO は脱離せずに残る．もう一度吸着等温線を求める．1回目と2回目の吸着量の差が不可逆吸着量，すなわち金属表面に吸着している CO の量である（図10-1）．

パルス法でも不可逆吸着量が測定できる．可逆吸着した物質はキャリヤーガスで除かれる．CO のパルスを数回注入すると，図10-2のようなピークが得られる．青色の部分が金属に吸着された CO の量に相当する．CO の代わりに H_2 を用いても同様である．

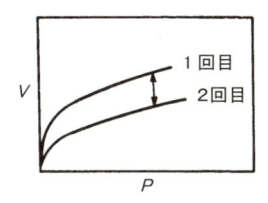

1回目と2回目の吸着量の差が不可逆吸着量となる

図10-1　金属表面への CO の吸着等温線

青い部分が不可逆吸着量

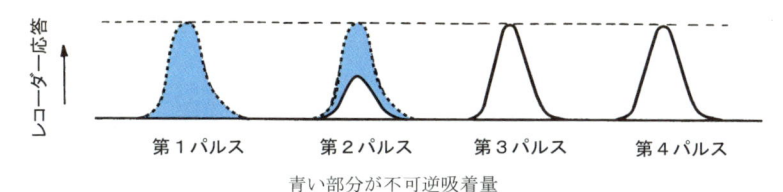

図10-2　パルス法による CO 不可逆吸着量の求め方

金属表面積がわかると，金属粒子の大きさが計算できる．金属が担体上に立方体として担持されていると仮定すると，立方体6面のうち1面は担

体に接しているので，残りの5面に存在している金属が表面露出金属となる．全金属原子のうち，表面に露出している金属の割合を分散度という．分散度1は，すべての金属原子が表面に露出していることを意味する．

(2) H_2-O_2滴定

H_2の吸着量が少ないときには，H_2-O_2滴定で測定するとH_2の消費量が増え精度が向上する．測定の原理を図10-3に示す．表面金属のみを酸化し金属酸化物の表層をつくる．次に，H_2を導入すると酸化物層は還元され元の金属に戻り，水を生成する．生成した水分子は担体に吸着される．金属はH_2を吸着するので，露出金属を覆うに必要なH_2量の3倍のH_2が気相から消費されることになる．

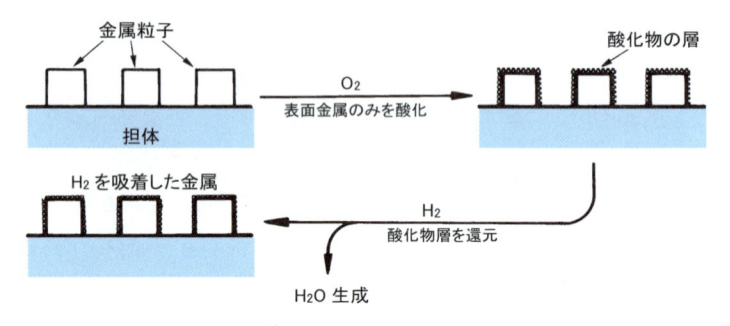

H_2の消費量は，H_2の吸着量の3倍となる．

図10-3　H_2-O_2の滴定の概念図

10.1.3　表面酸性・塩基性の測定

SiO_2-Al_2O_3などの複合金属酸化物は，表面に酸性を示す場所があり，それを酸点という．酸点には強い酸点と弱い酸点とがあり，それぞれの強度の酸点の数も触媒によって異なる．酸点の数と強度の測定には以下の方法がある．

(1) 指示薬法

酸の強度を表わすH_0関数は次のように定義されている．ブレンステッドの酸・塩基の挙動をする荷電のない塩基Bが水溶液中で次式のようにH^+と結合する．

$$B + H^+ \rightleftarrows BH^+$$

上式のBH^+の解離平衡定数は，$K_{BH^+} = [B][H^+]/[BH^+]$と表わされる．このBをある溶媒に入れたとき，$H^+$と結合する割合を$C_{BH^+}$，結合しない割合を$C_B$とすると，その溶媒の$H_0$は次のように定義される．

$$H_0 = pK_{BH^+} - \log(C_{BH^+}/C_B) \tag{10-3}$$

ここに，$pK_{BH^+} = -\log K_{BH^+}$である．

溶媒の酸強度を表わすH_0関数を，固体表面に適用し，H_0で酸点の強さ

を表わす．すなわち，指示薬 B を吸着させたとき，酸点によりプロトン化された割合 C_{BH^+} と，されない割合 C_B が等しいとき，その酸点の強さは，指示薬の共役酸（BH^+）の pK_{BH^+} の値と等しい H_0 値であるという．共役酸の濃度が高いと指示薬は酸性色を示すので，K_{BH^+} の異なる指示薬を吸着させ，色の変化をみることによって触媒の酸の強さが推定できる．ただし，H_0 関数は，ブレンステッド酸に適用できるので，指示薬法で求める酸の強さはブレンステッド酸の強さである．

塩基点の測定には，塩基強度を表す H_- 測定用の指示薬を用いる．

(2) 吸着熱法

アンモニア，ピリジンなどの塩基性分子は酸点に選択的に吸着し，吸着熱は酸点が強い程大きな値となる．吸着熱は，異なった温度で吸着等温線を求め，Clausius-Clapeyron 式を用いて吸着熱を求める方法と，吸着時に発生する熱を，直接熱量計で測定する方法がある．図 10-4 に，各種のゼオライトにアンモニアを吸着させたときの吸着熱を熱量計で測定した結果を示す．

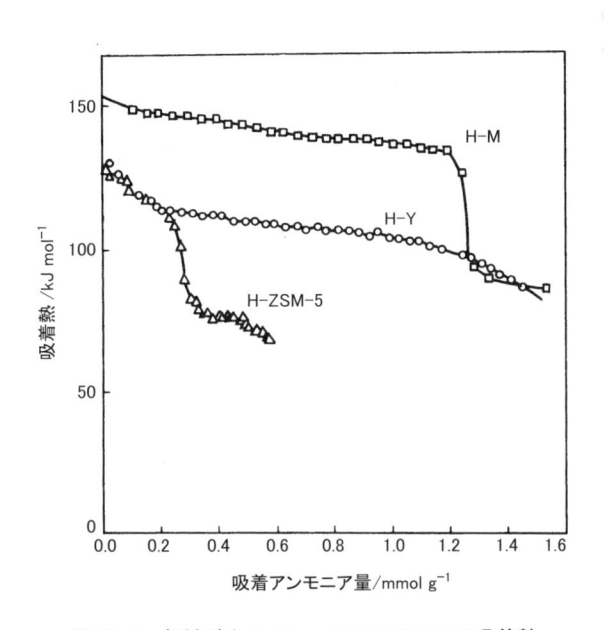

図 10-4 各種ゼオライトへのアンモニアの吸着熱
堤和男氏のデータ（*Bull. Chem. Soc. Jpn.*, 56, 1917 (1983) ; *Thermochim. Acta.* 143, 299 (1989) ほか）

モルデナイト（H-M）には，強い酸点が多量に存在しており，H-ZSM-5 には，H-Y と同じ程度の酸点が存在しているが，その量は少ないことがわかる．

(3) 昇温脱離法（TPD : temperature-programmed desorption）

塩基性分子を吸着した触媒を排気しながら，あるいはキャリアーガスを流しながら，温度を一定速度で上昇させる．弱い酸点に吸着している分子

は低温で脱離するが，強い酸点に吸着した分子は高温にならないと脱離してこない．図 10-5 は，いろいろなゼオライトにアンモニアを吸着させたときの昇温脱離曲線である．2 つのピークがみられるが，250℃以上にみられるピークが酸点上に吸着したアンモニアの脱離によるもので，酸点の強度はモルデナイト（H-M）＞ H-ZSM-5 ≧ H-Y であることがわかる．すべてのゼオライトでみられる 150℃付近のピークは，Na^+ あるいはアンモニアがプロトン酸点に吸着して生成する NH_4^+ イオンに吸着したアンモニアによるものである．

　塩基点に選択的に吸着する CO_2 などを用いると，塩基点の強度・量が求まる．

　昇温脱離法は，酸・塩基性質の測定だけではなく，吸着分子と表面との相互作用を調べるのに，適用範囲の広い有用な方法である．

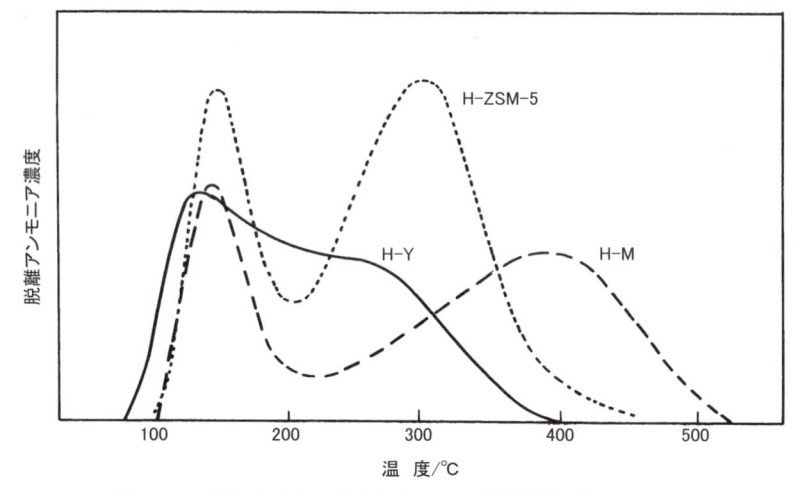

図 10-5　ゼオライトへ吸着した NH_3 の昇温脱離プロフィール
（C. V. Hidalgo, H. Itoh, T. Hattori, M. Niwa, Y. Murakami, *J. Catal.*, 85, 362 (1984) のデータより）

10.2　触媒の表面とバルクの分光学的なキャラクタリゼーション

　この方法は，光，電子，イオン，X 線などを触媒に照射し，シグナルとして出てくる光，電子，イオン，X 線を検出し，解析してバルクおよび表面状態を調べるものである．触媒のキャラクタリゼーションに用いられる分光法を表 10-1 に示す．触媒バルクの情報が得られるものと，表面近傍の情報が得られるものとがある．このなかで，シグナルが電子として放出される XPS，UPS，AES などは表面近傍の情報をもたらす．

　紫外線，X 線あるいは電子線を試料に照射すると，光電子あるいはオージェ電子が放出される．放出された電子は，運動エネルギーをもっており，その大きさを検出するのが光電子分光法である．固体内部で放出された電

子は，固体内部の原子にぶつかり，散乱されながら，その一部が表面に達して外界へ脱出する（図 10-6）．表面に近い所で放出された電子は，大部分が脱出できるが，表面から遠い内部で放出された電子は，大部分脱出できない．放出された電子の平均自由行程（脱出深度）は，電子の運動エネルギーの関数であり，図 10-7 に示すように，電子の運動エネルギーが 50〜100 eV のとき最小となる．検出される電子の大部分は，表面から 0.5 nm 以下の薄い表層から放出されたものである．したがって，その電子が与える情報は，表面あるいはその近傍に関するものとなる．一方，高エネルギーの電子あるいは X 線がシグナルとなるものは，大部分が固体内部で放出，散乱されたものが観測されるので，バルク全体の状態を測定していることになる．以下に表 10-1 のなかで触媒研究に広く用いられている方法について，いくつかの例を述べよう．

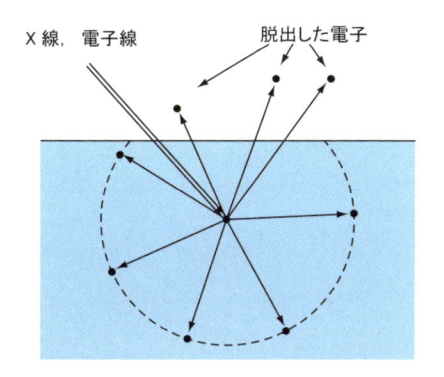

放射電子は平均点線のところまで到達できる．

図 10-6　固体内部の電子の散乱の様子

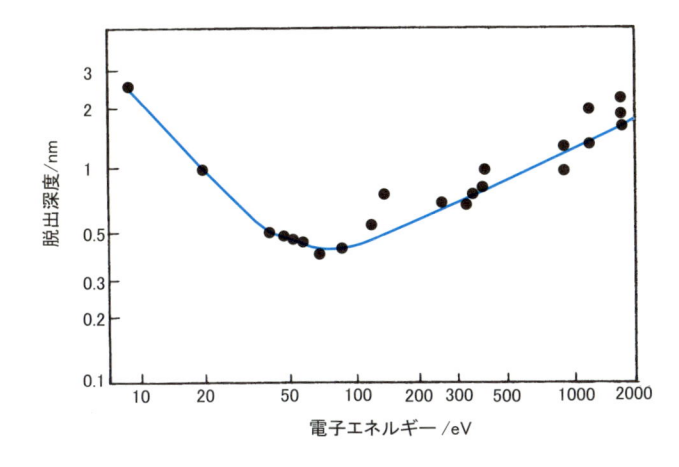

図 10-7　脱出深度と電子エネルギーとの関係
(W. M. Riggs, M. J. Parker, "Methods of Surface Analysis (ed. A. W. Czanderna)", Elsevier (1975) p.103)

表 10-1　触媒のキャラクタリゼーションに用いられる分光法

方　　法	通　称	線　源	シグナル	得られる情報
赤外線分光 Infrared Spectroscopy	IR	赤外線	吸　収	吸着種の構造・結合状態
常磁性共鳴 Electron Spin (Paramagnetic) Resonance	ESR (EPR)	マイクロ波	吸　収	ラジカル種，常磁性種の構造
X線光電子分光 X-Ray Photoelectron Spec.	XPS	X線	放射電子	表面原子の電子構造・酸化状態
紫外線光電子分光 Ultraviolet Photoelectron Spec.	UPS	紫外線	放射電子	吸着種の電子構造・酸化状態
低速電子回折 Low Energy Electron Diffraction	LEED	電子線	弾性散乱電子	表面と吸着種の表面原子配列
エネルギー損失 Electron Energy Loss Spec.	EELS	電子線	非弾性散乱電子	吸着種，表面原子の構造・結合状態
オージェ電子分光 Auger Electron Spec.	AES	電子線	放射電子	表面原子組成
電子プローブマイクロ分析 Electron Probe Micro Analysis	EPMA	電子線	X-線	表面組成
透過型電子顕微鏡 Transmission Electron Microscopy	TEM	電子線	透過電子	結晶性（回折コントラスト），金属粒径
走査型透過電子顕微鏡 Scanning Transmission Electron Microscopy	STEM	電子線	透過電子	原子組成配列（組成コントラスト）
走査型電子顕微鏡 Scanning Electron Microscopy	SEM	電子線	二次電子	表面形態，粒子形状
イオン中和分光 Ion Neutralization Spec.	INS	イオン線	二次電子	吸着種の電子状態
イオン散乱分光 Ion Scattering Spec.	ISS	イオン線	弾性反射イオン	表面の原子構造と組成
二次イオン質量分析 Secondary Ion Mass Spec.	SIMS	イオン線	イオン	表面組成
プロトン誘起X線放射 Proton Induced X-ray Emission	PIXE	H^+線	放射X線	バルク組成
X線回折 X-Ray Diffraction	XRD	X線	反射X線	結晶構造
小角X線散乱 Small Angle X-Ray Scattering	SAXS	X線	散乱X線	粒子径分布
広域X線吸収微細構造 Extended X-Ray Absorption Fine Structure	EXAFS	X線	吸　収	原子間距離，配位数
X線吸収端近傍微細構造 X-Ray Absorption Near Edge Structure	XANES	X線	吸　収	配位状態
メスバウアー分光 Mössbauer Spec.		γ線(^{57}Co)	吸　収	酸化状態，磁気的性質
走査トンネル顕微鏡 Scanning Tunneling Microscopy	STM	電流	トンネル電流	表面の凹凸，表面原子配列構造
原子間力顕微鏡 Atom Force Microscopy	AFM		光	表面の凹凸，表面原子配列構造

10.2.1 XRD

古くからある方法でバルクの結晶構造がわかる．一定波長（λ）の単色X線束を結晶に照射すると，Bragg の回折条件

$$2d \sin \theta = n\lambda$$

が成立するとき，面間隔 d の格子面からの反射波が同位相となって強め合うので，その方向に回折が現われる．各回折線の強度と散乱角から求めた面間隔とを用いて試料を同定，分析する目的に利用される．使用されるX線は通常 Cu，Fe などの対陰極から発生する特性X線をフィルターで単色化した K_α である．

図 10-8 にモンモリロナイトの層状構造と，その（001）面からの回折線パターンを示した．層と層の間に Al_2O_3 の柱をたてた層間化合物の XRD パターンも示したが，Al_2O_3 により面間隔が拡げられ，（001）面の回折線の位置が低角度に移行していることがわかる．面間隔から層間距離（面間隔－0.96 nm）を求めることができる．モンモリロナイトの層間距離は 0.30 nm でこれに Al_2O_3 が挿入されると 0.85 nm になる．

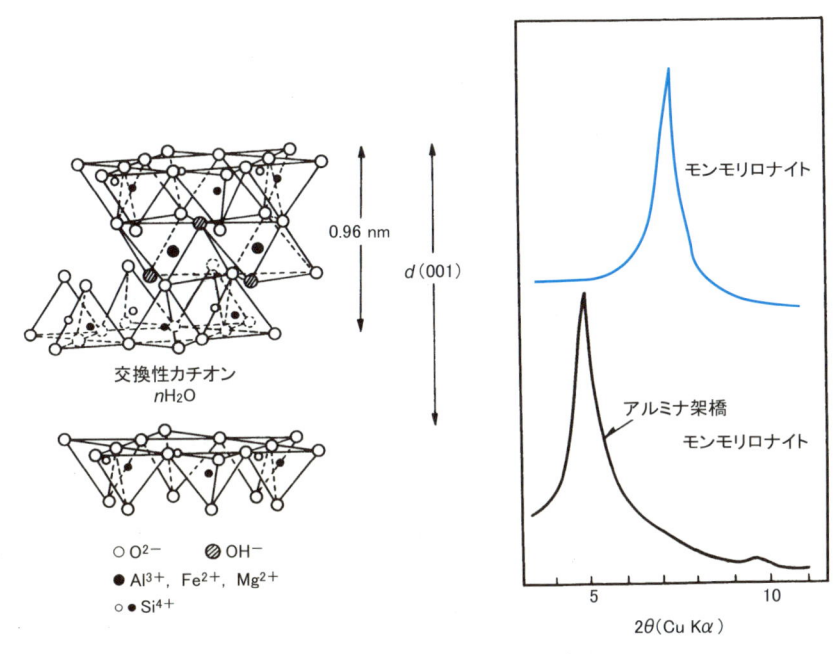

層間に Al_2O_3 の柱を入れると層間隔が広がる

図 10-8　モンモリロナイトの構造（左）とX線回折パターン（右）

試料の結晶が小さいと，回折の分解能が減少し，回折線の幅が広くなる．逆に大きな結晶からは鋭い回折線が得られる．したがって回折線の広がりから結晶の大きさを調べることができる．この方法を line broadening 法と

いう．回折ピークの，装置，線源に由来する因子を補正した真の半値幅（β, 2θ 単位）からシェラー（Scherrer）の式を用いて結晶子径（L, λ と同単位）を求めることができる．

$$L = K\lambda/\beta\cos\theta$$

K は形状因子で通常 0.9 である．

10.2.2 電子顕微鏡

高エネルギーの電子を試料に照射すると，透過電子の他に，2次電子や特性X線が発生する（図10-9）．透過電子を電子レンズによって結像させるのが，透過型電子顕微鏡 TEM である．照射電子で試料表面を走査し，各部から発生する2次電子を測定し，試料の凹凸を観測するのが走査型電子顕微鏡 SEM である．試料の小領域に電子線を照射し，そこから放射される特性X線を測定し，構成元素を分析するのが電子プローブマイクロアナライザー EPMA である．

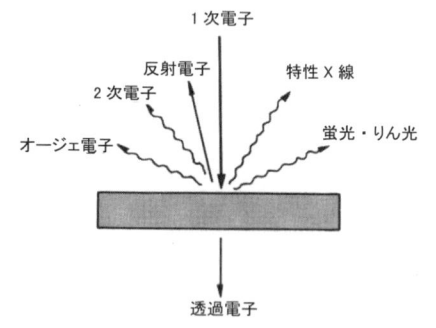

図 10-9 電子線照射によって生ずるシグナル

TEMの例を図10-10に示す．(a) は Al_2O_3 に Pt を担持した触媒である．担持金属の分散の様子と金属粒子の大きさがはっきりとわかる．(b) は，MgO結晶のコーナーを観察したものであり，原子の並び方まで明瞭にわかる．

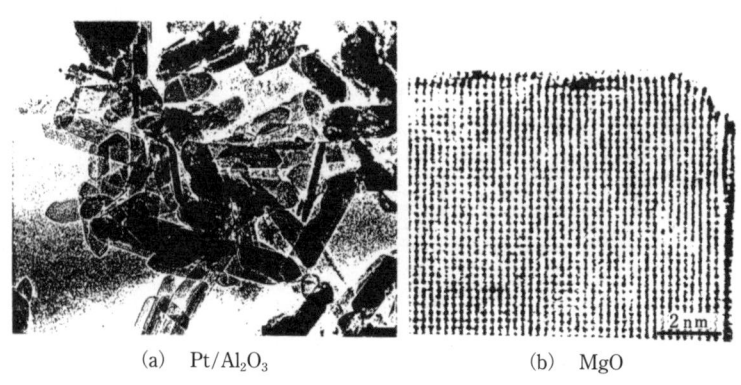

(a) Pt/Al_2O_3 (b) MgO

図 10-10 TEM像：Pt を担持した Al_2O_3 (a) と MgO 結晶 (b)
(b) の写真は丹司敬義氏提供

TEMは，ほぼ平行な電子線を試料に照射するが，レンズで絞った電子線を試料に照射し，走査するのがSTEMである．透過電子を測定する点では同じであるが，TEMは結晶性を反映した回折コントラストの寄与が大きく像に表れるのに対し，STEMは回折コントラストの寄与は弱くなり，その代り試料に含まれる原子の原子番号に依存する原子番号コントラスト，すなわち組成コントラストが強く表れる．

STEMの例を図10-11に示す．酸化触媒として知られるMoとVの複合酸化物のうち，斜方晶と三方晶のSTEM像である．解像度は原子レベルまであり（この図でははっきりしないが），MoとVとOの配列まで決定することができる．Mo-V-Oは，アルカン，アルケンの部分酸化，アルケンのアンモ酸化の触媒の基礎的な組成であり，原子レベルの構造と触媒活性との関連が鋭意研究されている．

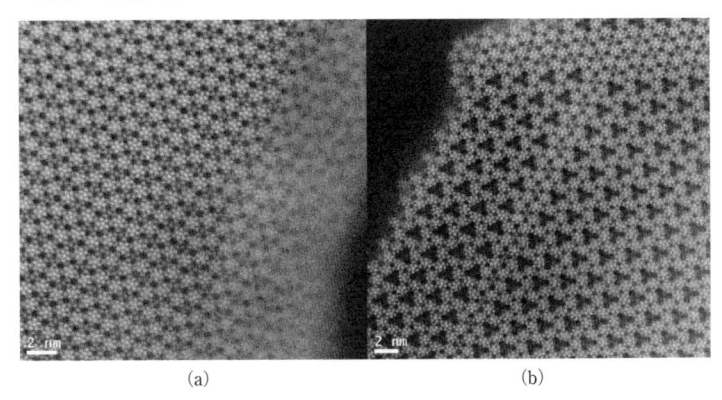

図10-11 STEM像：斜方晶 Mo$_3$VOx（a）と三方晶 Mo$_3$VOx（b）
（上田 渉氏提供）

SEMの例を図10-12に示す．これらゼオライトの結晶子は，規則正しい細孔をもっており，形状選択性を示す（1および3章）．SEMでは結晶子の大きさや形状についてはよくわかるが，化学的状態についての情報はほとんど得られない．

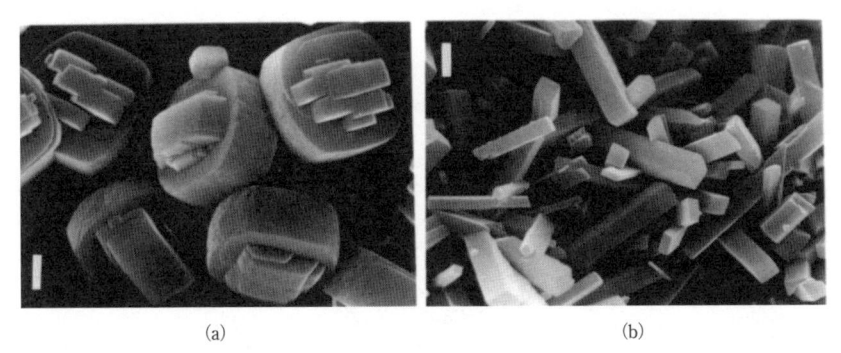

図10-12 ゼオライトのSEM像：ZSM-5（a），モルデナイト（b）（図中の白線が $1\mu m$）

EPMAの例を図10-13に示す．Al$_2$O$_3$にNiCl$_2$蒸気を沈着させた後還元

した触媒の断面写真と対応した Ni の分布曲線である．Ni は Al$_2$O$_3$ 粒子（直径 3.2 mm）に egg shell 型に担持されていることが明確に観測される．

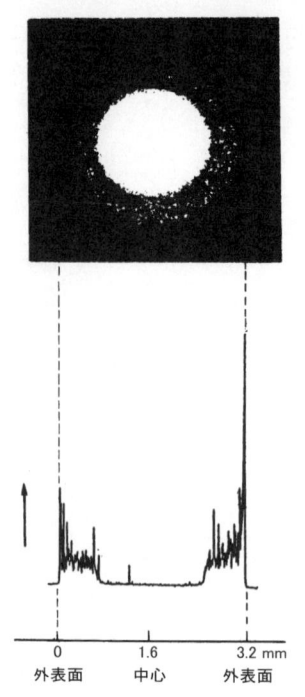

図 10-13　egg shell 型に Ni を担持した Al$_2$O$_3$ の断面写真（上）と EPMA による Ni 成分の分析（下）
（データ上村芳三氏提供）

10.2.3　XPS

　ESCA（electron spectroscopy for chemical analysis）ともよばれている．Mg $K_α$（1,253.6 eV）あるいは Al $K_α$（1,486.6 eV）の X 線を試料に照射すると，原子の内殻の電子がはじき飛ばされる．電子は核および周りの電子によって束縛されているので，外界に出てくるときには，照射エネルギーから束縛エネルギーを引いた運動エネルギーをもっている（図 10-14）．運動エネルギーを測定すると束縛エネルギーが求まる．束縛エネルギーは，

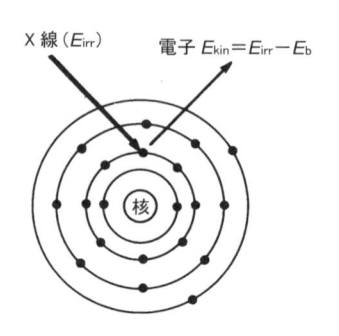

図 10-14　XPS の概念図

注目する元素の原子価や配位数によって変化するので，元素の結合状態がわかる．元素の核の正荷電が大きいほど電子は強く束縛されているので，放出される電子の運動エネルギーは小さくなる．また，酸化数の大きい方が，周囲の電子の数が少ないので強く束縛されている．

E_b のエネルギーで束縛されている電子が E_{irr} のエネルギーをもった X 線ではじき飛ばされると $E_{kin} = E_{irr} - E_b$ の運動エネルギーをもつ．

図 10-15 は，脱硫触媒である Co·Mo/Al$_2$O$_3$ 触媒の Co の状態を，XPS で測定した結果である．Co の含有量が 3%，7% のときは，担体の Al$_2$O$_3$ と相互作用が強く，水素処理をしても還元されないが，9% になると Co$_3$O$_4$ が生成し，水素によって容易に還元されて金属 Co^0 の吸収を与えていることがわかる．

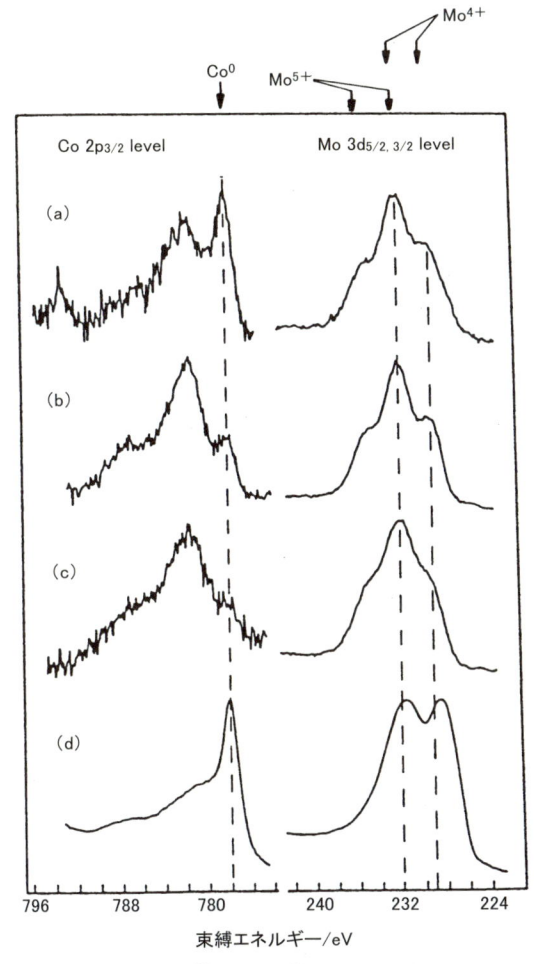

(a) Co 9 %, Mo 15 %, (b) Co 7 %, Mo 15 %
(c) Co 3 %, Mo 15 %, (d) CoMoO$_4$

図 10-15 水素還元した Co·Mo / Al$_2$O$_3$ の XPS
(R. L. Chin and D. M. Hercules, *J. Phys. Chem.*, **86**, 3079 (1982))

10.2.4 AES

電子あるいはX線を試料に照射すると，オージェ電子が放出される（図10-16）．オージェ電子の運動エネルギーを測定し，主に元素の同定をする．特に表面元素の組成分析するときに有効な手段である．

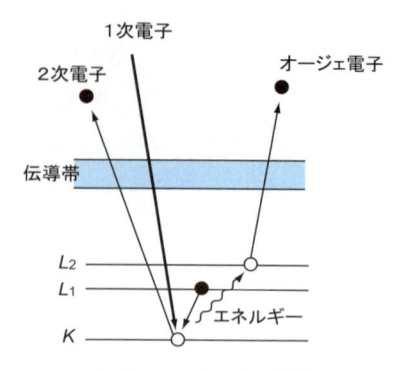

図10-16 オージェ電子
X線または電子線でK殻の電子がはじき飛ばされると正孔を生じる．L殻から電子がこの正孔に落込むと過剰エネルギーが生じ，このエネルギーでL殻の電子が放射される．これがオージェ電子である．

図10-17はAESを用いてNiCu合金触媒の表面組成を測定し，合金全体の組成に対してプロットしたものである．Niの含有量の多い合金の表面層には，バルクに比べてCuの含量が多い．すなわち，Cuは表面近傍に濃縮されていることがはっきりわかる．一方，Cuの含有量の多い合金では，Niの方が表面近傍に濃縮されている．

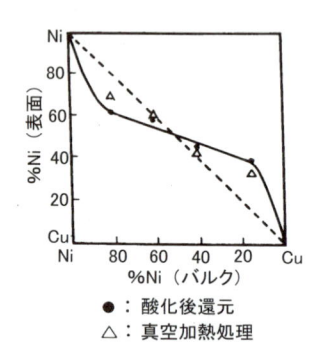

●：酸化後還元
△：真空加熱処理

図10-17 Cu-Ni合金のバルク組成と表面組成の関係
(Y. Takasu, H. Shimidzu, *J. Catal*., **29**, 479 (1973))

10.2.5 LEED

金属表面に低速の電子線（10〜400 eV）を照射すると，電子の散乱が起こる．原子が規則的に配列している表面で散乱された電子は回折像をつくる．照射する電子は低速なので，電子の侵入は表面から2〜3層にとど

まる．回折像から表面原子の規則的配列についての情報が得られる．単結晶で，どの面が表面に露出しているかを調べるのに最も有力な方法である．

図 10-18 は，Pt の LEED の回折像の模式図と表面モデルである．面によって触媒活性は著しく異なる場合があるが（構造敏感反応），単結晶を用いて，面の違いが活性にどのように反映されるかを研究するときには，露出している面を LEED で確認しながら実験を行なう．ここで LEED を用いた研究をいくつか説明する．

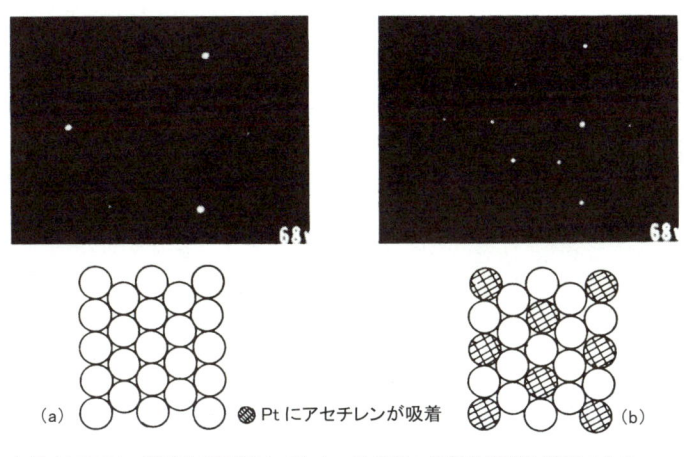

> **word 構造敏感反応（structure-sensitive reaction）**
> 金属触媒で，特定の結晶面あるいは特定の欠陥での活性が，他の活性点と異なる反応で，金属の粒径が変わるとターンオーバー数が変わる．

金属表面原子の規則的配列だけでなく，吸着種の規則的配列も観測できる．

図 10-18　Pt(111) 面 (a) およびアセチレンが吸着した Pt(111) 面 (b) の LEED パターン模式図（上）

(G. A. Somorjai, *Adv. Catal.*, **26**, 2 (1977))

金属触媒は，金属を担体に担持して用いることが多い．それは金属を高分散させ，表面に露出する金属の割合を大きくして，有効に利用しようという意図からである．ところが，金属粒子の粒径を小さくしていくと，触媒の活性や選択性が著しく変化する現象がいくつかの反応で見つかっている．粒径の大小によって，反応速度を表面金属原子1個当りに割当てた値，すなわちターンオーバー数（TOF）が変わる反応を構造敏感反応といい，変わらない反応を構造非敏感（鈍感）反応とよぶ．構造敏感とは，触媒の表面構造（原子配列，配位数，原子集団の大きさ，電子状態など）の違いによって，活性や選択性が変わることを意味している．なぜこのようなことが起こるのかを知るために，まず担持金属の構造を微視的に見てみよう．図 10-19 に面心立方の結晶構造をもつ金属微粒子のモデルを示す．担体上に分散して，1個の金属微粒子を形成している金属原子は，全てが必ずしも同じ環境にいるとは限らないことがわかる．金属原子の配位数だけを見ても，(100) 面の原子は 9，(111) 面の原子は 8，稜の原子は 7，角の原

> **word ターンオーバー数（TOF: turn over frequency）**
> 1 活性点当り，単位時間に反応した分子数．活性点の数が不明確な場合が多いので，金属触媒では，表面露出金属原子数を活性点の数として用いることが多い．turnover number（TON）ということもある．

子は6となっている．したがって当然触媒作用も金属原子の占める位置によって変わることが予想されよう．

　表面構造が触媒活性に及ぼす影響を原子レベルで解明するには，単結晶を用いる方法が優れている．単結晶を用いると，特定の結晶面だけを露出させることができる．また，面に角度をつけて切断すると，ステップ，キンク，テラスを自由につくり出すことができる．図10-20は面心立方構造をもつPtの単結晶を，(111)面に15°，($1\bar{1}1$)面に19°の角度をつけて切り出したときの表面原子配列である．切り出された面の構造を，LEEDによって観察し，その試料で触媒作用を調べると，表面構造と活性との関連を解明することができる．実験は表面分析機器を備えた超高真空装置を用いて行なう．装置の一例を図10-21に示す．この装置では，触媒試料の表面構造を超高真空下で測定した後，加圧下で反応を行なわせ，また反応後に再び触媒表面を超高真空下で測定することができる．

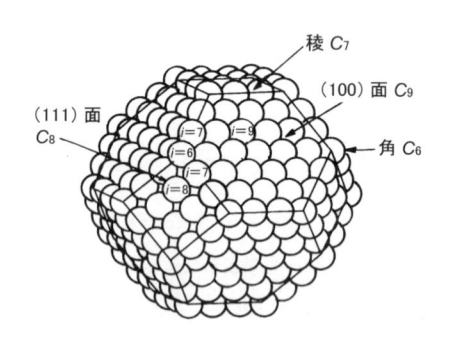

図10-19　面心立方結晶のcubo-octahedron型粒子モデル
C_iのiは配位数（最近接原子数）を示す．

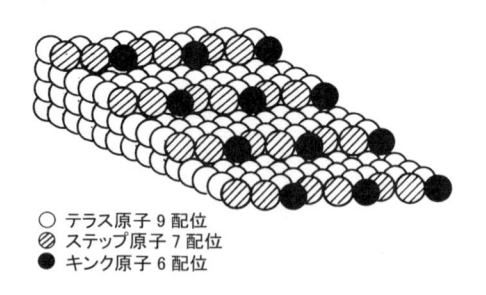

○ テラス原子 9 配位
◐ ステップ原子 7 配位
● キンク原子 6 配位

図10-20　面心立方構造をもつ金属を，(111)面に対して15°，($1\bar{1}1$)面に対して19°の角度で切断したときの表面原子の配列

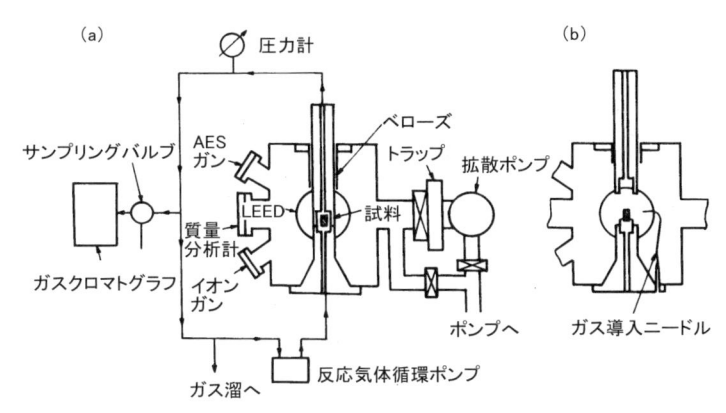

図 10-21 超高真空下での表面分析と加圧下での触媒反応を測定する装置
(G. A. Somorjai, *Adv. Catal.*, 26, 1 (1977))

Pt 単結晶をいろいろな角度で切り出し,ステップ,キンク原子の濃度を変えた試料を触媒とし,シクロヘキサンを反応させた結果を図 10-22 に示す.シクロヘキサンのベンゼンへの脱水素は,ステップ原子の存在により,TOF が約 10 倍に増加するが,ステップ原子が増えても TOF は増加しない.一方シクロヘキサンから n-ヘキサンへの水素化分解の TOF は,キンク原子の濃度とともに増加している.ステップ構造は C-H 結合の開裂に,またキンク構造は C-H および C-C 結合開裂に有効なサイトであることがわかる.すなわち,水素化分解は構造敏感反応であり,脱水素反応は見かけ上構造非敏感反応である.

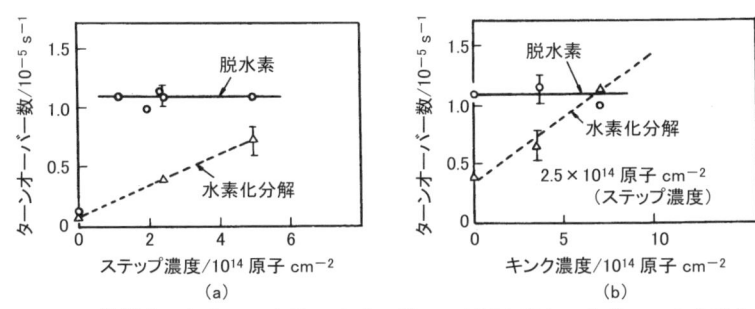

図 10-22 Pt 触媒上でシクロヘキサンのベンゼンへの脱水素とヘキサンへの水素化分解に対するステップ (a),キンク (b) 濃度の影響(A でもキンク原子が存在する)
(D. W. Blakely and G. A. Somorjai, *Nature*, 258, 580 (1975))

アンモニア合成反応 $N_2 + 3H_2 \longrightarrow 2NH_3$ も構造敏感反応である.Fe 単結晶の (111) 面,(100) 面および (110) 面の構造と,それぞれの面の活性 (TOF) を図 10-23 に示す.(111) 面がとび抜けて高活性である.このことから Fe(111) 面の 1 層目の 4 配位原子と 2 層目の 7 配位原子とからなる金属原子集団が,N_2 の解離と引き続いて起こる合成反応に有効なサイトであることが明らかになった.

(100) 面   (110) 面   (111) 面

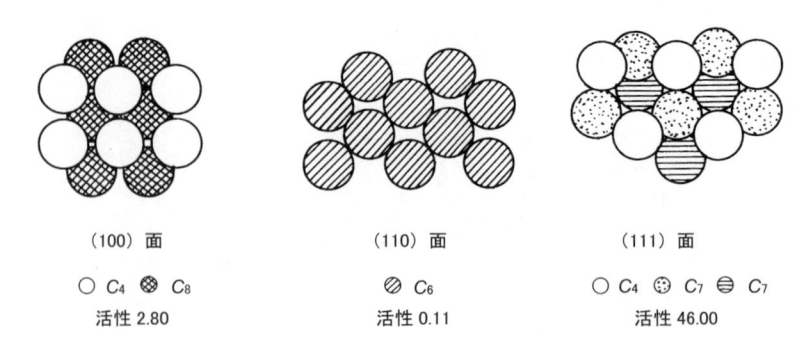

○ C₄ ⊗ C₈   ⊘ C₆   ○ C₄ ⊙ C₇ ⊜ C₇
活性 2.80   活性 0.11   活性 46.00

活性：n mol NH$_3$·cm^{-2}·s^{-1}, $(P_{H_2} + P_{NH_3}) = 2.03$ MPa, $T = 525$℃

図 10-23 Fe 単結晶表面構造とアンモニア合成反応速度（C_1 の 1 は配位数）

アンモニア合成用の実用触媒は，Al$_2$O$_3$ や K$_2$O，CaO を添加したもので二重促進鉄触媒とよばれる．常圧，400℃での実用触媒の TOF は 0.5 s^{-1} で，Fe(111) 面の TOF 0.3 s^{-1} とほとんど同じである．実用鉄触媒の表面は，Fe(111) 面と同じ構造をしていると推察される．事実，Fe(110) 面に Al$_2$O$_3$ を添加し熱処理すると，Al$_2$O$_3$ と Fe の相互作用が起こり，表面の Fe 原子の配列が変わり，(111) 構造に再構成されることが認められた．

触媒の活性や選択性を向上させるために，反応に使用する前に種々の前処理をしたり，第 2 成分を添加することがよく行なわれる．これらの前処理や添加の効果の実態が，表面科学の手法で次第に明らかになってきた．

Ni 触媒に対する H$_2$S の前処理効果を見てみよう．H$_2$S 処理によって S 原子が Ni 表面に吸着する．メタノールを無処理の Ni 表面に触れさせるとメトキシ基（CH$_3$O$^-$）を生成し，これから順次 H が外れて，CO と H$_2$ に分解する（式 10-4）．

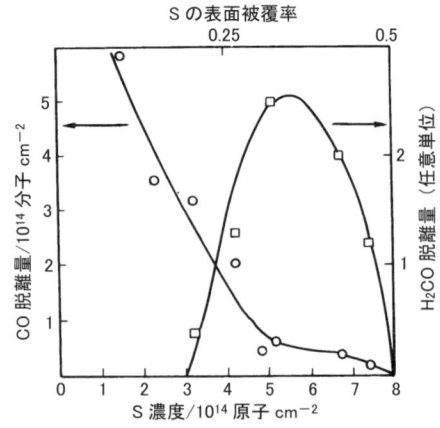

$$\text{CH}_3\text{OH} \longrightarrow \underset{\text{/////}}{\text{CH}_3\text{O}} \quad \underset{\text{/////}}{\text{H}} \longrightarrow \text{CO} + 2\text{H}_2 \tag{10-4}$$

図 10-24 Ni 単結晶 (100) 面でのメタノール脱水素反応で生成する CO と HCHO の量と添加 S 量の関連

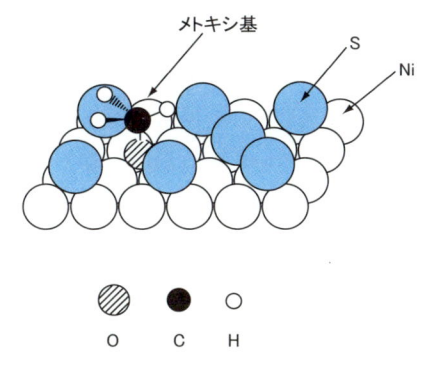

図 10-25　S原子を添加した（$\theta = 0.38$）Ni(100)面上のメトキシ基の吸着状態
(R. J. Madix, *Science*, 233, 1159 (1986))

ところが，Ni表面に適量のS原子を添加すると，ホルムアルデヒドが生成するようになる（式10-5）．

$$CH_3OH \longrightarrow CH_3O \quad H \longrightarrow HCHO + H_2 \tag{10-5}$$

Sの量を変えると，COとHCHOの生成は図10-24のように変化し，Sの吸着量が$\theta = 0.38$のとき，HCHO生成の選択率が最大になる．S原子の吸着パターンはLEEDによって観察できる．$\theta = 0.38$の量のSが吸着しているNi(100)面で，メトキシ基が生成する様子を図10-25に示す．メトキシ基のC-H結合は，S原子によって周囲のNi原子から隔離されて，結合の切断が起りにくくなっており，このためCOが生成せずにHCHOが生成する．

　分子線を用いる研究をするときにも，LEEDでの触媒表面の観察は欠かせない．気体分子の入った容器に小さな孔を開け，そこから気体を真空中に噴出させると，速度（大きさと方向）が揃った，分子同士の衝突が無視できる分子の流れをつくることができる（図10-26）．これを分子ビームといい，現在では化学反応の素過程を研究するために，極めて有効な実験技術となっている．

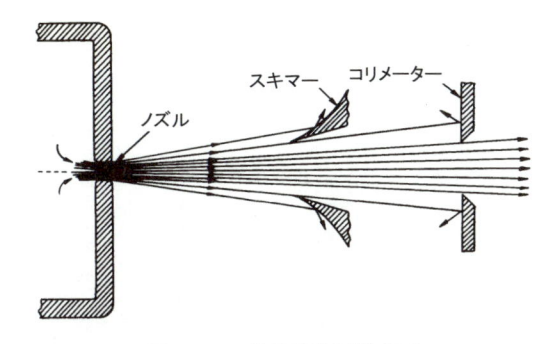

図 10-26　分子線装置構成図

固体表面上にこの分子線を衝突させ，散乱分子線を質量分析計などで検出して解析すると，固体表面上で分子が反応するにはどれだけの時間が必要なのか，また分子は固体表面のどの場所で反応するのかなど，反応のダイナミックス（動的挙動）に関する情報が得られる．次の2つの研究はその例である．

　金属を触媒とする一酸化炭素から二酸化炭素への酸化反応では，CO分子は金属表面上で解離吸着した酸素原子と反応し，生成する CO_2 分子は表面上からすみやかに脱離することが知られている．ここでさらに詳しく見てみると，反応するCO分子は気相から直接吸着酸素原子に衝突する（Rideal-Eley 機構）のか，それともCO分子はいったん表面に吸着してから酸素原子と反応する（Langmuir-Hinshelwood 機構）のかが問題になる（式 10-6）．

L-H 機構

$$CO \underset{k_2}{\overset{k_1}{\rightleftarrows}} CO(a) \quad (吸着・脱離)$$

$$O_2 \xrightarrow{k_3} 2\,O(a) \quad (解離吸着)$$

$$CO(a) + O(a) \xrightarrow{k_4} CO_2 \quad (表面反応) \tag{10-6}$$

R-E 機構

$$O_2 \xrightarrow{k_3} 2\,O(a) \quad (解離吸着)$$

$$CO + O(a) \xrightarrow{k_5} CO_2 \quad (反応)$$

　通常の実験手段では，R-E 機構か L-H 機構かを識別することはなかなか難しい．そこで図 10-27 のような矩形波型の CO の分子線を Pd(111) 面に衝突させる実験が行なわれた[*]．この分子線は分子線の流れをチョッパーで周期的に遮ってつくられ，変調分子線とよばれる．変調分子線を用いると，入射信号と散乱信号との位相のずれから分子の表面滞在時間や反応時間を求めることができる．CO 酸化反応がもし R-E 機構で進むのであれば，未反応の CO 分子と生成物 CO_2 分子の散乱信号の位相は一致するはずである．実験結果によると Pd(111) 面では位相は一致せず，CO 酸化反応が L-H 機構で進むことが明らかになった．さらに CO 分子の表面滞在時間は，$10^{-2} \sim 10^{-5}$ 秒と求まり，R-E 機構で予想される滞在時間 $10^{-6} \sim 10^{-13}$ 秒より確かに長くなっていた．

[*] T. Engel, G. Ertl, *J. Chem. Phys.*, 69, 1267 (1978).

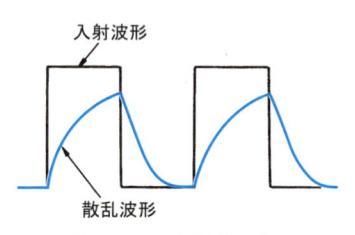

図 10-27　変調分子線

水素分子が金属表面上で解離するかどうかは，H_2-D_2 交換反応の進み具合で調べることができる．では金属表面のどの場所で水素分子が解離して HD 分子が生成するのだろうか．これを解明するため，H_2 と D_2 の混合分子線を図 10-28 のようなステップ構造の Pt(332) 面に衝突させ，入射角度を変えて HD 分子の生成速度が測定された（図 10-29）．この表面上での H_2-D_2 交換反応は，すでに先の変調分子線の方法により L-H 機構で進むことがわかっている．ステップの断面方向（$\phi = 0°$）から分子線の入射角度 θ を変えても，HD の生成量には変化がないが，ステップに向き合う方向（$\phi = 90°$）から分子線の入射角度を変えると，ステップを下る方向（$\theta < 0$）より登る方向（$\theta > 0$）のほうが HD の生成量が多いことがわかる．さらに最も HD の生成量が多い角度は，分子線がステップの内側コーナー原子（図 10-28 の●原子）に衝突しやすい角度であることから，水素分子は Pt 表面のこの場所で効率よく解離することが明らかになった．

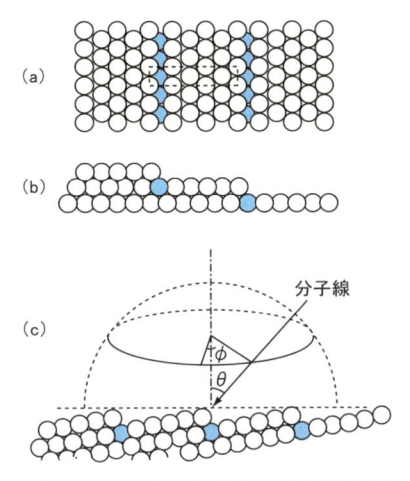

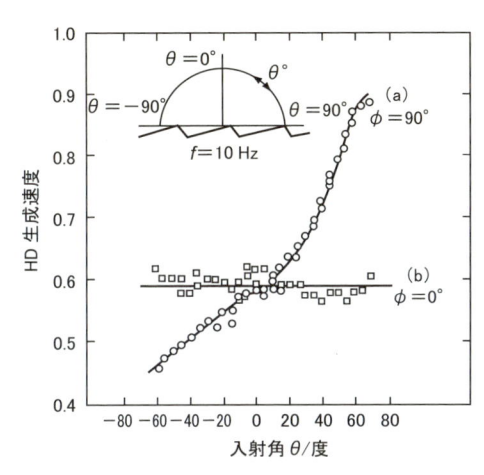

図 10-28 Pt(332)面を上から見た図(a)と側面から見た図(b). (c)は分子線をぶつける方向を示している. ϕ はステップに平行の位置から測った方位角

図 10-29 Pt(332)面にぶつける（$H_2 + D_2$）分子線の方位角（ϕ）と角度（θ）による HD 生成量の変化．生成速度は相対値

(M. Salmeron, R. J. Gale, G. A. Somorjai, *J. Chem. Phys.*, **67**, 5324 (1977))

10.2.6 EXAFS：広域 X 線吸収微細構造

X 線を試料に照射すると図 10-30 のように，ある波長で吸収係数が急激に立ち上がり，短波長側にすそを引いた一連のくさび型吸収が現われる．吸収波長は元素に特有である．高分解能でスペクトルを測定すると，吸収端から 100〜1000 eV の範囲に波打ちが見出される．これが EXAFS とよばれるスペクトルである．この波打ち現象は，元素の内殻から放出された光電子の状態に，周囲の電子による散乱の効果が反映したために現われる．EXAFS を解析すると，特定の元素の周囲の状態がわかる．すなわち，原

子間距離と配位数がわかる.

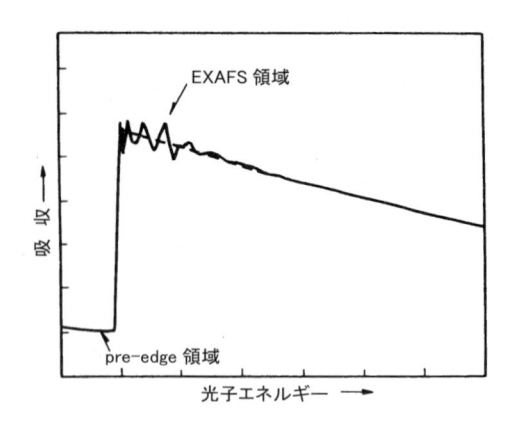

図 10-30 X 線吸収スペクトルに現われる振動構造

　図 10-31 は，自動車排ガス浄化触媒に用いられる 3 種の CeO_2-ZrO_2 (CZ55-1, CZ55-2, CZ55-3) の EXAFS 測定結果をフーリエ変換解析し，Ce-K-edge スペクトル (a)，Zr-K-edge スペクトル (b) としてあらわしたものである．(a) の 1.8 Å のピークは Ce-O 結合，3.5 Å は Ce-カチオン (Ce または Zr) 結合に対応する．(b) の 1.7 Å，3.5 Å のピークはそれぞれ Zr-O 結合，Zr-カチオン結合に対応する．(a) のピークの強度と位置は，CZ55-1 では CeO_2 と同じであるが，CZ55-2，CZ55-3 では少し異なっており，強度が小さい．(b) からは，試料によってスペクトルの形とピーク位置が明らかに異なっていることがわかる．Zr の周囲の状況が異なっている．EXAFS スペクトルのカーブフィッティングを行うと，CZ55-1 では，Ce-カチオン殻は配位数 11.9，距離 3.82 Å となるが，Zr-カチオン殻は配位数 6.6 となり，12 よりかなり小さい．大きな CeO_2 と小さな ZrO_2 結晶子からなっていることがわかる．CZ55-2 では，Ce-Ce 殻，Ce-Zr 殻の配位数は，それぞれ 8.0，3.6 となり，CeO_2-ZrO_2 固溶体の配位数 4.0 に近くなる．固溶体が部分的に生成していることがわかる．CZ55-3 では，Ce-Ce 殻，Ce-Zr 殻の配位数はともに 6.0 となり，固溶体 $Ce_{0.5}Zr_{0.5}O_2$ が原子レベルで均一に生成していることがわかる．解析により明らかになった CZ55-1, CZ55-2, CZ55-3 のモデルを図 10-32 に示す．酸素貯蔵容量 (OSC) は CZ55-3 が大きく，自動車触媒の担体として高い能力を有しているのは，Ce と Zr が固溶体を形成していることによると推測された．

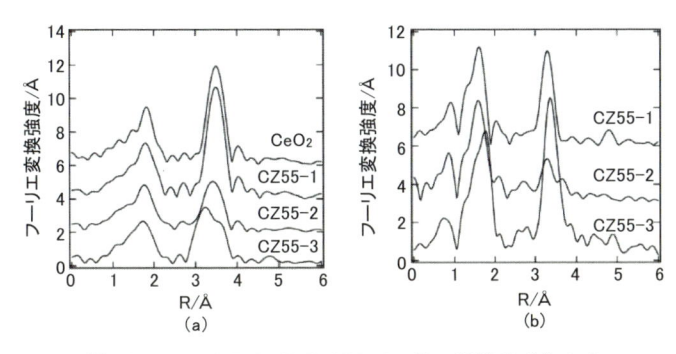

図 10-31　CeO₂ZrO₂ の EXAFS フーリエ変換スペクトル
(Nagai ら, *J. Synchrotron Red.*, **8**, 616 (2001) より改変)

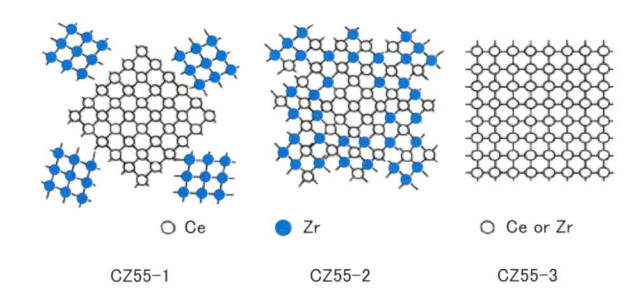

図 10-32　3 種の CeO₂ZrO₂ のモデル図
(Nagai ら, *J. Synchrotron Red.*, **8**, 616 (2001) より改変)

10.2.7　XANES：X 線吸収端近傍微細構造

10.2.6 の EXAFS は，吸収端から 100〜1000 eV の範囲の構造であるが，XANES は，吸収端前 10 eV から吸収端後 50 eV 程度までの構造をいう．吸収端前のピークは内殻電子が励起され空の bound state への遷移によるものである．吸収端後の微細構造は，(a) 空の bound state への遷移，(b) 近傍原子による共鳴散乱，(c) 光電子の多重散乱によって表れる．(c) は EXAFS の多重散乱である．EXAFS と XANES をあわせ XAFS という．

図 10-33 は，SiO_2 に V_2O_5 を 5 wt％担持した触媒の乾燥状態と水和状態の XANES である．V の配位状態を決めることができる．これらのスペクトルを帰属するために，構造のわかっている V 化合物を測定した結果を図 10-34 に示す．(a)〜(c) は，酸素が 5〜6 個配位した V 化合物で，(d)〜(f) は酸素が 4 配位した V 化合物である．5479 eV 付近のピークは pre-edge peak とよばれ，1s-3d 電子遷移に帰属される．このピークは V 原子周辺の配位子場の対称性が歪むほど強く現れる．(d)〜(f) の方が (a)〜(c) よりもピークが大きい．5〜6 配位の V のスペクトルのもう 1 つの特徴は，図中に示した A, B のピークが見られることである．A の存在は吸収端の

勾配を急にしており，吸収端の位置が低くみつもられ，Bのピークは四角錐構造のVO$_5$ユニットを持つV$_2$O$_5$に対し，VO$_6$構造を持つMgV$_2$O$_6$やNa$_6$V$_{10}$O$_{28}$の方が低エネルギーに表れる．このような特徴を図10-33に適用すると，(a) の乾燥状態では酸素が四面体構造で4配位した酸化物であり，(b) の水和状態では八面体構造で酸素が配位した構造をとっており，ピークA, Bの位置を考慮すると，VO$_5$ではなくVO$_6$の構造をとっているものと結論できる．また，(a) のスペクトルは，図10-34の(f)と類似しており，O＝V(OH)$_3$構造を持つことがわかる．

XANESは，EXAFSに比べ，配位状態に関してより明確な結論を導くことができる．

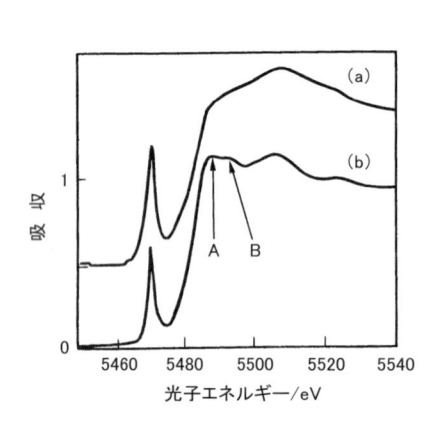

図10-33 V$_2$O$_5$/SiO$_2$のK-edge XANESスペクトル
(a) 乾燥状態，(b) 水和状態
(田中庸裕, 触媒, 39, 90(1997))

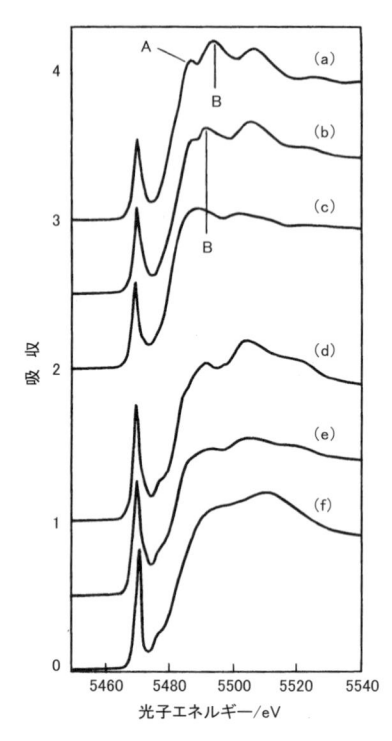

図10-34 V化合物のK-edge XANESスペクトル
(a) V$_2$O$_5$, (b) MgV$_2$O$_6$, (c) Na$_6$V$_{10}$O$_{28}$, (d) NH$_4$VO$_3$, (e) Ca$_2$V$_2$O$_7$, (f) O＝V(O-i-C$_3$H$_7$)$_3$
(田中庸裕, 触媒, 39, 90(1997))

10.2.8 ESR

常磁性種，例えば不対電子をもつ吸着種，固体中の欠陥，遷移金属イオンなどを磁場の中におくと，不対電子のエネルギー準位はZeeman効果によって分裂する．分裂したエネルギー差に等しいエネルギーをもったマイクロ波を当てると，エネルギーの遷移が起こる（図10-35）．分裂の仕方は，不対電子のおかれている状態を反映する．したがって，得られたスペクト

ルを解析することによって，不対電子の周囲の状況を知ることができる．触媒表面の性質を調べるには，適当な分子を吸着させ，表面で生成する吸着種の ESR を測定する例が多い．

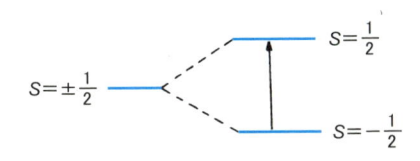

$S = -1/2$ の準位の電子はマイクロ波を吸収し $S = +1/2$ の準位に励起する．

図 10-35　ESR の原理

ニトロベンゼンを電子供与性のある表面に吸着させると，アニオンラジカルが生成する．ラジカルは不対電子をもっているので，生成したラジカルの量を測定すると電子供与点（還元点）の量が求まる．カチオンラジカルを生成するペリレンなどを用いると，表面の電子受容点（酸化点）の量を測定することができる．

図 10-36 は，MgO に O_2 を吸着させたときに生成する O^- の ESR スペクトルである．^{16}O は核スピン $I = 0$ であり，超微細分裂が表われないが，^{17}O

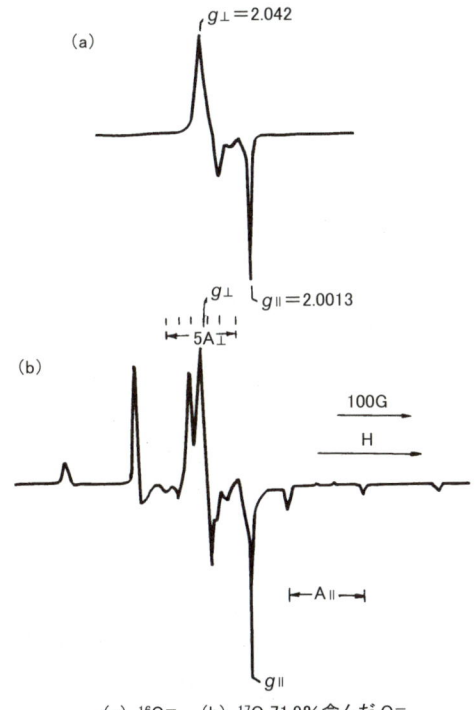

(a) $^{16}O^-$　(b) ^{17}O 71.9%含んだ O^-

図 10-36　MgO 上の O^- の ESR スペクトル
(N. B. Wong, J. H. Lunsford, *J. Chem. Phys.*, 51, 3007 (1971))

は核スピン $I = 5/2$ であり，6本に分裂したスペクトルが得られる．表面に O^- が生成することを ESR で確認することができる．表面 O^- は，O_2，CO，C_2H_4，CH_3OH と反応し，それぞれ，O_3^-，CO_2^-，$\cdot C_2H_3$，$\cdot CH_2OH$ を生ずる．

10.2.9 IR

触媒研究で最も広く用いられている分光法である．特に，吸着している分子の状態を知るときに有力な手段となるが，触媒自体の性質を測定するときにも威力を発揮する．触媒研究によく用いられている2つのタイプのIRセルを図 10-37 に示す．(a) は試料を上方に上げて熱処理をし，ワイヤーのついたマグネットの操作で窓の部分に下げて測定する．(b) は試料を動かさずに熱処理も測定もでき，反応させながらの測定も可能である．試料は粉末を薄片（5～30 mg cm^{-2}）に圧縮形成したものを用いる．

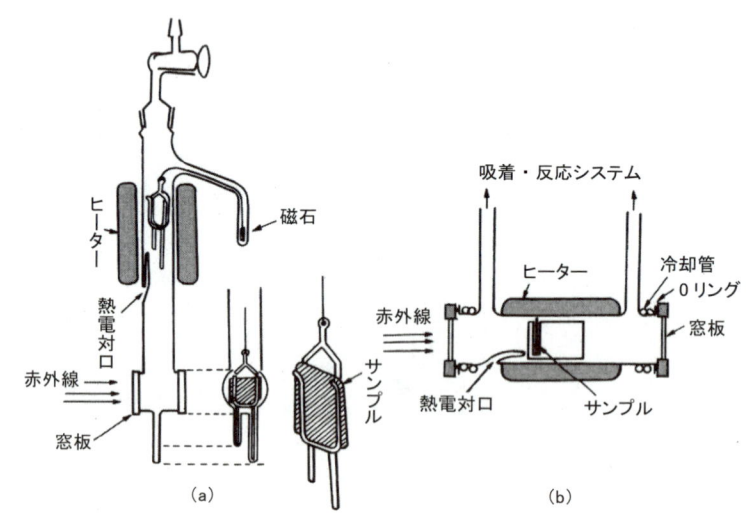

図 10-37　2種の IR 用セル

図 10-38 は，アルミナ（Al_2O_3）の OH 伸縮振動領域のスペクトルである．OH による吸収が複数観測できる．Al_2O_3 表面ははじめ OH 基で覆われているが，熱処理をすると，2個の OH から H_2O 1分子が脱離していく．脱水を続けていくと，アルミナ表面に様々な環境に存在する OH 基が生成する．存在状態によって異なった位置に OH 振動による吸収が現れる．(110) 結晶面に存在する孤立 OH 基が最も波数の高い吸収を示す．

分子を吸着させて IR を測定し，分子の吸着状態から表面の性質を調べることもよく用いられる方法である．図 10-39 は，ゼオライト（H-ZSM-5）に吸着したピリジンの IR である．ゼオライトの OH 基の吸収も示す．ピリジンは表面に H^+ が存在すると（ブレンステッド酸）H^+ を受取り，ピリ

ジニウムイオンとなる．電子対を受容する点（ルイス酸）があると，配位結合したピリジンが生成する．

1540 cm^{-1}の吸収はピリジニウムイオン，1450 cm^{-1}の吸収は配位結合したピリジンの吸収である．ピリジンを吸着させると，3613 cm^{-1}と3738 cm^{-1}に吸収をもつOH基のうち，3613 cm^{-1}の吸収のみが消滅し，1540 cm^{-1}の吸収が現われる．3613 cm^{-1}に吸収をもつOH基が，ブレンステッド酸として作用することがわかる．

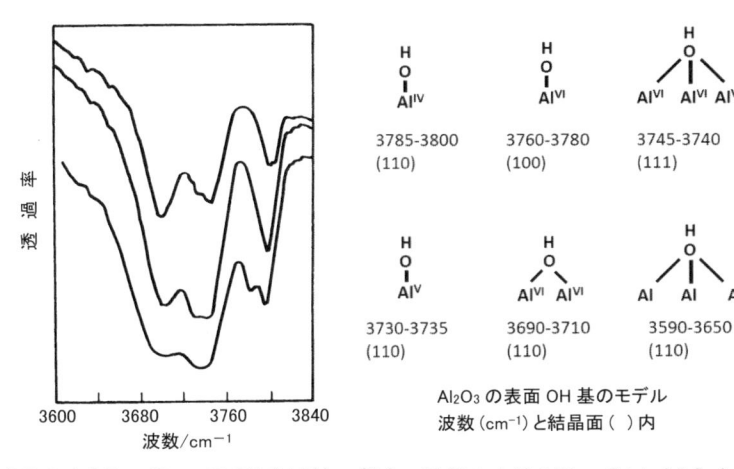

図10-38 Al$_2$O$_3$のOH基伸縮振動のIRスペクトル（左）と表面OH基のモデル（右）

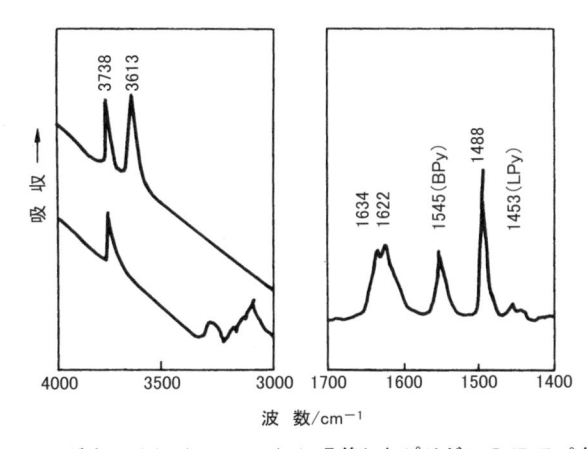

図10-39 ゼオライト（H-ZSM-5）に吸着したピリジンのIRスペクトル

図10-40には，ゼオライトNH$_4$-Y型を温度を変えて前処理をし，ピリジンを吸着させたときのピリジニウムイオンと配位結合ピリジンの吸収強度を前処理温度に対してプロットしたものである．NH$_4$Yを加熱すると，表面にブレンステッド酸が発現し，さらに高温で加熱するとブレンステッド酸がルイス酸に変化することを示している（式（3-2）参照）．

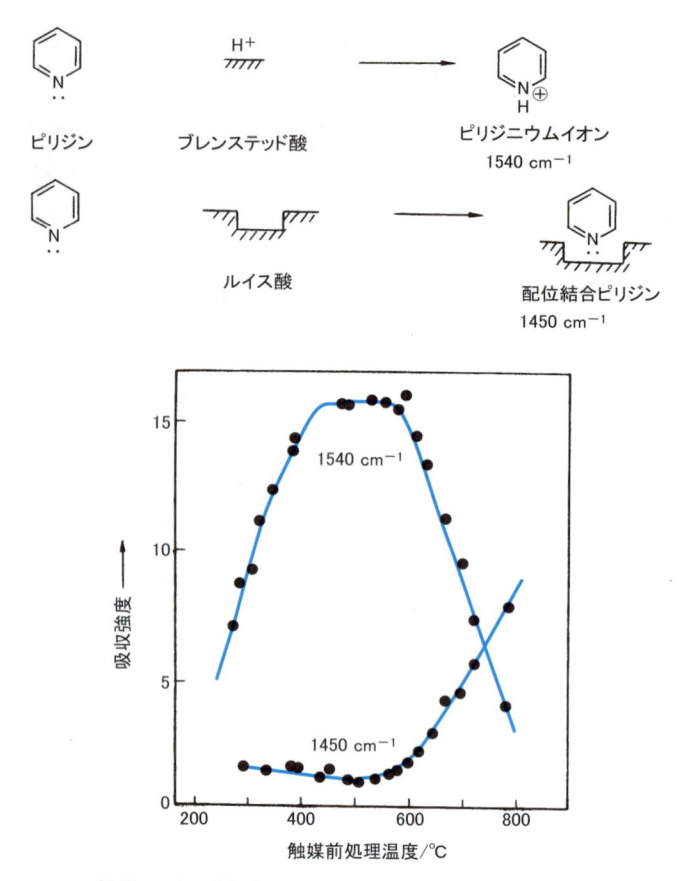

図 10-40 ゼオライト Y 型に吸着したピリジンの吸収の触媒前処理温度に対する強度変化
(J. W. Ward, *J. Catal.*, 9, 223 (1967))

1540 cm^{-1}：ピリジニウムイオン　　1450 cm^{-1}：配位結合ピリジン

10.2.10　NMR

固体高分解能 MASNMR（magic angle spinning NMR）が応用されはじめ，触媒の化学構造に関するミクロな情報が得られるようになった．磁場に対して，試料をマジック角度（54.7°）で高速回転させることによって，固体試料でも溶液試料と類似の，吸収線幅の狭いスペクトルが得られるようになったからである．測定対象となる核種は，核スピン $I = 1/2$ では ^{13}C, ^{19}F, ^{29}Si, ^{31}P, ^{119}Sn, ^{183}W, ^{129}Xe などがあり，$I > 1/2$ では，^{7}Li, ^{17}O, ^{23}Na, ^{27}Al などである．得られる情報はバルク全体のものである．

図 10-41 は，H-Y 型ゼオライトの ^{29}Si と ^{27}Al の MASNMR スペクトルと，それぞれの吸収に対応する Si, Al 構造を示したものである．^{29}Si-MASNMR は，Si 四面体の隣りに Al 四面体が 3 つ存在する場合，最も低磁場側に化学シフト値を与え，順次 2 個，1 個，0 個と Al 四面体の数が減少するに従って，吸収線が高磁場側にシフトする．一方，^{27}Al-MASNMR では，Al ゼオライト骨格の四面体構造を保っている限りは，59 ppm に 1

つの吸収線を与えるが，ゼオライト骨格から脱離した不純物の Al は，八面体六配位となり，高磁場側に吸収線が現われる．このように，Si, Al の配位状態およびそれぞれの配位状態にある Si, Al の割合まで調べることができる．

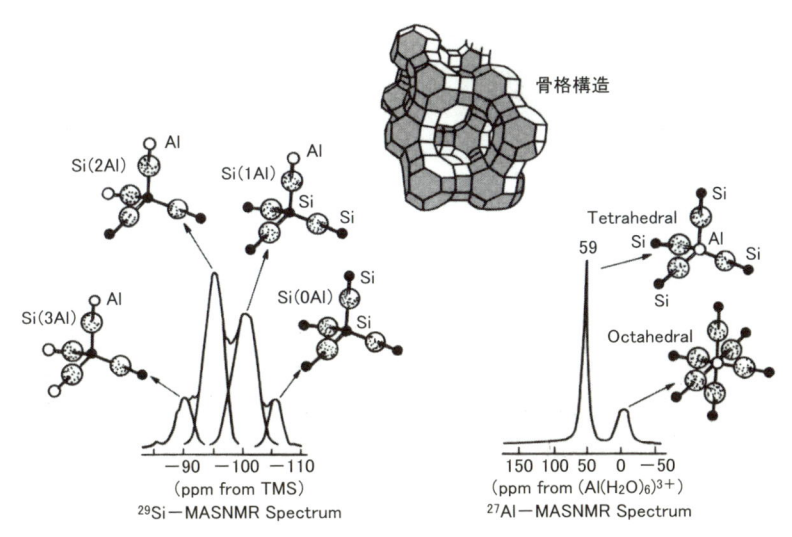

図 10-41　ゼオライト Y の ^{29}Si と ^{27}Al の MASNMR スペクトル
(中田真一氏提供)

10.2.11 STM

　固体表面に探針を 1 nm 以下に近づけて，電圧をかけるとトンネル電流が流れ，この電流値は表面と探針間の距離に依存する．トンネル電流を一定に保つよう針を上下に駆動して表面を走査すれば，表面の原子配列を反映した上下動の像が得られる．これが，走査トンネル顕微鏡 STM の原理である．LEED で得られる表面構造が回折情報をもとにしているのと対照的に，STM では実空間の表面形状を観察できるのが特徴である．この手法の開発により，Si(111)(7×7) 表面の構造解析が可能となった他，表面研究が飛躍的に進歩し，現在では，吸着種の挙動も観測されている．なお，対象となる試料はトンネル電流の流れる導電性の表面である．

　図 10-42 は Ni(110) 表面に室温で水素を触れさせた時の STM 像の経時変化を示す．Ni(110) の原子配列は消失して，白くみえる線と黒くみえる線が時間とともに成長する様子がわかる．白くみえる線は Ni-H-Ni-H- の一次元鎖，黒く見えるのは Ni(110) のテラス表面上で Ni 原子が抜けた 1 原子幅の溝とされる．この激しい表面再配列の変化は不可逆的であり，180 K 以下の低温で H_2 が可逆的に吸着するのと対照的である．単純な吸着現象では説明できないこのような現象が起こっていることが，STM を用いることにより明らかになってきた．

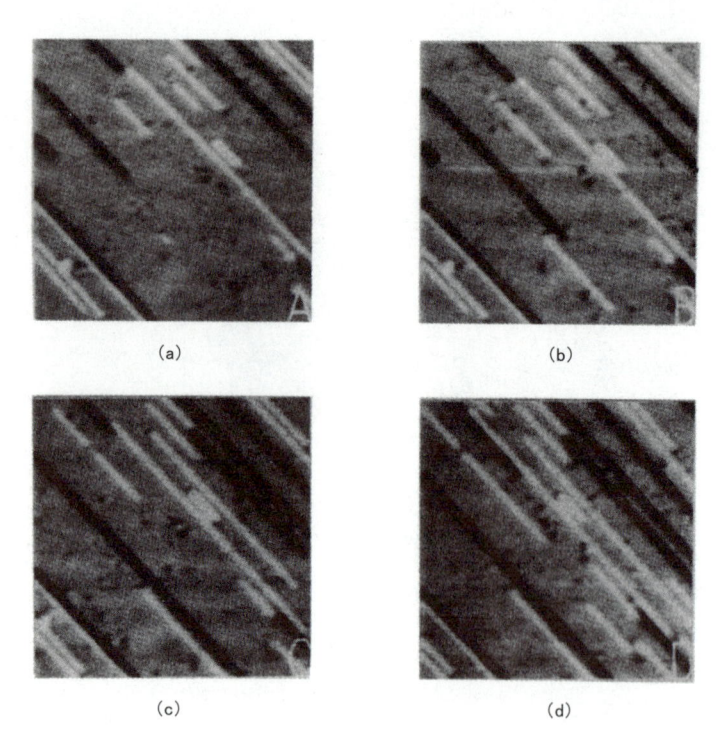

図10-42　Ni(110)面にH₂を触れさせて生成するNi-H一次元鎖とNi 1原子幅の溝のSTM像
(L. P. Nielsen, F. Besenbacher, E. Laegsgaard, I. Stensgaard, *Phys. Rev. B*, 44, 13156(1991))

10.3　表面吸着種の状態

　触媒性質の研究の場合と同様に，分子の吸着を測定する方法，反応を利用する方法，分光学的な方法がある．本節では，吸着測定の例として昇温脱離法（TPD），分光学的方法の例として赤外線吸収（IR），エネルギー損失スペクトル（EELS）について例をあげて説明しよう．

10.3.1　昇温脱離法（TPD：temperature-programmed desorption）

　表面吸着種は，温度を徐々に上げていくと吸着エネルギーの小さいものから順次脱離していく．数種の吸着種があると，その数に対応した脱離ピークが現われる．他の分子との反応性をみたり，IRなどの分光学的手法と組み合せて，それぞれの脱離ピークを与える吸着種の性質を知ることができる．

　図10-43は，PtにH₂を吸着させTPDを測定したものである．4種の吸着水素種（1種はこの条件では観測されない）が存在する．H₂を吸着させた後，D₂を導入し気相の組成とTPDを測定することによって，表面に吸着している水素のうち，90℃にピークを与える吸着水素だけがH₂-D₂交換反応に関わる水素（γ水素）であることが明らかになった．この吸着水素種はエチレン，プロピレンの水素化にも活性な水素であることが，H₂-エチレン，H₂-プロピレン系のTPDから明らかにされている．それぞれの

吸着種は，Pt の結晶面の違いによって生じていることを示唆するが，結晶構造と吸着種の関連は未だ明らかにされていない．

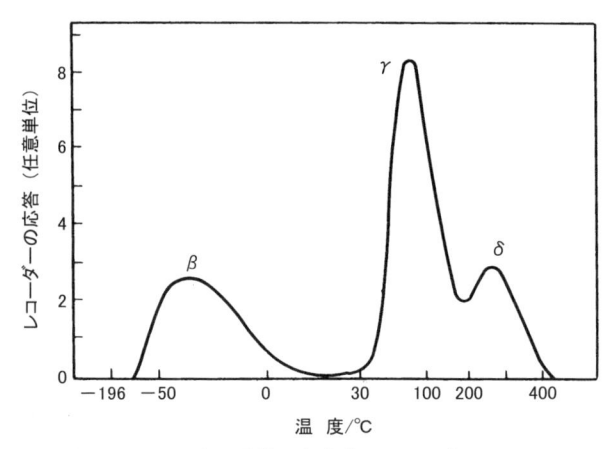

図 10-43 Pt 上に吸着した水素の TPD プロフィール
吸着温度 50℃，排気温度 −76℃（土屋晋氏提供データ）

10.3.2 IR

前節にも述べたように，吸着種の研究に最も広く利用されている分光法である．いくつかの例を述べてみよう．

金属表面に吸着した CO の IR は数多く測定されており，Eischens が 1954 年に固体表面の吸着種の IR 測定に最初に成功したのもこの系である．

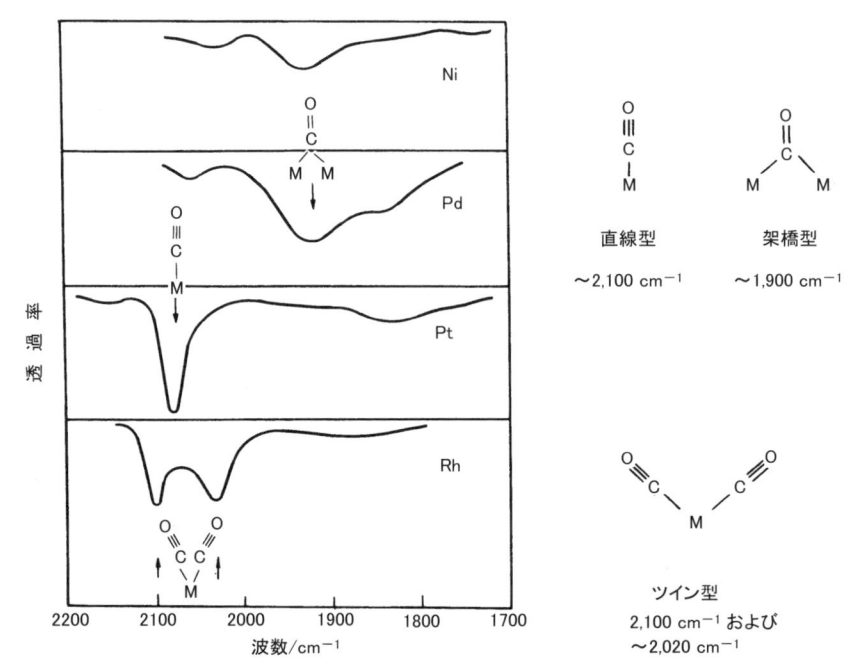

直線型　～2,100 cm^{-1}
架橋型　～1,900 cm^{-1}
ツイン型　2,100 cm^{-1} および ～2,020 cm^{-1}

図 10-44 金属触媒上の吸着 CO の IR スペクトル
Ni, Pd, Pt: R. P. Eischens, *J. Chem. Phys.*, 22, 1786 (1954).
Rh: A. C. Yang, C. W. Garland, *J. Phys. Chem.*, 61, 1504 (1957).

図 10-44 に担持金属触媒上に吸着した CO の IR と吸収型を示す．CO は表面金属（M）に種々の型で吸着する．図 10-44 より，主として Pt には直線型で，Pd には架橋型で，Rh にはツイン型で吸着していることが明らかである．C-O 結合の強さは，C-O 伸縮振動数の高い方が強く，ツイン型＞直線型＞架橋型の順であり，架橋型の C-O が最も解離しやすい．

図 10-45 は，ZnO に H_2 あるいは D_2 を吸着させたときの IR スペクトルである．Zn-H, O-H あるいは Zn-D, O-D の吸収が観測され，水素が下のように不均等に解離することが明らかにされた有名な研究である．

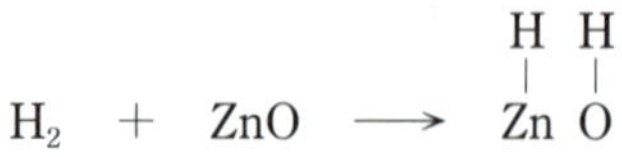

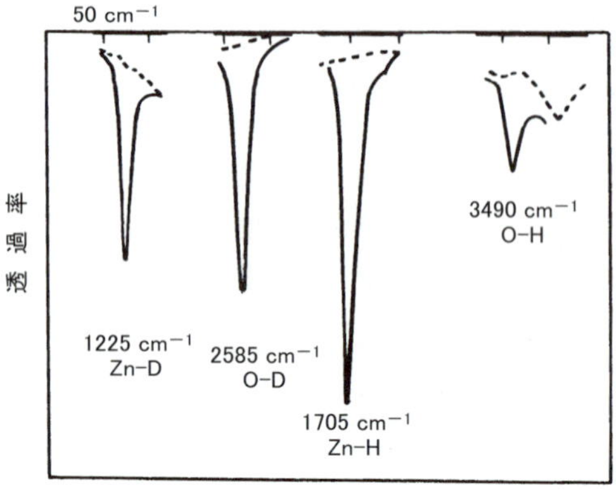

$$H_2 + ZnO \longrightarrow \underset{Zn\ O}{\overset{H\ \ H}{|\ \ \ |}}$$

図 10-45　ZnO 上に HD を吸着させたときの IR スペクトル
(R. J. Kokes, A. L. Dent, C. C. Chang, L. T. Dixon, *J. Am. Chem. Soc.*, **94**, 4429 (1972))

伸縮振動数 ν は，換算質量 $\mu = m_1 m_2/(m_1 + m_2)$，力の定数 k で次式のように表わされる．

$$\nu = \frac{1}{2\pi}\sqrt{\frac{k}{\mu}}$$

Zn-H, Zn-D, O-H, O-D の吸収波数は，表 10-2 に示すように計算値と非常によい一致をしている例でもある．

表 10-2　ZnO 上に吸着した H_2, D_2 によって生ずる吸収波数の実測値と計算値との比較

	$\bar{\nu}$ / cm^{-1}	$(\bar{\nu}_H/\bar{\nu}_D)_{exp}$	$(\sqrt{\mu_D/\mu_H})_{cal}$
Zn-H	1705	1.392	1.403
Zn-D	1225		
O-H	3490	1.350	1.374
O-D	2585		

図 10-46 に，Mo 触媒に吸着した NO の IR スペクトルを示す．Mo 系触媒の活性は，通常還元処理することによって発現する．還元すると NO が吸着するようになり，1,817 cm^{-1} と 1,715 cm^{-1} に 2 つのバンドが観測さ

れる．これらは，1個のMoに2つのNOが吸着したツイン型の吸着種の非対称ならびに対称伸縮振動である．このことは，Mo触媒は，還元することによって表面に露出した配位不飽和なMoイオンが生成し，この配位不飽和イオンサイトがNOを選択的に吸着したり，触媒活性点として作用することを示す．

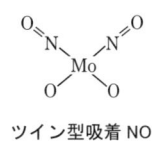

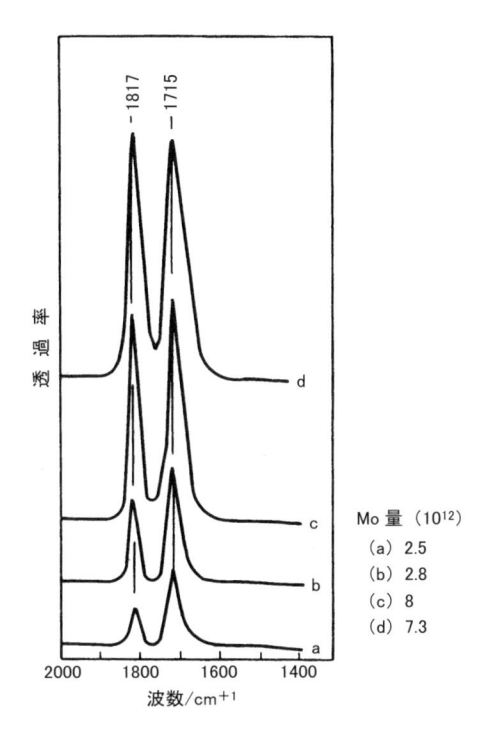

ツイン型吸着 NO

図 10-46 担持Mo系触媒へ吸着したNOのIRスペクトル
(K. Segawa, W. S. Millman, *J. Catal.*, 101, 218 (1986))

Mo量 (10^{12})
(a) 2.5
(b) 2.8
(c) 8
(d) 7.3

10.3.3 EELS

単結晶上の吸着種の状態を知るのに用いられる．試料に低速エネルギー電子を照射すると表面で反射する．反射された電子ビームの一部は，表面吸着種の振動エネルギーを励起して，エネルギーの一部を失い検知器に入る．吸着種の振動に関する情報を与えるので，その情報はIRと同じである．IRに比べて分解能は劣るが，単結晶上の吸着種を検知できる程の高感度を有する．

図 10-47 は，Kを添加したPt(111)面に吸着したCOのEELSである．Kの添加量を増すに従って，C-Oの伸縮振動によるエネルギー損失（波数で表わされる）が低エネルギーへシフトする．C-O結合が弱くなっていることを意味している．したがって，Kの添加はCOの解離を容易にする．これは，KからPtに電子が移動し，PtからCOへの逆供与が増加するこ

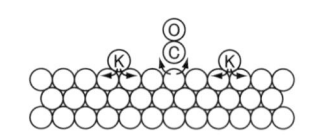

Kを添加したPt(111)面にCOが吸着したときの電子の流れ

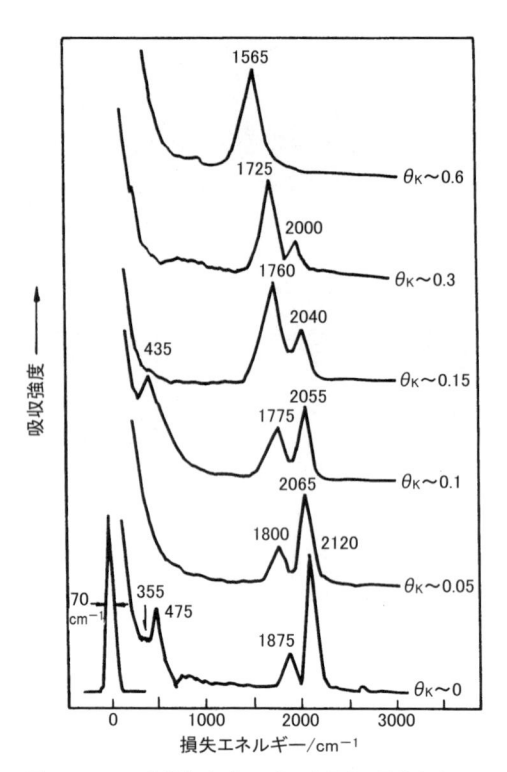

図 10-47　Kを添加したPt(111)面に吸着したCOのEELS
(J. E. Corwell, E. L. Garfunlcel, G. A. Somorjai, *Surf. Sci.*, 121, 303 (1982))
Kの添加量 (θ_K) の増大とともにC-O結合が弱くなることがわかる

とに由来する.

巻末課題

1. H_2O から H_2 を製造するプロセスについて，熱分解か光分解かどちらが適切かを判断した．判断の材料となる知識は熱力学あるいは速度論のどちらか．
2. 量論反応(stoichiometric reaction)と触媒反応(catalytic reaction)の違いは何か．
3. ゼオライト細孔の入口径は交換した陽イオンの種類によって変化する．
   K 交換，Na 交換，Ca 交換 A 型ゼオライトの入口径はそれぞれ何 Å か．
4. 科学技術：アンモニアは窒素肥料として食料増産に役立った．その他に人類が食料生産に役立てている科学技術を 2 つ挙げよ．
5. アンモニアの合成の反応物である水素および窒素の原料は何か．

   $3H_2 + N_2 \longrightarrow 2NH_3$

6. 不均一触媒と均一触媒の違いとは何か．
7. 有機金属化合物とウエルナー型錯体の違いは何か．
8. Pt のエチレン錯体が歴史的に最初に発見された．その理由として，どのような Pt の属性が考えられるか．
9. シスプラチン $(PtCl_2(NH_3)_2)$ の用途は何か．
10. $Ni(CO)_4$ と $HSiCl_3$ の共通点は何か．また，この共通点は，材料研究にとってどのような重要性を持つか．
11. モンド法とは何をどうする技術か．
12. グリニアル試薬の調製が量論反応で，モンサント法酢酸製造が触媒プロセスとなるのはなぜか．
13. 写真フィルムの原料はアセチルセルロースである．酢酸と写真フィルムはどのように関係するか．
14. モンサント法ではロジウム触媒によるメタノールのカルボニル化で酢酸を製造する．このプロセスでメタノールをメチル基原料（ソース）に変換するためどのように工夫をしたか．
15. ワッカー法ではエチレンからアセトアルデヒドを製造する．このプロセスで空気中の酸素はどのような役割を果たすか．
16. 吸着現象は発熱過程である．$\Delta G = \Delta H - T\Delta S$ の式を用いて説明しなさい．
17. 固体表面での吸着は，化学吸着と物理吸着とに大別される．表面積測定に用いられる BET 法（Brunauer, Emmett, Teller）はどちらの吸着を利用した方法か．
18. メソ孔を有する粒子の吸着等温線を測定すると，吸着平衡圧を順次増加（吸着）して得られる吸着量と，平衡圧を順次減少（脱着）させて得られる吸着

量とが異なる場合がある．これを何と呼ぶか．この原因はメソ孔領域での毛管凝縮と密接に関連するといわれている．

19. XPS（X線光電子スペクトロスコピー）では以下の式にしたがって，E_b（結合エネルギー）を測定する．光電効果の式ではE_b（結合エネルギー）を何と呼ぶか．$E = h\nu - E_b$

20. STMは表面の凹凸計である．探針と物質がくっついていなくても，電圧をかけると電流が流れる．この電流の値を一定に保って探針を上下し，固体表面の原子レベルでの凹凸を記録する．この電流を何と呼ぶか．

21. 金属粒子の表面積を測定する方法にH_2の化学吸着がある．いま，H_2の吸着実験を行った．吸着したH_2はa molであった．表面に露出した金属原子のモル数を求めよ．

22. シリコンウエハーをXPSで分析した．99 eV，102 eV，103 eV付近にSi 2pの結合エネルギーの3つのピークが得られた，それぞれを帰属しなさい．

23. 電子分光装置では，装置の真空度と試料-検出器の間の距離が密接に関連する．電子が残留気体に衝突することなく移動する距離を何と呼ぶか．

24. Pd担持Al_2O_3上に吸着したCOの赤外線スペクトルを測定した．

    1) 2100 cm^{-1}付近と 2) 2000〜1800 cm^{-1}に吸収が観測された．それぞれの吸収を架橋型（Pd-CO-Pd）と直線型CO（Pd-CO）により帰属しなさい．

参 考 書

本書は触媒に関して基礎から応用まで広範囲に記述したので，説明が十分ではない部分もある．より深く学びたい方のために，以下に専門雑誌，レビュー誌，単行本を紹介する．

専 門 雑 誌

触媒，触媒学会，1959〜現在

Journal of Catalysis, Elsevier, 1962〜現在

Journal of Molecular Catalysis, A and B, Elsevier, 1975〜現在

Applied Catalysis, A and B, Elsevier, 1981〜現在

Langmuir, American Chemical Society, 1985〜現在

Catalysis Today, Elsevier, 1987〜現在,

Catalysis Letters, Springer, 1988〜現在

Topics in Catalysis, Springer, 1993〜現在

ACS Catalysis, American Chemical Society, 2011〜現在

総 説 誌

Advances in Catalysis and Related Subjects, Elsevier, 1948〜現在

Catalysis Review, Taulor & Francis, 1968〜現在

Studies in Surface Science and Catalysis, Elsevier, 1976〜現在

Catalysis—A Special Periodical Report, Royal Society of Chemistry, 1977〜現在

Catalysis—Science and Technology, Royal Society of Chemistry, 1981〜現在

The Chemical Physics of Solid Surfaces and Heterogeneous Catalysis, Elsevier, 1981〜現在

Catalysis Survey from Asia, Springer, 1997〜現在

単 行 本

"New Solid Acids and Bases" K. Tanabe, M. Misono, Y. Ono and H. Hattori, Elsevier Science Ltd (1990).

"Catalytic Chemistry", B. C. Gates, John Wiley & Son (1992).

"Homogeneous Catalysis; The Applications and Chemistry of Catalysis by Soluble Transition Metal Complexes" (2nd ed) G. W. Parshall, S. T. Ittel, John-Wiley & Son (1992).

"Asymmetric Catalysis in Organic Synthesis", R. Noyori, Wiley-Intern. (1994).

"Heterogeneous Catalysis in Industrial Practice" (2nd ed), C. N. Satterfield, Krieger (1996).

"Applied Homogeneous Catalysis with Organometallic Compounds", B. Cornils, W. A. Herrman (ed.), VCH (1997).

"Catalyst Handbook", M. V. Twigg (ed.), Oxford Univ. Press (1997).

"Handbook of Heterogeneous Catalysis", G. Ertl, H. Knozinger, J. Weitkamp (ed.), VCH (1997).

"Catalysis: Concept and Green Applications", G. Rothenberg, Wiley-CCH (2008).

"Reactions at Solid Surfaces" G. Ertl, Wiley (2009).

"Introduction to Surface Chemistry and Catalysis, 2nd Ed.", G. A. Somorjai, Wiley & Son（2010）.
"Characterization and Design of Zeolite Catalysts", M. Niwa, N. Katada, K. Okumura, Springer（2010）.
"Solid Base Catalysis", Y. Ono, H. Hattori, Springer（2011）.
『有機プロセス工業』，八嶋建明，藤元　薫，大日本図書，（1997）．
『石油精製プロセス』，石油学会編，講談社，（1998）．
『表面の化学』（表面化学シリーズ6），岩澤康裕，小間　篤（編）　丸善（1994）．
『触媒の事典』，小野嘉夫，御園生　誠，諸岡良彦　編，朝倉店（2000）．
『ゼオライトの科学と工業』，小野嘉夫，八嶋建明，講談社（2000）．
『石油化学プロセス』，石油学会編，講談社（2001）．
『吸着の科学』（第2版），近藤精一，安倍郁夫，丸善（2001）．
『工業触媒』，西村陽一，高橋武重，培風館（2002）．
『吸着の科学と応用』，小野嘉夫，鈴木　勲，講談社（2003）．
『表面科学・触媒科学への展開』（現代科学への入門14），川合真紀，堂免一成，岩波書店（2003）．
『触媒化学』（応用化学シリーズ），上松敬禧，内藤周弌，三浦　弘，工藤昭彦，中村潤児，朝倉書店（2004）．
『工業貴金属触媒―実用金属触媒の実際と反応』，室井高城，ジェティ（2004）．
『ゼオライト触媒の開発技術』，辰巳　敬，西村陽一（監修），シーエムシー出版（2004）．
『固体表面キャラクタリゼーションの実際』，田中庸裕，山下弘巳（編），講談社（2005）．
『触媒・光触媒の科学入門』，山下弘巳，田中庸裕，三宅孝典，講談社（2006）．
『トコトンやさしい触媒の本』，触媒学会編，日刊工業新聞社（2007）．
『触媒便覧』，触媒学会編，講談社（2008）．
『触媒化学』（第2版），御園生　誠，斉藤泰和，丸善（2008）．
『ベーシック表面化学』，岩澤康裕，福井賢一，吉信　淳，中村潤児，化学同人（2010）．
『触媒調製ハンドブック』，岩本正和（監修），シーエムシー出版（2011）．
『触媒化学』（化学マスター講座），江口浩一（編著），丸善（2011）．
『エネルギー変換型光触媒（化学の要点シリーズ）』，久富隆史，久保田純，堂免一成，日本化学会（編），共立出版（2017）．
『固体触媒（化学の要点シリーズ）』，内藤周弌（著），日本化学会（編），共立出版（2017）．
『触媒化学』，田中庸裕，山下弘己（編著），講談社（2017）．
『わが国の工業触媒の歴史』，日本の工業触媒の歴史編纂実行委員会編，触媒学会出版委員会（2018）．
『触媒化学』，岩澤康裕，小林 修，冨重圭一，関根 泰，上野雅晴，唯 美津木，裳華房（2019）．

索　引

欧　文

adsorbate　175
adsorbent　175
adsorption　175
adsorption isobar　180
adsorption isostere　180
adsorption isotherm　179
AES　204, 210
AFM　204, 225
Amoco プロセス　95
Arrhenius の式　3
ASC：ammonia slip catalyst　134
Atom Utilization　24

BET 型吸着等温線　180, 183
BET 吸着等温式　183
BET プロット　186
Bi_2O_3-MoO_3 系複合酸化物触媒　80
Bi-Mo 系　81
BJH 法　198

C_1 化学　22, 65
　——プロセス　60
CeO_2 系酸化物担持 Pt 触媒　140
chemisorption　175
CI 法　198
Clausius-Clapeyron 式　179, 201
Co　72
CO シフト用触媒　159
CO 選択酸化　140
CO 変成　140
CoO-MoO_3/Al_2O_3　98
Cp 環　110
Cr_2O_3-Al_2O_3　75
Cr_2O_3・SiO_2　87
$CuCl_2$-KCl/Al_2O_3　86

Cu-Cr 系　88
Cu-Zn 系　88
Cu-ZnO-Al_2O_3 系触媒　140
CVD：chemical vapor deposition　16, 163

desorption　175
DIPAMP-Rh 錯体　125
DMFC：direct methanol fuel cell　139
DOC：diesel oxidation converter　133
DPF：diesel particulate filter　133
DPM：diesel particulate matter　133
DPNR：diesel PM-NO_x reduction　136

EELS　204, 226, 229
E-factor　24
Eischens　227
EPMA　204, 206
ESCA：electron spectroscopy for chemical analysis　208
ESR　204, 220
EXAFS　217
EXAPS　204

FCC：fluid catalytic cracking　31, 38, 67
Fe-Mg-K- その他　88
FI 触媒　111
Freundlich の吸着式　186
Freundlich 型　181
FT 合成　62, 63, 65, 66

Gibbs 標準自由エネルギー変化　3
Grubbs 触媒　115

H_0 関数　200
H_2-O_2 滴定　200
HDPE: high density polyethylene　108

Heck- 溝呂木反応　116
Henry 型　181
Henry の吸着式　186
heterogeneous catalytic reaction　4
higher olefines プロセス　97
homogeneous catalytic reaction　4

ICI ナフサ水蒸気改質　53
INS　204
IR　204, 222, 226, 227
ISS　204

Kelvin の式　198

Langmuir 吸着等温式　181
Langmuir-Hinshelwood 機構　189, 216
Langmuir 型吸着等温線　180
LCA: life cycle assesment　25
l-DOPA　101, 125
LEED　204, 210, 215
LHSV：liquid hourly space velocity　2
line broadening 法　205
LLDPE：liner low density polyethylene　108, 113
LPG：liquefied petroleum gas　33, 35, 49

^{27}Al-MASNMR　224
^{29}Si-MASNMR　224
MASNMR：magic angle spinning NMR　224
MCM-22　89
　——ゼオライト　89
MCM-41　14
MCM-56　89
MFI ゼオライト　155
$MgCl_2$　111
MgO　94, 98

MMA：methyl methacrylate　　81, 82
MnO$_2$　　148
γ-MnO$_2$　　148
Mo-Bi-Fe-Co-(Ni)　　81
Monsanto 法　　22, 106
Monsanto 法酢酸合成　　104
MoO$_3$-CoO-Al$_2$O$_3$　　75
Mo-V 系　　81
MTG：methanol to gasoline　　64
MTO：methanol to olefin　　64

NH$_3$ 合成用鉄触媒　　162
Ni　　72
Ni 系　　75
Ni 触媒　　140
NiO／NaTaO$_3$　　143
NiO$_x$／SrTiO$_3$　　143
NMR　　224
NO の接触分解　　127
NO$_x$ の非選択的還元　　128
NSR：NO$_x$ Storage Reduction　　132

OCT：olefin conversion technology　　97
OH 伸縮振動領域　　222
OSC：oxygen storage capacity　　131, 218
Ostwald　　56

Pd　　72, 132, 146, 147, 148, 149, 150
Pd-Ag／Al$_2$O$_3$　　75
pH スイング法　　169
physical adsorption　　175
physisorption　　175
PIXE　　204
Platforming 法　　48
PM：particulate matter　　133
PMMA：poly methyl methacrylate　　81
PNC：photonitrosation of cyclohexane　　73
PROX：preferential oxidation　　140
Pt　　72, 132, 147, 148, 149, 150
Pt／Al$_2$O$_3$　　147, 148
Pt／ゼオライト系触媒　　91

Pt 添加 TiO$_2$　　143
Pt-K-L 型ゼオライト　　88

Raney Ni　　74
rate determining step　　187
Rh　　132, 146, 149, 150
Rh 系　　75
Rheniforming 法　　49
Rideal-Eley 機構　　189, 216
ROMP：ring-opening methathesis polymerization　　100
Ru 触媒　　140
Ru 微粒子触媒　　72
RuO$_2$／ルチル型 TiO$_2$　　87

SAXS　　204
Schulz-Flory 分布則　　63
SCR：selective catalytic reduction　　128, 133
SDA：structure directing agent　　162
SEM　　204, 206
Sharpless 酸化　　126
SIMS　　204
SiO$_2$-Al$_2$O$_3$　　12
SMSI：strong metal-support interaction　　157
SnO$_2$　　149
SO$_2$　　35
SO$_2$ 酸化　　59
SOF：soluble organic fraction　　133
SOHIO 法　　21, 80
STEM　　204, 206
STM　　204, 225

TEM　　204, 206
Temkin の吸着等温線　　181
Ti 含有ゼオライト　　79
TiO$_2$　　141
TiO$_2$ 薄膜　　145
TiO$_2$ 担持 Pt-Re 触媒　　140
TiO$_2$ の酸化力　　144
TiO$_2$ 光触媒　　144
TOF：turn over frequency　　211

TPD：temperature-programmed desorption　　201, 226
Triolefin プロセス　　96
　　──の逆反応　　97

UPS　　204

VGO：vacuum gas oil　　39
VOCs：volatile organic compounds　　148
V$_2$O$_5$-TiO$_2$ 系　　84
V$_2$O$_5$ 系　　85
V$_2$O$_5$-MoO$_3$　　82
V$_2$O$_5$-P$_2$O$_5$ 系　　82, 85

Wacker 法　　21, 22, 100, 104, 116, 117
Wilkinson 錯体　　100
WO$_3$　　149
WO$_3$／SiO$_2$　　97
WO$_3$／γ-Al$_2$O$_3$　　98
WO$_3$ 触媒　　92
WO$_3$／SiO$_2$　　98

X 線回折　　204
X 線吸収端近傍微細構造　　204, 219
X 線光電子分光　　204
XAFS　　219
XANES　　204, 219
XPS　　204
XRD　　204, 205

Z スキーム　　143
Ziegler-Natta 触媒　　8, 18, 100, 103, 108
ZnO　　149
ZrO$_2$　　95, 96
ZSM-5　　14, 89, 91, 93, 162, 201, 202
ZSM-5 型ゼオライト　　64

β 開裂　　42, 43
β-水素脱離　　104, 119

あ 行

アクリルアミド　　20

索　引

アクリル酸　80, 82
アクリル樹脂　69
アクリロニトリル　21, 69, 80, 83
　　——の直接水和　21
アクロレイン　69, 79, 81, 83
アジピン酸　70, 71, 100, 117
アジポニトリル　69, 117
アスファルト　34
アセチレン　21, 22, 74, 75, 80, 99
アセトアルデヒド　22, 68, 118
アセトン　21, 69, 90, 119
アリル酸化　77, 79, 81, 83, 84
アルキル化　89
アルコール　20
　　——の脱水反応機構　95
アルミナ　222
α-アルミナ　78
アンチノック性　44
安定化触媒　168
アンモ酸化　21, 80, 83, 84
アンモニア　7, 9, 21, 38
　　——合成　7, 17, 38, 57, 213

イオン交換　161
　　——法　165
イオン散乱分光　204
イオン中和分光　204
異性化　90, 97
　　——機能　47
　　——脱水素　45
イソタクチック構造　108
イソタクチック性　108, 111
イソタクチックポリプロピレン　100, 110
イソブテン　81
一次粒子　168
　　——の成長　169
一酸化炭素シフト反応　50

ウレタンフォーム　70

液相酸化　76
エタノールアミン　68
エチルベンゼン　68, 89

エチレン　4, 8, 20, 21, 35, 51, 67, 68, 71, 74, 77, 78, 79, 86, 89, 92, 96, 97, 98, 100, 103, 106, 108, 110, 111, 112, 113, 118, 119
エチレンオキシド　23, 24, 68, 77, 78
エチレングリコール　66, 68, 77, 78, 100, 101, 122
エチレンクロロヒドリン法　24
エチレン製造　67
エチレン直接酸化法　24
エチレンの水素化　196
エテノリシス　96
エナンチオマー　124
　　——過剰率　124
エネルギー損失　204
　　——スペクトル　226
塩化ビニル　86
塩基点　202
円柱形ペレット触媒　173
エントロピー　175

オキシ塩素化法　86
オキシダント　127
オキシラン法　120
オクタン価　15, 34, 35, 44, 63, 64
オージェ電子　210
　　——分光　204
押し出し成型触媒　174
オリゴマー　112
オレフィン　15, 20, 67, 74, 89, 91, 92, 96, 97, 100, 103, 104, 105, 106, 107, 110, 112, 115, 117, 118, 119, 120, 126
α-オレフィン　96, 98, 108, 112, 113
オレフィン重合プロセス　18, 107
オレフィンの水素化触媒　100
オレフィンの水和　20, 91
オレフィンブロック共重合体　112

か　行

開環メタセシス重合　100
解　膠　164
外層担持型触媒　170

回分式　30
　　——反応器　30
界面活性剤　162
解離吸着　9, 66, 71, 177, 182, 196
火炎燃焼反応　127
化学吸着　9, 175
化学蒸着法　163
化学的促進剤　55
可逆的連鎖移動法　112
火山型活性序列　3
可視光応答型光触媒　144
ガスセンサー　149
ガスタービン　147
ガソリン　15, 34, 35, 37, 44, 64, 130
カチオン性ジイミン Ni 錯体　103
活性化エネルギー　3
活性化自由エネルギー　3
活性錯合体　188
活性酸素種　142, 145
活性点　15
過渡応答法　78
加熱乾燥　165
カーボン担持 Pt-Ru 触媒　138
ε-カプロラクタム　23, 25, 70, 71, 73
カルバニオン　11
カルベニウムイオン　10, 11, 41, 42, 43
　　——生成　41
カルベン　11, 115
カルボキシル化　106
カルボニウムイオン　11, 41
環化脱水素　46
環境浄化　144
還元的脱離　102
還元の制御因子　167
含酸素化合物　65
含浸過程の制御因子　164
含浸法　160

擬液相　156
2,6-キシレノール　94
キシレン　15, 35, 67, 70, 71, 75, 91
o-キシレン　70, 80, 82, 84, 90
m-キシレン　80, 90

p-キシレン　70, 90, 91, 121, 122
気相酸化　76
キャラクタリゼーション　198, 202
求核性　77
球状触媒　173
吸着　175
吸着質　175
吸着等圧式　180
吸着等圧線　176
吸着等温式　179
吸着等量式　180
吸着熱　175, 178, 188, 201
吸着平衡定数　52
吸着媒　175
競争吸着剤　170
共沈法　160
均一系触媒反応　4, 101
均一系触媒プロセス　99, 100, 102
均一系不斉触媒反応　124
均一沈殿法　160
銀触媒　78
金属硫化物　154
金ナノ粒子　152
　——触媒　150

空間速度　2
空気過剰法　85
空燃比　131
クメン　79, 89
クメン法　90
　——プロピレンオキシド製造プロセス　79
クラッキング　8, 15, 37, 39, 40, 41, 42, 44
グリーンケミストリー　17, 22, 24
クロスカップリング反応　102, 116, 117
クローズドシステム　20
クロロヒドリン法　23

形状選択性　14, 156
珪藻土担持　74
軽油　33, 34

結晶性アルミノシリケート　39
結晶面　154
ゲル　169
ゲル化法　160
減圧軽油　34, 39
減圧蒸留　34
原子間力顕微鏡　204
原子効率　24

広域X線吸収微細構造　204
高オクタン価ガソリン　44
光学異性体　124
光学収率　124
後期周期金属錯体　104
抗菌　145
合成ガス　49, 60, 61
構造規定剤　162
構造促進剤　55
構造非敏感反応　213
構造敏感反応　211, 213
高分散担持触媒　170
固体塩基　94, 155
　——触媒　94, 95, 96, 97
　——触媒反応　94
固体高分子形燃料電池　138
固体酸　37, 41, 47, 91, 93, 94, 95, 154
　——触媒　12, 15, 23, 39, 47, 89, 92, 93, 154
固体酸化物形燃料電池　139
固体触媒の材料と機能　152
固体超強塩基触媒　94
固体超強酸　154
固体リン酸触媒　89, 92
骨格異性化　46
固定床　76, 82, 85, 87
　——反応器　31, 32, 38, 82, 84, 87, 91, 95, 97, 173
混練法　160

さ　行

細孔　13, 168

　——分布　198
酢酸　21, 22, 107
酢酸エチル合成　119
酢酸ビニル　68, 119
サステイナブルケミストリー　17
殺菌　145
酸・塩基性質の測定　202
酸・塩基両機能触媒　155
酸化　81, 85
酸化カップリング　60
酸化的付加　102
酸化鉄　148
酸化反応プロセス　76
酸強度　154
三元触媒　130, 131
残渣　33
酸素種　77
酸素貯蔵能　131
酸素貯蔵容量　218
残油　34

ジイソプロピルケトン　96
シェールガス　15, 60, 61, 71
四塩化チタン　108
紫外光応答型光触媒　142
紫外線光電子分光　204
シクロヘキサノン　23, 73, 88, 93, 121
シクロヘキサン　70, 71, 72, 73, 121
シクロヘキシルエタノールの選択的脱水　95
シクロペンタジエニル環　109
1,2-ジクロロエタン　68
指示薬法　200
自動車用触媒　130
シフト反応　140
自由エネルギー　175
重量空間速度　195
潤滑油　34
常圧蒸留　33
昇温脱離法　201, 202, 226
小角X線散乱　204
硝酸　53, 56
常磁性共鳴　204

索　引

消　臭　145
焼　成　166
触媒活性の劣化　27
触媒金属の分散度　170
触媒湿式酸化分解　150
触媒寿命　27
触媒浄化ウィンドウ　131
触媒成型体　168
触媒栓　149
触媒調製の主要工程　158
触媒毒　29
触媒燃焼　127, 145, 147
触媒燃焼用触媒　146
触媒の形状　172
触媒被毒　172
触媒物質の熱伝導度　172
触媒粒子の大きさ　172
触媒粒子の機械的強度　172
助触媒　36
シリカ-アルミナ　38
シングル-サイト触媒　110
シンジオタクチック　110
シンタリング　28, 166

水蒸気改質　49, 52, 55, 139
水蒸気脱アルキル　75
水性ガスシフト反応　139
水性ガス反応　49
水　素　49
水槽モデル　196
水素化　71
水素化・脱水素機能　47
水素化精製　15, 34, 35, 37
　　──プロセス　36
水素化脱アルキル　75
水素化脱硫　34, 36
水素化分解　46
水素燃料電池システム用触媒　137
水熱合成法　162
鈴木－宮浦カップリング　116
スチルベンのエテノリシス　98
スチレン　68, 87, 89, 90, 98, 110, 120
スーパーオキサイドアニオン　144

スポンジニッケル触媒　88
すり抜けアンモニア再利用　135

ゼオライト　13, 14, 38, 39, 40, 41, 64, 91
Y-ゼオライト　155
ゼオライト様化合物　162
赤外線吸収　204, 226
石油化学　33
石油化学工業　67
石油精製　15, 33, 67
セタン価　63
接触改質　15, 34, 44, 47
接触分解　34, 35, 37, 67
遷移金属　5, 152
　　──酸化物　5, 153
選択的還元作用　134
選択的酸化　77
選択的水素化　74
選択率　4

層間化合物　205
増感剤　149
走査型電子顕微鏡　204
走査型透過電子顕微鏡　204
走査トンネル顕微鏡　204
相乗効果　154
挿入反応　103
束縛エネルギー　208
ゾル-ゲル法　160
ゾル状態　169

た 行

体積空間速度　194
ダイレクトメタノール形燃料電池　139
ダウナー　38
多管熱交換式反応器　32
脱　臭　145
脱出深度　203
脱硝触媒　127
脱水素　45, 87, 88
　　──環化　88

脱　離　175
　　──反応　103
多分子層吸着　180
ターンオーバー数　211
担持金属触媒　28
炭素繊維　80
担　体　12, 156
　　──の機能　157
　　──の特性　157
断熱反応器　31
単分子層吸着　175

窒素酸化物　127
超強酸　11
超高真空装置　212, 213
超臨界乾燥法　166
直鎖アジポニトリル　118
直鎖低密度ポリエチレン　108
沈着法　160
沈　殿　169
　　──生成過程　163
　　──法　159

低原子価状態　102
ディーゼル燃料　34
低速電子回折　204
低濃度NO_xの除去　145
鉄系触媒　54
テレフタル酸　70, 100, 121, 122
テレフタル酸ジメチル　121
テレフタル酸メチル　122
電極触媒　137
典型金属　152
　　──酸化物　5
電子顕微鏡　206
電子プローブマイクアナライザー　206
電子プローブマイクロ分析　204
天然ガス　60

銅・亜鉛触媒　88
同位体　195
　　──重水素　195
　　──^{18}O　84, 196

―― ^{13}C　83
等温反応器　31
透過型電子顕微鏡　204, 206
等電点　164
灯　油　33, 34
トランスアルキル化　91
トランスメタル化　102, 116
トリエチルアルミ　108
トルエン　15, 46, 67, 70, 71, 75, 80, 88, 91, 98

な　行

内層担持型触媒　170
ナイロン　100, 121
6 ナイロン　69, 70, 73
66 ナイロン　69, 70, 117
12 ナイロン　115
ナフサ　33, 34, 35, 36, 44, 45, 49, 52, 53, 67, 71, 92
ナフタレン　84, 85

二元機能触媒　12, 15, 45, 47
二次イオン質量分析　204
二重促進鉄触媒　17, 54, 214
二次粒子　168

ネオヘキセンプロセス　98
熱量計　201
燃料電池　49, 53, 137

は　行

配位子交換反応　102
配位子の解離　102
配位不飽和度　154
排煙脱硫装置　36, 127, 129
バイオマス　61
バイメタリック・クラスター　48
バイメタリック触媒　45, 48
白金族元素　148
ハニカム型触媒　174
ハニカム形担体　131

パルス式反応器　195
半導体光触媒の作用原理　141
反応機構の推定　195
反応中間体　187
反応熱　188
反応物の配位　102
光触媒　141
光析出法　163

非担持触媒　159
被　毒　28
ヒドリド移行　43
ヒドリド錯体　103
ヒドリド引き抜き　41
ヒドロキシラジカル　144
ヒドロシリル化　118
ヒドロホルミル化　69, 104, 105
非ナフサ原料　71
被覆率　178
微分吸着熱　179
微粉体触媒　173
表面塩基性　200
表面酸性　200
ピリジンの IR　222

ファインケミカルズ　101
フィッシャー・トロプシュ合成　62
フォージャサイト Y 型　40
フォージャサイト型ゼオライト構造　40
不均一系触媒反応　4, 187
不均化　91
不斉エポキシ化　125
不斉水素化　101
ブタジエン　37, 67, 80, 95, 100, 113, 114, 117, 119
2-ブタノール　93
n-ブタン　82
tert-ブチルアルコール　92
物理吸着　175
物理的因子　171
n-ブテン　82
部分酸化反応　50
プラスチック　8, 17, 70, 100, 107

ブレンステッド酸　11, 222
ブレンステッド酸点　41
プロトン誘起 X 線放射　204
プロピレン　8, 21, 35, 67, 69, 70, 71, 74, 75, 79, 80, 81, 83, 84, 86, 89, 92, 97, 103, 108, 110, 113, 119, 120
プロピレンオキシド　69, 79, 120
プロピレンの酸化　196, 197
分子線　215

平衡定数　3, 52
閉鎖式反応器　192
ヘキサメチレンジアミン　70, 100, 117
ベータゼオライト　155
ベックマン転位　23, 25, 70, 73
ヘテロポリ酸　81, 92, 93, 119, 156
 ――触媒　92
ペルオキシ酸素　120
ペロブスカイト　132
ベンゼン　15, 35, 43, 46, 67, 69, 71, 72, 75, 82, 86, 89, 91

防汚効果　145
防汚性　145
防曇性　145
ホスフィン配位子　114
ポテンシャルエネルギー　177
ポリウレタン　122, 123
ポリエステル　122
ポリエチレン　68, 100, 103, 104, 107, 110, 112
ポリオレフィン　107
ポリカーボネート　25
ポリプロピレン　69, 100, 108, 109, 111
ホルムアルデヒド　85

ま　行

前処理　16

水の光分解　141, 142
水の完全光分解　143
ミセル　162

無水フタル酸　　70, 82, 84
無水マレイン酸　　82
　　——の製造　　26

メスバウアー分光　　204
メソ多孔体　　14
メソポーラス材料　　156, 162
メタクリル酸　　21, 81, 82
メタクリル酸メチル　　21, 81
メタクロレイン　　81, 82
メタセシス　　96, 115
　　——反応　　100
メタノール過剰法　　85
メタノール合成　　19, 62
メタノール脱水素　　214
メタラシクロペンタン　　115
メタロセン　　109, 110
メタン　　19, 41, 49, 50, 51, 53, 55, 60, 67, 139, 146, 149, 151
メタンハイドレート　　61
メチルアルミノキサン　　109, 110
メチルエチルケトン　　88
l-メントール合成　　101, 125

毛管凝縮　　198

モノリス　　131
モノリス自動車触媒　　159
モル吸着熱　　179
モルデナイト　　201, 202
モンモリロナイト　　205

や 行

有機金属化合物　　16, 100, 102
有機金属錯体　　9, 99, 118
油脂　　73

陽イオン交換樹脂　　92
溶融炭酸塩形燃料電池　　138

ら 行

ライザー　　38
ライフサイクルアセスメント　　25
ラネー型触媒　　163

律速過程　　187
律速段階　　196
リッチ雰囲気　　136
リノール酸　　74

硫化コバルト　　36
硫化ニッケル　　36
硫化モリブデン系触媒　　36
硫酸　　53
流通式　　30
　　——反応器　　30, 31, 193, 195
流動床　　77, 85, 87, 173
　　——反応器　　31, 38, 44, 82, 87
流動接触分解　　38
理論空燃比　　131
リーン域　　132
リーン空燃比領域　　133
リング状触媒　　173
リン酸形燃料電池　　138
リーン雰囲気　　136

ルイス酸　　11, 41, 111, 118, 223
ルイス酸点　　41

レドックス機構　　153
連鎖成長確率　　63

露出表面積　　199

著者略歴

菊地　英一（工博）
　1969年　早稲田大学大学院修了
　　　　　早稲田大学名誉教授

射水　雄三（理博）
　1979年　北海道大学大学院修了
　　　　　元北見工業大学准教授

瀬川　幸一（工博）
　1971年　上智大学大学院修了
　　　　　上智大学名誉教授

多田　旭男（理博）
　1968年　北海道大学大学院修了
　　　　　北見工業大学名誉教授

服部　英（工博）
　1968年　東京工業大学大学院修了
　　　　　北海道大学名誉教授

新版　新しい触媒化学

1988年 4月15日	初　版第 1刷発行
1997年 2月25日	初　版第14刷発行
1997年10月10日	第 2 版第 1刷発行
2013年 2月 1日	第 2 版第21刷発行
2013年 6月 1日	新　版第 1刷発行
2024年 3月25日	新　版第10刷発行

Ⓒ　編著者　菊　地　英　一
　　　　　　射　水　雄　三
　　　　　　瀬　川　幸　一
　　　　　　多　田　旭　男
　　　　　　服　部　英
　　発行者　秀　島　功
　　印刷者　荒　木　浩　一

発行所　三共出版株式会社　東京都千代田区神田神保町3の2
　　　　　　　　　　　　　郵便番号 101-0051　振替 00110-9-1065
　　　　　　　　　　　　　電話 03-3264-5711　FAX 03-3265-5149
　　　　　　　　　　　　　https://www.sankyoshuppan.co.jp/

一般社団法人 日本書籍出版協会・一般社団法人 自然科学書協会・工学書協会　会員

印刷・製本　アイ・ピー・エス

JCOPY <（一社）出版者著作権管理機構 委託出版物>
本書の無断複写は著作権法上での例外を除き禁じられています。複写される場合は，そのつど事前に，（一社）出版者著作権管理機構（電話 03-5244-5088, FAX 03-5244-5089, e-mail: info@jcopy.or.jp）の許諾を得てください。

ISBN 978-4-7827-0688-6